荆州水利

——荆州水利志书辑要

易光曙 编

中国水利水电出版社
www.waterpub.com.cn
·北京·

内 容 提 要

本书简要介绍了荆州治水的历史和现状，历代治水的经验教训，新中国成立后60多年水利建设的巨大成就及治理的利弊得失。特别是三峡工程建成后，对荆州的防洪、排涝、灌溉及江湖关系的影响。

本书可供水利工作者及相关专业人员参考。

图书在版编目（CIP）数据

荆州水利：荆州水利志书辑要 / 易光曙编. -- 北京：中国水利水电出版社，2019.9
ISBN 978-7-5170-8028-2

Ⅰ．①荆… Ⅱ．①易… Ⅲ．①水利史－荆州 Ⅳ．①TV-092

中国版本图书馆CIP数据核字（2019）第209131号

书　　　名	**荆州水利——荆州水利志书辑要** JINGZHOU SHUILI——JINGZHOU SHUILI ZHISHU JIYAO
作　　　者	易光曙　编
出 版 发 行	中国水利水电出版社 （北京市海淀区玉渊潭南路1号D座　100038） 网址：www.waterpub.com.cn E-mail：sales@waterpub.com.cn 电话：（010）68367658（营销中心）
经　　　售	北京科水图书销售中心（零售） 电话：（010）88383994、63202643、68545874 全国各地新华书店和相关出版物销售网点
排　　　版	中国水利水电出版社微机排版中心
印　　　刷	天津嘉恒印务有限公司
规　　　格	170mm×240mm　16开本　15.25印张　290千字
版　　　次	2019年9月第1版　2019年9月第1次印刷
印　　　数	0001—1000册
定　　　价	**60.00元**

前　言

　　荆州水利是一个涉及方圆几千里，上下几千年，南北千万人的厚重话题。

　　荆州治水历史源远流长，新中国建立后，党和政府非常重视和关心荆州的水利建设。经过 60 多年的建设，取得了巨大的成就，形成了防洪、排涝、灌溉三大工程体系，抗御洪、涝、旱灾害的能力不断增强。对保障城乡安全，促进工农业生产发展，发挥了巨大的经济效益和生态效益。人神胥悦，草木皆春。为了全面展示荆州水利事业的内涵和 2000 多年的治水发展历程，彰显荆州人民筚路蓝缕变水患为水利的业绩，从 2008 年起，经过 10 年的努力，先后编纂了《荆江堤防志》《荆州水利志》《洪湖分蓄洪工程志》《湖北四湖工程志》以及较早编纂的《荆江分洪工程志》《沌水水库志》等，共计近 800 万字。其全面、系统、真实、科学地反映荆州治水的历史和现状，总结了历代治水的经验教训，特别是详细记述了新中国建立以来 60 多年水利建设的巨大变化及治理的利弊得失，是一部治水的百科全书。能从中得到启迪，引为借鉴。为了读者方便，从这些志书中节选有关荆州治水的历史，建设成就，洪涝旱灾害，防汛抢险，江湖关系以及三峡工程建成后对荆州防汛、排涝、灌溉的影响等，汇编成《荆州水利——荆州水利志书辑要》一书。希望能对关心和从事荆州水利事业的人们有所裨益。不妥之处，敬请指正。

作者

2019 年 5 月

目　　录

概　述

　　荆州地处长江、汉水由山地进入平原的过渡地带首端。"江出西陵，始得平地，其流奔放势大；然南合湘、沅，北合汉沔，其势益张。"由于境内地势低洼，人民生命财产依靠堤防保护，人民依堤为命。汛期长江、汉水上游来量大于荆州境内河道安全泄量，来量与泄量不相适应，来量大，泄量小的矛盾始终是困扰荆州防洪的历史性难题。因此，荆州历史上洪涝灾害频繁，洪水引发过无数次的大灾大难。兴修水利，根治水害，一直是生存和发展的大事。历代人民为此付出了艰辛的劳动和沉重的代价。在荆州，防汛抗洪是天大的事情，悠悠万事，唯此唯大。因为从灾害的影响范围之大，损失之严重，发生之频繁，洪水灾害都是荆州最大的自然灾害。水利在荆州的特殊地位是自然条件决定的，它不但是一个经济问题，也是一个政治问题，直接影响经济的发展和社会的安定。"治荆楚，必先治水患""善为政者，必先善治水"。历代有所作为的当政者都把治水作为治理荆州的一件大事来对待。一部荆州的发展史，在某种意义上讲，是一部与水的斗争史。

一

　　荆州治水历史悠久。公元前 613—前 591 年，楚庄王时，令尹孙叔敖主持开挖江汉平原第一条人工运河——杨水运河。《史记·河渠志》载："于楚，西方则通渠汉水，云梦之野。"后人称这项工程为云梦通渠（亦称楚渠）。孙叔敖根据江湖水利条件，采用壅水、挖渠等工程措施，将沮漳河水引入纪南城，经江陵、潜江入汉水，不仅沟通了江汉之间的航运，还利于两岸农田的灌溉，促进了农业生产的发展。"孙叔敖治楚，三年而楚霸。"

　　东晋时期，长江水位不断上涨，推算汉时荆州城外长江水位大体为 29.00～30.00 米。东晋时期荆州城西南面地面高程为 30.00～31.50 米。东晋距汉初已有 500 年左右，荆江的水位比汉时已有所抬高，荆州城已受到洪水威胁。东晋永和至兴宁年间（345—365 年），荆州刺史桓温（刺：检举不法；史：皇帝所使）命陈遵沿城筑堤防水，谓其坚固，称之为"金堤"。起自荆州城西门外的荆山寺（有的资料称为秘师桥），沿城至仲宣楼止，全长约 8 千米，这是荆州境内长江有堤防之始。至今荆州城南门外距城墙 80～150 米的东堤街和西堤街即是"金堤"的遗迹。432—439 年时期，盛弘之所撰《荆州记》中描写荆州城外金堤"缘城堤边，悉植细柳，绿条散风，清阴交陌"。可见，当时的金堤修筑比较坚固，树荫与江水互相辉映于堤旁的路上。

唐代，由于长江、汉水泥沙不断淤积，云梦泽已经解体，出现许多高地。《元和郡县图志》[《元和郡县图志》为唐代李吉甫于宪宗元和八年（813 年）所撰作]称："夏秋水涨，淼漫若海，春冬水涸，即为平田"。开始出现围垸，为了保证围垸的安全，必须加固堤防，汛期还要防守堤防，免遭溃决，防洪的问题出现了，还要解决垸内农田抗旱和排涝问题。唐时，荆州的地方官员很重视农田水利建设，提倡凿井、挖塘、修堰，认为"山地得力者堰"，贞元八年（792 年），荆南节度使李皋推广凿井。元和年间（806—820 年），荆南东道节度使王起，广修濒汉江的塘堰，并订立用水的规章制度。"与民约为水令，遂无凶年"。826—835 年，唐文宗下诏书，提出图样，推广木质龙骨水车，到北宋时盛行于长江流域，成为农民抗旱、排涝的主要工具，沿用千年之久。咸通年间（860—873 年），复州刺史（复州今仙桃、天门地域）董元素开石堰渠，据明嘉靖《沔阳州志》载："竟陵北七十里曰石堰渠，唐咸道中刺史董元素开，其流自五华山，下通巾水。"

唐代，沙市已经有了堤防，"酒旗相望大堤头，堤上连墙堤上楼"，"春江月出大堤平，堤上女郎连袂行"，说明当时沙市不但商业兴旺，而且要靠堤防保护。太和四年至六年（830—832 年）段文昌任荆南节度使时期，修筑菩提寺、赶马台、过龙堂寺南（今宗文街），九十埠（今胜利街接章华寺堤），人称"段堤"，西与晋代金堤相接。在"段堤"修筑之前，沙市堤防已具一定规模。"段堤"是对已有堤防一次较大规模的培修。唐代，沙市前后挽筑过沿江大堤，边滩围垸，湖堤等，为沙市城市和堤防建设的发展奠定了基础，因此，沙市又有"堤城"之说。

五代十国初（907 年），后梁太祖朱温拜高季兴为荆州节度使，高季兴在位期间做了两件大事。一是加固和新修江汉堤防。修筑堤防从保护城镇为主向保护围垸转移。914 年，梁将倪可福在西门外筑寸金堤，谓其坚厚，寸寸如金，故名寸金堤。寸金堤在晋时金堤的基础上进行增修。917 年，为防襄汉之水，令民众筑堤，从荆门绿麻山经江陵延至今潜江境内（今沱埠渊），长约130 里，后人称为高氏堤。高氏堤被尊为汉江及东荆河堤防的肇基之举，其后汉江左岸的干堤是在此基础上加修和延长堤线。据康熙《监利县志》载："五代高季兴守江陵，筑堤于监利。"清同治丙寅《石首县志》载：东晋始修荆江大堤，唐末五代高季兴割据荆南，将荆江南北大堤基本修成。高氏修筑的江汉堤防，加快了江汉地区的开发。高季兴是江汉堤防修筑的主要奠基者。二是于 912 年令 10 万人筑江陵外城，将土城改为砖城。"执畚箕者数十万人，将校宾友，皆负土相助，郭外五十里墓多发掘取砖以甃城。工毕，阴惨之夜，常闻鬼泣及见磷火焉。"这次所筑的砖城规模很大，大城之内有金城，大堤之外增修了金堤。荆州城由土城改为砖城后，军事防御功能大大加强，称为"铁打的荆州府"。成为长江中下游最重要的军事重镇。对荆州地区的发展产生了极其深远的影响。

北宋建隆二年（961年），宋太祖传旨令"决去城北所储水，使道路无阻"，其目的是便利宋军南征不受阻，原先的"三海八柜"储水放干，垦为农田，宋仁宗庆历四年（1044年）正月，朝廷下诏以"兴水利、谋农桑、辟田畴、增户口"的成绩大小作为地方官吏的奖惩和晋级标准。朝廷鼓励围垸垦殖，神宗熙宁二年（1069年）朝廷颁布《农田利害条约》，又称为《农田水利约束》，鼓励和督促地方官吏兴修农田水利，兴修水利是地方官吏的重要职责之一。这一时期，堤防修筑主要集中荆江两岸。

南宋时期，北方人民为避战乱，纷纷南迁。为了解决北方人口南迁后面临的吃饭、安身问题及支持战争，这都需要解决粮食问题。再者，流民增多于战争不利，而解决的办法就是围垦。荆江两岸的堤垸得到了较快的发展。这一时期，孟珙主持的"荆南屯留"规模最大。明万历《湖广总志》载："至宋，为荆南屯留之计，多将湖渚开垦田亩"。宋高宗绍兴四年（1134年），岳飞任荆、鄂、岳州制置史，令军民营田年收粮食可供荆州军粮半数。孟珙是宋代名将、主持长江中游防务，他深知抵抗蒙古大军，仅凭守险而没有经济作后盾，则难以持久，"不集流离，安耕种，则难以责民以养兵。"故大兴屯田，积极发展后方经济，并获得了显著的效益。同时恢复"三海"工程御敌，并修筑公安沿江五堤，监利车木堤。南宋乾道年间（1165年前后），荆南知府张孝祥，为保护荆州城，对城外的寸金堤进行加修，淳熙十二年（1185年）受代继守张孝曾修汉江左堤，北起龙山观，向南延百余里至旧口，至此，江汉两岸均已修筑堤防，由于大量围垸垦殖，堵塞南北穴口，与水争地的现象十分严重。迫使江汉洪水位不断抬升（据考证，荆江洪水位近5000年以来，已上升13.6米，上升过程可划分为三个阶段。即：新石器时代，历时约2300年，为相对稳定阶段，上升幅度为0.2米；汉至宋时代，历时约1400年，为由慢到快阶段，上升幅度为2.3米；宋至民国时期，历时约800年，为急剧上升阶段，上升幅度11.1米，年均上升1.39cm。1903—1961年的58年间，每年平均上升1.85cm。这种不断升高的趋势直到20世纪70年代才开始趋缓）。人们无力加高加固堤防来应对不断上升的洪水，加以战事失利，已围的堤垸大多废弃了。南宋时期是荆州人民同洪水进行大规模较量的年代，结果失败了。

荆州境内，特别是荆江两岸由于大量围垦和泥沙不断淤积，云梦泽解体，结束了洪水漫流阶段。但荆江两岸仍然留有许多穴口，可以分泄大量洪水。"九穴十三口"主要是指南宋时期。汉水在钟祥旧口以下仍处于南北摆动的阶段。

元朝初年，荆州地方官员认识到南宋时期大规模围垸与水争地所造成的严重后果。荆江两岸堤防频年溃决，至元大德七年（1303年），一部分堤垸"屡溃屡筑，迄无成绩"，决定不再堵筑。《天下郡国利病书》（清初地理名著·顾炎武编著）载："……自元大德间决公安竹林港，又决石首陈瓮港，守土官每议筑堤，竟无成绩，如为开穴口之计。"石首县令萨德弥实召集士绅商议，询其利病，皆曰："开穴为便，塞穴为不便。"遂向上奏请开穴口。元至大元年（1308年），下诏开江陵、监利、石首古穴之口（江陵郝穴、监利赤剥、石首杨林、宋穴、调弦、小岳）挟江而南，注之洞庭，石首县竟无"常年冲溃之患，农田稍收"。人们已经认识到不给洪水出路是不行的。但是，到了1368年，诸穴复湮，南岸只剩下虎渡（太平口）和采穴，北岸留有郝穴、庞公渡。荆江南北两岸由多口（九穴十三口）分流到只有四口分流，"诸穴故道俱湮，堤防渐颓。"

明朝是江汉平原筑堤围垸的鼎盛时期。荆州境内沿江沿汉堤防，内垸大部分民垸都是明朝时期挽筑而成。元朝末年，由于战争的原因，荆州境内堤垸损坏严重。又由于朱元璋因荆州民众"输粮给陈友谅，朝廷加赋示罚，农民负担加重"。有些堤垸无力加修而废弃了。自后经过30多年，至永乐元年（1403年），损坏的堤垸相继得到恢复。从永乐至嘉靖二十一年（1542年）的139年间，江汉两岸的堤垸有了新的发展。1542年堵塞郝穴口，统一的荆江河道形成。至此，荆江北岸的堤防上自荆州城，下至拖茅埠沿江大堤连成整体。拖茅埠以下至新堤沿江亦有堤防。同时，荆江南岸的堤垸也有较大的发展，上自松滋老城，经公安、石首，下至华容县沿江均筑有堤防。嘉靖元年（1522年），驻郢州守备太监以保护献陵风水为由，堵塞汉江左岸九口，汉北大堤形成。自钟祥皇庄至泽口，统一的汉江河道形成。嘉靖三年（1524年），沔阳开始沿汉江修筑堤防。万历二年（1574年），潜江夜汉口溃，湖广巡抚赵贤疏请留口不堵，分泄汉江洪水，遂成东荆河。万历十一年（1583年），堵塞茅江口。崇祯元年（1628年），堵塞刘家堤头，荆州城以上至堆金台堤防连成整体。经过明初至万历年间200多年，江汉各县沿江堤防基本修成，形成了现在江汉主要堤防的格局。

清朝初年，由于战乱，江汉地区堤垸损坏严重。到康熙年间，这种状况才逐渐改善。一方面继续加培明朝时期已形成的江汉堤防，另一方面鼓励围垦。康熙年间发生"三藩"之乱，平叛成功后，为了保护荆州城，朝廷高度重视加固荆江大堤。对荆江大堤的培修和管理朝廷直接过问，因此成为"皇堤"。从康熙至乾隆的 100 多年间，朝廷一直鼓励围垦，与水争地。围垸垦殖无论是数量还是规模都超过明代。乾隆时期达到高潮，湖区荒田基本开垦完毕，史称"荒土尽辟"。乾隆时期，荆州境内的围垸多达 1352 个。

大量围垦的结果，调蓄洪水地盘逐渐减少，迫使江河水位迅速抬升。据估算，当时江汉主要堤防有 900 多千米，内河民堤长达 4000 多千米。加高堤防的速度赶不上洪水上升的速度。江汉河道自身安全泄量小于上游巨大来量，来量与泄量不相适应，来量大，安全泄量小的矛盾日益突出。因此，堤防常遭溃决。

自嘉庆以后，江汉的防洪形势日趋严峻，堤防溃决频繁。以荆江大堤为例，清朝时期溃口 55 次，平均 5.6 年溃口 1 次。从顺治七年（1650 年）至乾隆五十四年（1789 年）的 139 年间，溃口 24 次，平均 6 年溃口 1 次；从嘉庆元年（1796 年）至光绪三十三年（1907 年）的 111 年间，溃口 31 次，平均 3.5 年溃口 1 次。

汉江干堤清朝时期溃口 107 次（1647—1911 年），平均 2.5 年溃口 1 次。其中，从顺治至嘉庆（1647—1796 年），溃口 35 次，平均 3.6 年溃口 1 次，从嘉庆至宣统（1796—1909 年），溃口 72 次，平均 2 年溃口 1 次，特别是道光元年（1821 年）至同治十三年（1874 年）的 53 年间，溃口 39 次，平均 1.4 年溃口 1 次。民国时期汉江干堤溃口 12 次，平均 3 年溃口 1 次。东荆河堤民国时期溃口 32 次，平均 1.2 年溃口 1 次，几乎到了年年溃口的地步。

民国时期，监利、洪湖长江干堤溃口 20 次，荆南长江干堤溃口 18 次。

从清朝后期至民国时期的百余年时间，江汉洪水灾害愈演愈烈，是荆州江汉两岸人民遭受洪水灾害最为频繁、严重的时期，是一段充满苦难的历史。这一时期发生了 1860 年、1870 年两次千年一遇的特大洪水，荆州境内损失特别惨重。特别是荆江南岸，洪水所造成的灾难惨绝人寰。"江堤俱溃，山峦宛在水中，漫城垣数尺，衙署庙宇民户倒塌殆尽，数百年未有之奇灾"。"百里之遥几无人烟"。"汛后大疫，民多暴死"。1931 年发生了"全江性"的大洪水，江汉地区大部分被淹，受灾人口 208.5 万人，死亡 2.37 万人。1935 年又发生了一次区域性的特大洪水，它所造成的损失，是长江中游和汉江下游 20 世纪最严重的一次。江汉两岸死亡 7.17 万人，其中钟祥县死亡 4.8 万人。1945 年荆江河段并不是很大的洪水，沙市水位 43.46 米，公安县长江干堤疏于防守，8 月 27 日溃决，公安、石首受灾 26.7 万人，淹死 1.6 万人。大水后大旱，瘟疫流行，因疫死亡 1.5 万多人，受感染者 2 万多人。

从 1931—1949 年的 18 年中，荆州境内有 16 年遭受不同程度的洪涝灾害，几乎到了年年淹水的地步！人们把洪涝灾害同战乱、瘟疫相提并论，成为民不聊生的三大祸害，人民处在水深火热之中，在死亡线上挣扎。晚清和民国时期，荆州境内洪涝灾害为什么如此严重、频繁？究其原因如下。

（1）荆江和汉江的上游来量大，河道自身安全泄量小，来量与泄量不相适应，多余的洪水要找出路。出路只有两条：①主动找地方调蓄多余洪水，这在当时的社会条件下是无法做到的。②不能主动找地方调蓄时，洪水就会冲破堤垸，自己寻找出路，结果是泛滥成灾。人不给洪水出路，洪水会寻找出路，这是江汉洪水灾害严重、频繁的根本原因。

（2）当时堤防低矮残破，隐患太多，堤基黏土覆盖层薄，管理不善，抗洪标准极低；政府没有能力组织起对洪水的有效防御和抵抗；通信、抢险技术落后，没有后勤保障。所以，一遇较大洪水，便遭溃决。

晚清和民国时期的洪涝灾害如此严重频繁，绝非偶然，这是长期封建社会造成的恶果。江汉两岸的堤防，由于年久失修，管理不善，又常遭人为破坏，至1949年，已是低矮残破，千疮百孔，抗洪能力已降至最低的程度。

回顾荆州治水的历史，只有在社会主义制度下，才能结束"三年二水"的苦难历史。

二

1949年新中国建立之后，鉴于长江、汉江洪水灾害威胁有特殊的严重性，中国共产党在领导全国人民建设新中国的伟大过程中，始终把水利建设放在十分重要的位置，立即着手对长江和汉江进行系统的治理，领导荆州人民积极与水旱灾害作斗争。经历了从小型分散到规模宏大，从被动防御到积极兴利，从以防洪为主到综合治理，从全面治标到深入治本的发展过程。在安排部署上，自始至终把防洪保安放在首位，重点搞好荆江大堤、汉江遥堤、南线大堤、江汉干堤及重要支堤的加固和险工险段的整治。20世纪50年代中期，将荆州地区划分为七大水系，全面规划、综合治理、分期实施。平原湖区分为四湖、汉南、汉北、江南四大水系，重点解决排涝问题，丘陵山区分为漳河、沮水、漳漹三大水系，大力兴建水库等蓄水工程，解决工农业生产和城乡居民用水问题。

新中国建立初期，荆州地区各类堤防总长4384.5千米（其中内垸防溃堤1300余千米）。由于江汉堤防年久失修，1950年湖北省委、省政府提出了"以防洪排涝为主，首先关好大门"的治水方针。荆州地区以堵口复堤，重点护岸为主，加培为次开展堤防建设；1950年转入以巩固堤基、改善堤质和重点加培为主。

长江的洪水灾害主要在中游，中游又主要在荆江。荆江洪水灾害最严重、最频繁，江湖关系复杂，需要处理的超额洪水量很大。因此，治理荆江成为长江流域治理的首要目标。根据长江中下游洪峰高、洪量大、历时长的特点和当时的防洪形势，长江水利委员会（以下简称长江委）于1951年提出以防洪为重点的治江三阶段战略规划。"第一步以加强堤防防御能力的办法，挡住1949年或1931年的实有水位。第二步以中游为重点的以蓄洪垦殖为主的办法蓄纳1949年或1931年的决口水量，达到一个可能防护的紧张水位为目的。第三步则以山谷拦洪的办法从根治个别支流开始，达到最后降低长江水位为安全水位的目的"。鉴于荆江防洪问题的紧迫性，提出了《荆江分洪工程计划》，以尽快缓解荆江地区的严峻防洪形势。荆江分洪工程于1952年动工并于当年建成。仅隔1年时间，遇到了1954年的特大洪水。三次开闸分洪，分洪总量122.56亿立方米。沙市水位比预计洪峰水位降低了0.96米。避免了荆江大堤溃口，避免了洪水在上荆江任意泛滥漫溃可能造成的严重后果，工程效益十分显著。

1955年长江委提出了《长江中游平原湖区防洪排渍方案》，首次提出将防洪与排涝进行综合治理。

汉江的洪水灾害主要在下游。汉江中下游河槽逐渐演变成越往下游越窄的畸形状态，河道允许泄量越往下游越小。这是汉江与其他河流不同的最大特点。因而汉江下游洪水灾害十分频繁严重。天门人抱怨："为祸天门者，首推汉江。"1949年，湖北省水利局召开汉江治本座谈会，会议认为当时汉江治本的重点是防洪，防洪措施以建库拦洪为首要，其次是修筑堤防和分洪道以及造林与水土保持。1954年9月，长江委确定汉江干堤采取加高与加固并重的方针，并根据汉江下游泄洪能力不足的状况，提出《汉江下游分洪工程初步设计》。拟定在杜家台建分洪闸1座，以解决汉江下游河段来洪与泄洪能力不平衡的问题，解除汉江下游常遇洪水的威胁。1955年11月21日杜家台分洪闸开工，1956年建成。建成当年，两次开闸运用，该闸自建成至2011年，共经历11个大洪水年，运用21次，共分泄汉江洪水196.74亿立方米，为保证汉江中下游堤防安全发挥了显著的效益。

荆州境内长江与汉江都存在河道安全泄量小于上游巨大来量、来量与泄量不相适应的矛盾，因此，清除江河行洪障碍，尽量扩大河道安全泄量，成为治理江河的主要任务，自1954年以后，开始对影响行洪断面的非法围垸、河滩树障、阻洪芦苇、阻水码头、阻水仓库、工厂等不断进行清除，使长江、汉江和荆南四河的行洪断面基本固定下来，改善了河道行洪条件。

鉴于荆江属典型的蜿蜒型河道，江流迂回曲折，洪水宣泄不畅。长江委于1960年提出《长江下荆江系统人工裁弯工程规划报告》，选定了沙滩子、中洲子、上车湾等三处，实施人工裁弯，首先对中洲子实施人工裁弯，1966年10月25日开工，1967年5月23日竣工通水。1967年沙滩子自然裁弯。上车湾裁弯工程于 1968 年年底开工，1970 年基本完工。下荆江裁弯后，在防洪、航运方面均取得了显著效益。

总结荆州同洪水作斗争的经验教训，集中到一点，就是同洪水既要斗争，又要妥协。修建分蓄洪工程是主动处理超额洪水的一种有效措施，是治水策略上的巨大进步，这是千百年来同洪水斗争，用无数生命和财产损失换来的教训。既讲斗争，又讲妥协，才能与洪水和谐相处。人与水的和谐，是人与大自然最大的和谐。挤洪占地，人地皆失，让地蓄洪，人地两安。这个思想始终贯穿在新中国建立后江河治理与抗洪斗争的过程之中。

1954 年大水，长江、汉江堤防损毁严重，汛后湖北省委提出"堵口复堤，重点加固"的方针，当年冬，集中力量对全区堤防进行堵口复堤，重点堤段加高培厚，恢复水毁工程，将江汉干堤按 1954 年当地实际洪水位超高 1 米的标准培修，支民堤按略低于此标准的原则加固培修，又称为战备加固。根据这个要求，荆州地区每年冬少则动员 50 多万名劳动力，多则动员百万劳动力，年复一年对江汉堤防进行培修，堤防抗洪能力不断增强。1998 年大水后，根据当时干支堤防暴露出来的问题，国家加大堤防整治力度，把堤防加高加固作为江湖治理工作的重点。投入巨资，广泛采用新技术、新工艺、新材料处理堤身、堤基的防渗问题。在堤防加高加固的过程中，全部采用机械化施工，结束了千百年修堤全靠人力挑运的历史，堤防面貌发生历史性巨变，抗洪能力显著提高。

荆州由于地处长江、汉水由山地进入平原过渡地段的首端，河道在淤积的泥沙层中通过，岸坡土层为土沙二元结构，土少沙多，上层土层薄，下层沙层厚，卵石埋藏点低，河道抗冲刷能力低，崩岸不断发生，促使河道由曲而弯，主流左右摆动，三十年河东，三十年河西，游荡不定。自 1951 年开始，对长江和汉江的崩岸险情，通过系统地勘测、规划，对崩岸险工进行了大规模的整治，收到了显著的效果，达到了控制水流、稳定河势的目的，结束了河道左右游荡不定的历史。

新中国建立初期，荆州地区存在的突出问题是防洪，指导思想是"关好大门"。同时开展农田水利建设，丘陵山区大力兴建水库工程，解决灌溉水源。平原湖区整治原有紊乱的水系，改善排水条件，1955 年根据长江委《荆北区防洪排渍方案》的规划，对四湖地区原有水系进行改造，在原内荆河的基础上开挖了总干渠、西干渠、东干渠和田关河，同时对长湖和洪湖进行治理，修筑围堤，固定湖面；荆南水系则分为四片，根据各片的具体情况，对防洪与排涝进行统一规划。1985 年荆州地区水利局提出《长江流域荆南区除涝规划要点报告》。1994 年 3 月，湖北省政府行文向国务院报告，要求将荆南地区防洪治涝工程纳入国家洞庭湖治理规划。1997 年，长江委提出《洞庭湖综合治理近期规划报告》，荆南地区正式纳入洞庭湖治理规划；汉北水系，以排涝为重点，实施天门河皂市河改造工程；对于汉南水系，1958 年长办提出《汉南区防洪、排渍、灌溉规划报告》，重点治理通顺河。从 1955—1980 年，人们把粮食产量低而不稳的状况，认为同水利设施落后有关。所以，必须大力兴修水利，提出的口号是："宁愿苦干，不愿苦熬"。各地大力开展小型大规模农田水利建设。开挖深沟大渠（深沟大渠可以节省土地，能降低地下水），改造低产田，兴建排灌涵闸、泵站，改造原有水系，建设稳产高产农田。兴修水利结合消灭钉螺。经过 20 多年的艰苦奋斗，丘陵山区灌溉工程体系、平原湖区排水体系、灌溉工程体系基本建成。

新中国建立前，荆州地区没有水库。新中国建立后，京山县于 1953 年 10 月动工，兴建何家垱水库［小（1）型］，1954 年 5 月竣工。1953 年 11 月 28 日动工兴建石龙水库，1956 年 4 月竣工。1955 年，湖北省水利厅提出"以蓄为主，小型为主，社办为主"的指导方针，解决普通的水旱灾害。1956 年以后，荆州地区根据丘陵山区的特点，提出"以蓄为主，控制山洪，保持水土，增加调蓄水资源能力，实行有计划、分步骤、分水系进行全面规划，统筹兼顾，综合治理，分区实施"的治理方针。一大批水库陆续开工兴建，全区最大的水库——漳河水库于 1958 年动工兴建，1966 年 4 月建成受益。同时，石门、浰水、惠亭、温峡、高关等大型水库相继开工建设。由于大批水库建成受益，不但基本解决了丘陵山区干旱缺水问题，又解除了山洪威胁。

1959—1961 年连续三年大旱，农业生产遭受重大损失，史称"三年困难时期"。造成干旱的主要原因有两方面：一方面是降雨时空分布不均；另一方面是灌溉设施落后，干支堤上没有修建引水涵闸，外江有水引不进来，抗旱水源得不到补充，抗旱工具以人力水车为主。为了缓解旱情，1959 年和 1960 年汛期在荆江大堤、长江干堤、东荆河堤、支民堤开挖明口 100 多处。汉江在泽口拦河打坝未获成功。由于垸内没有灌溉渠道，没有控制工程，只能利用原有的排水渠道、河流，不能按人们的意愿灌田，导致"高的地方灌不了，低的地方却淹了"。经过三年受旱以后，人们从抗旱斗争中汲取教训，开始重视平原湖区的灌溉工程建设，改变过去"平原湖区怕涝不怕旱"的片面认识，沿江兴建引水涵闸，垸内开挖灌溉渠道，修建引水控制工程，有条件的地方实行排灌分家，抗旱能力明显提高。

平原湖区被江河环绕，汛期外江洪水常常高出堤内农田几米至 10 多米，时间长达两三个月。汛期降雨所产生的径流，没有设施排至外江，只能靠垸内河、湖、沟、渠、塘、堰调蓄，多余部分就要淹田，遇降雨较大时，先淹低田，后淹高田。因此，在荆州较大的围垸内都有一个湖泊，甚至几个湖泊，作为调蓄雨水之用。所以，有的地方又称为"水袋子"。自唐朝开始有围垸以来，直至新中国建立初期，如何解决排水出路，这个问题没有解决，这是农业产量长期低而不稳的原因。因此，兴建电力排水泵站，直接将降雨所产生的径流的一部分排至外江达到控制内湖和干支渠的水位，减轻内涝灾害。这不但是农业生产发展的需要，也是社会进步的必然结果。1964 年《荆州地区水利综合利用补充规划》正式提出在平原湖区兴建一级电力排水泵站的规划。1966 年公安、石首两县引进湖南省柘溪水库电源，兴建了黄山头泵站（6×800 千瓦）和石首团山寺等 5 处单机 155 千瓦的电排站。1968 年在四湖地区洪湖县南套沟兴建 4×1600 千瓦的电力排水泵站。从而拉开了平原湖区大规模兴建电力泵站的序幕，结束了遇大雨靠组织抽水机、人力水车会战的历史。人们在同洪涝灾害作斗争的实践中认识到"要生存，修堤防；要吃饭，修泵站。"1972—1982 年，电力排灌工程建设进入高潮时期。至 2015 年平原湖区的排涝标准基本达到 10 年一遇的水平。

　　1994 年 10 月，荆沙合并。1995 年党的十四届五中全会明确将水利摆在基础产业的首位。同年，湖北省政府发出《关于进一步加强水利建设的决定》。水利建设走上了国家办水利与社会办水利相结合的新路子。水利建设开始严格按基本建设程序办事。荆州水利建设逐步形成五大体系：多渠道、多层次、多元化水利投入体系；比较科学完善的水利资源经营管理体系；完整、合理的水价格收费体系；比较完善的水利发展体系；比较优质高效的水利服务体系。

　　1998 年、1999 年长江连续两年发生大洪水，特别是 1998 年，沙市洪峰水位达到 45.22 米，为有水文记录以来的最高水位。在党中央、国务院，湖北省委、省政府的领导下，在人民解放军、武警官兵和全国人民的大力支持下，荆州市委、市政府带领全市人民群众经过 90 多天的艰苦奋战，取得了抗洪斗争的伟大胜利，铸就了"万众一心、众志成城、不怕困难、顽强拼搏、坚忍不拔、敢于胜利"伟大的"98 抗洪精神"。1998 年 10 月，党的十五届三中全会作出《中共中央关于农业和农村工作若干重大问题的决定》，要求进一步加强水利建设，坚持全面规划，统筹兼顾，标本兼治，综合治理，实行兴利除害结合，开源节流并重，防汛抗旱并举的方针。根据中央提出的方针，防洪规划应坚持人与洪水和谐共处的指导思想，治理长江中下游洪水要坚持"蓄泄兼筹、以泄为主"的方针，采取多种措施进行综合治理，继续加固堤防，整治河道，建设平原分蓄洪区，兴建干支流水库等工程措施和非工程措施相结合，提高长江中下游防御洪水的能力。接着，党中央、国务院又下发了《关于灾后重建、整治江湖、兴修水利的若干意见》，对灾后水利工作作出全面部署，并投入巨资整治长江堤防和开展农田水利建设。全市荆江大堤、长江干堤、分蓄洪区、水库除险、泵站改造、人畜安全饮水、灌区配套节水工程全面开展。1995—2012 年，国家和湖北省投入荆州水利基本建设资金102.4 亿元。1998—2009 年的 10 年，长江堤防建设投入 42.1 亿元，相当于1998 年前的 48 年总投入的 4.14 倍。"九五"至"十一五"期间，国家连续三个五年计划加大对水利建设投入的资金和建设规模前所未有。

这一时期是水利建设蓬勃发展的新时期，也是全面提高水利工程抗御灾害能力的时期。1998 年大水后，全面实施荆江大堤、长江干堤、南线大堤、松滋江堤以及荆南四河部分堤防和分蓄洪区的整险加固工程。主要堤防达到了设计洪水标准，同时实施水库除险加固〔全市大中小型水库（不含小（2）型）已完成除险加固任务〕、大中型泵站更新改造（主要内容是机电设备更新改造和泵站主体建筑物加固改造，消除了泵站的安全隐患，泵站排水能力明显增强）、大型灌区续建配套及节水改造、农村饮水安全工程建设、水利血防综合治理、城市防洪工程和四湖流域治理等，成效显著。水利工程抗御灾害能力明显增强。

<h1 style="text-align:center">三</h1>

荆州水利建设，经过几十年不懈的努力，取得了巨大成就，已建成防洪、排涝、灌溉与安全饮水三大工程体系，抗御洪涝、旱灾害能力不断增强。截至 2017 年，荆州市水利建设累计完成土石方量 705.45 亿立方米、石方量1.42 亿立方米，完成水利工程总投资 168.60 亿元（国家投资 91.56 亿元，省投资 22.04 亿元，地方自筹 43.69 亿元，其他 11.31 亿元）。其中堤防建设完成投资 81.65 亿元（国家投资 54.17 亿元，省投资 3.34 亿元，地方自筹19.20 亿元），分蓄洪工程完成投资 12.75 亿元，涵闸泵站完成投资 25.12 亿元，水库工程完成投资 5.39 亿元，人畜安全饮水工程完成投资 13.10 亿元，水利灭螺工程完成投资 7.22 亿元，中小河流治理工程与农田水利完成投资6.91 亿元。

（一）防洪体系

防汛抗洪是荆州天大的事。建设高标准的防洪体系一直是荆州水利建设的首要任务。对荆江的治理，在汲取前人治理荆江的经验教训的基础上，提出了比较完整的治理规划，制定了实施规划的具体措施，积极而又稳妥地开展对荆江的治理。坚持"以泄为主，蓄泄兼筹"的方针。上下游，左右岸统筹考虑，既讲斗争，又讲妥协；以防为主，防重于抢；工程措施与非工程措施相结合；建设与管理并重；除害与兴利并举；团结治水，江湖两利。经过60 多年的努力，由于国家的大力支持，取得了巨大的成就。

特别是荆江的治理，倾注了党中央几代领导人的心血，集中了我国人民治理大江大河的智慧，代表了我国治理大江大河的技术水准和最大成就。

（1）开辟分蓄洪区，处理超额洪水。超额洪水是荆江洪水灾害严重频繁的症结所在。有计划妥善地处理超额洪水，是治理荆江的根本任务，也是减轻洪水灾害的重要办法。这个问题不解决，荆江永无宁日。现在荆州建有分蓄洪工程5处，蓄洪面积4227平方千米，有效容积231.6亿立方米。

（2）加固堤防。全市现有干支民堤2886千米，经过不断除险加固，荆江大堤、长江干堤、南线大堤、松滋江堤（还有少量尾工）已经达到国家规定的建设标准，具备防御沙市水位45.00米的抗洪能力。荆南四河堤防正在按设计标准进行加固。全市干支民堤累计完成土方10.3亿立方米，其中1949年时堤防土方存量2.8亿立方米，1949—2017年完成土方7.50亿立方米。前者历时1600多年，后者仅60多年。1998年以后完成土方2.03亿立方米，全部采用机械施工，其余土方全靠人力肩挑完成。这是人们同洪水作斗争的不朽丰碑，也是荆楚人民智慧和汗水的结晶，是用血汗筑成的防御洪水的万里长城。其中荆江大堤经过不断培修，到2016年止，共完成土方量1.6亿立方米、石方量788万立方米，大堤总土方量已达1.942亿立方米（含1949年以前土方量3430万立方米，每米断面土方量188立方米），每米断面土方量1067立方米，新增土方量是1949年的4倍多。监利、洪湖长江干堤（又称江北干堤）全长约230千米（监利96.45千米，洪湖133.35千米），1949年时本体土方每米70~80立方米。截至2008年，完成土方1.49亿立方米（不含1949年前本体土方），每米断面土方量641立方米。基础防渗墙19.88万平方米，施工长度136.48千米。荆南长江干堤（又称荆右干堤），全长246.72千米（含松滋江堤26.60千米），1949年时每米土方量为50~70立方米。1949—2005年共完成土方量11356.07万立方米。修筑堤基垂直防渗墙共长90.65千米。

（3）整治河道，清除行洪障碍，稳定河势，尽量扩大河道的行洪能力。1949年荆江河道的泄洪能力（沙市站）只有40000立方米每秒左右，如今已达到50000立方米每秒。从清朝后期至民国时期崩岸特别严重。从明成化元年（1465年）至民国时期，共448年，荆江护岸所有石方仅25.0万立方米左右。截至2016年，荆州境内长江共守护347.35千米，完成石方3566.29万立方米，结束了三十年河东三十年河西、游荡不定的历史。

（二）排涝系统

平原湖区面积占全市面积的81.3%，洪涝灾害是平原湖区的主要灾害。经过几十年的治理，沿江已建有排水涵闸240座，设计排水流量7357.09立方米每秒；大中型电排站142座，装机885台，容量31.77万千瓦，其中800千瓦以上的电排站22座，装机110台，容量14.98万千瓦，设计流量1566立方米每秒。排涝标准基本达到 10 年一遇的水平。

（三）灌溉与供水体系

丘陵山区面积占全市面积的 18.77％，旱灾是丘陵山区的主要灾害。1949 年时没有水库。现已建成各类水库 119 座，其中大型水库 2 座，中型水库 6 座，小型水库 11 座，总库容 8.36 亿立方米。其中兴利库容 4.47 亿立方米，设计灌溉面积 155.7 万亩；沿江兴建引水涵闸 49 处，设计流量 838 立方米每秒；修建大小塘堰 10.5 万处，大中型电灌站 10 处，设计流量 220 立方米每秒；另建有二级、三级灌溉站 1462 处，设计流量 730 立方米每秒。基本形成了大中型为骨干、大、中、小相结合，以蓄为主，蓄、引、提相结合的灌溉体系，达到遇旱能灌的目的。荆州市建有 2000 亩以上灌区 56 处，其中 30 万亩以上灌区 13 处，全市农村自 20 世纪 80 年代开始实施农村饮水安全工程，这是一项惠及广大民生的水利建设，据 2004 年调查，全市农村人口中饮水不安全人口 360 万人，占 69.73％，通过修建农村饮水安全工程，截至 2017 年，已有 340 万人达到饮水安全。

（四）非工程措施的建设得到加强

非工程措施是整个防灾减灾系统中的重要组成部分，是一项长期的战略方针。自 20 世纪 70 年代以来，非工程措施不断得到加强。非工程措施主要是指加强防洪意识的宣传、加强洪水预报、完善通信手段及报警系统、强化河道管理、制定和贯彻一系列体现非工程措施的政策法规、严格控制分蓄洪区内人口增长和集镇建设的规模、调整产业结构、推行防洪保险、制定人畜安全转移计划、积极制定各种抗灾预案。

（五）建成比较完善的水雨情报和通信系统

现在，荆州市各流域和大型工程管理单位，通信设施、水、雨情报已经实现由人工预报向自动化预报的转变，市、县（市、区）流域单位各级指挥部能及时了解长江流域、汉江流域、洞庭湖水系的水、雨形势，据此制定和调整防洪抗灾对策，主要分蓄洪区已基本建成预警、报警系统。

（六）建成了完善的后勤保障系统

后勤保障关系到防汛抗灾斗争的成败。防汛抗灾斗争是对一个地区综合实力的总检验，其中就包括有无充足的物资器材，以及能将器材迅速运到险地的手段。目前，已经组成由水利、交通、物资、医疗、公安、民政等部门组成的防汛抗灾后勤保障系统。主要堤防已建有晴雨路面，长江已建有大桥，主要堤防、水库、涵闸、泵站如发生重大险情，抢险物资能保证"全天候"供应。抗灾物资的筹集主要是三个方面：一是水利部门自己储备的抗灾物资，这是主要的；二是登记备用；三是民筹一部分。

（七）管理工作不断加强

新中国建立后，对水利工程确定"建管并重"的方针，建是基础，管是关键。加强水利工程的管理，是保证水利工程安全、充分发挥效益的基础。水利工程管理经历了由堤防到农田水利，由行政手段到健全规章制度，由单一工程管理到综合经营管理，由无法可依到依法管理。水利管理工作逐步规范化、制度化、法治化，发挥了水利工程的效益。过去管理工作的经历证明，不断加强对水利工程的管理，保持水利工程的效能不断改善和提高，这是管理工作的目的；专管与群众参与管理相结合，这是做好管理工作的基础，这也是具有中国特色的管理体制；制定可行的符合管理要求的规章制度，依法管理，这是做好管理工作的根本。现在荆州已经建立了比较健全的管理机构，职责明确。随着河、湖、库长制的建立，管理工作已逐步走向依法管理的轨道。

经过 60 多年大规模的治水，从整体上提高了江河防洪及农田排涝、抗旱能力，促进了荆州经济社会的发展。先后战胜了长江、汉江 1954 年、1964 年、1978 年、1983 年、1996 年、1998 年、2011 年和 2016 年的洪涝旱灾害，取得了一个又一个抗灾斗争的伟大胜利，结束了千百年来人们在洪水面前处于被动的历史。

试问！自从盘古开天地，三皇五帝到如今，有哪一个朝代，有哪一个政府对治水如此重视，开展大规模的水利建设，取得巨大的成就。在历次发生的严重洪涝灾害面前，挽狂澜于既倒，组织起有效的防御和抵抗，把损失减少到最低程度？没有！只有中国共产党领导人民做到了。自从元朝开始，不少有识之士就呼吁"治荆楚，必先治水患。"经过 600 多年的时间，这个愿望现在实现了，这就是历史！

四

三峡工程已于 2009 年建成蓄水。

三峡工程的建成，为实现两湖地区经济社会的可持续发展提供了可靠的安全保证，荆江河段防洪标准偏低且严重滞后经济发展的状况将得到根本改变。荆江两岸洪涝灾害频繁的历史宣告结束，千百万人民世世代代害怕洪水灾害毁掉自己家园的精神枷锁将被打碎，几代人的梦想终成现实。长江中游特别是两湖地区将进入新的历史发展时期，防洪、排涝、灌溉、江湖关系以及生态环境必将发生深刻的变化，这种变化较之自明朝中叶统一的荆江河道形成之后对两湖地区带来的变化更加深刻、更加广泛。认识这种变化、适应这种变化，这便是我们的任务。

三峡工程的作用主要是防洪，三峡工程的防洪作用是别的工程不能替代的。

三峡工程建成后，荆江河段的防洪标准由过去的 10 年一遇（运用荆江分洪工程为 20 年一遇）提高到 100 年一遇，再遇到 1860 年、1870 年那样的特大洪水，也有安全可靠的对策，避免洪水泛滥给两湖平原造成毁灭性灾害。

由于有了三峡工程，荆江河段防洪形势有了根本性的改善。荆江的防洪形势由严峻趋于缓和。到 2020 年三峡及三峡上游水库有防洪库容 350 亿立方米。2030 年三峡及三峡上游水库共有库容 470 亿立方米，荆江的防洪形势将进一步缓和。

但是，这并不是说荆江从此就不防汛了，不是的。还要汛防，还要防汛。但是荆江河段出现高洪水位的概率明显降低。除开特大洪水和大洪水，汛期沙市水位保持在中低水位运行，这将是常态，这就减轻了荆江的防洪负担。但是，三峡工程运行后，由于河床不断冲深，枯水期用水问题日益突出，我们应当认识到这个问题的紧迫性，早作规划，早日实施，尽量减少损失。

三峡工程建成运行已经 10 年，对荆州的防洪、排涝、灌溉、生态环境以及江湖关系带来了深刻的变化。有的变化已经看到了，有的变化还不清楚。应当根据这种变化了的情况，加强对水利工程的建设和管理，重点解决荆州市内长江在非汛期（枯水期）的灌溉用水问题，不断提高水利工程抗御灾害的能力。为建设人水和谐、平安荆州、美丽荆州而努力。

第一章　政　区　设　置

荆州历史悠久,其行政区划自设立以来多有变动,难有一个确定的区划界定。新中国建立之后,设立荆州行政区署,划定荆州地区。为消弭水旱灾害,以此区域为对象,分为七大水系,作出了系统的、科学的、周密的治水规划,并坚持年复一年地具体实施,一张蓝图绘到底。经过几十年的不懈努力,建成了防洪、排涝、灌溉三大工程体系,并在实际运用中发挥了巨大的作用。1994年撤销荆州地区、沙市市,成立荆沙市,1996年荆沙市更名为荆州市。虽行政区划变动,但治水仍是在七大水系规划基础上进行的。

第一节　新中国建立后政区设置

1949年7月,析江陵之沙市建市,属省辖市。同月,成立荆州行政区督察专员公署,治江陵县荆州镇,领江陵、公安、松滋、京山、钟祥、荆门、天门、潜江等8县。沔阳行政区督察专员公署,治新堤镇,领沔阳、监利、石首、嘉鱼、蒲圻、汉川、汉阳等7县。1951年6月,以沔阳、监利、嘉鱼、汉阳4县部分行政区域设立洪湖县。1951年7月撤销沔阳专署,其西境沔阳、监利、洪湖、石首4县并入荆州专署,是时领12县,辖地面积34219平方千米,耕地面积1637.74万亩。1953年4月,设荆江县,1955年并入公安县。

1955年2月22日,沙市市划归荆州地区,是时管辖江陵(公元前278年建县,以地临江、近州无高山,所有皆陵阜而得名,为荆江第一县。从建县至1994年撤销江陵县,共历时2272年之久)、公安[209年,刘备领荆州牧立营油江口,称左将军,人称左公(建安十三年(208年)曹操灭吕布后,报请汉献帝,以刘备为左将军),改孱陵县为公安县,取意左公安营扎寨之意]、松滋[西晋太康三年(282年),豫州安丰郡松滋县(今安徽省霍邱县)人因避兵乱,流寓荆土,侨立松滋县]、石首[西晋太康五年(284年)置石首县。石首以"有石孤立"于城北石首山而得名。"自竟陵(天门)南至大江并无岗陵之阻,渡江至石首,始有浅山,石首者,石至此而首也"]、监利(222年,从华容划出一部分地域,设监利县,因"地富鱼稻"于是东吴便"令官监办"以图鱼、稻之利,故名监利)、洪湖(1951年建县,以境内有洪湖而得名)、天门[秦置竟陵县,后晋天福元年(936年)改称景陵县、清雍正四年(1726

年）改称天门县。天门西北有天门山，海拔 178.00 米，山东北麓有天门口，因"两峰峙天，其形如门"，故名。县名依此]、钟祥[楚称郊郢，为楚别邑。西汉设郢县。西晋元康九年（299 年）石城（今郢中镇）为竟陵郡治。西魏大统十七年（551 年）改苌寿县为长寿县，始为州、府治。明嘉靖十年（1531年），因嘉靖帝发迹于此，取钟瑞祥聚之意，赐名钟祥]、京山[汉属云杜县、南新市侯国。三国后建置多变，隋大业三年（607 年）并盘陂、角陵立京山县。因境内有京源山而得名]、潜江[宋乾德三年（965 年）升白洑征科巡院为潜江县。潜江之名，源于潜水。"汉由潜一道入江，故名潜江"]、沔阳[汉、晋乃云杜竟陵地。南北朝梁天监二年（503 年）由云杜县析置。隋大业三年（607 年）由建兴县改名沔阳县，因县治在沔水之北而得名（山的南面或水的北面谓之阳；山的北面或水的南面谓之阴），1986 年改沔阳县为仙桃市]、荆门[东晋安帝时（397—418 年），在今荆门市西北置长宁县，401 年置长林县。唐贞元二十一年（805 年）置荆门县，五代时升为荆门军。据载："荆门在湖北荆门县南三里，上下合开，其状如门"故名。或曰荆山之门户]、沙市（春秋时即依江得名，称"津"或"江津"，战国时称"夏首"，东汉时称津乡，东晋时又称江津城、奉城。唐初称沙头市，简称沙市。五代十国置沙头镇）。总面积 34270 平方千米。耕地面积 1593.71 万亩。

1960 年 11 月 17 日，经国务院批准设立沙洋市[县级市，汉代名汉津渡。西魏（535—556 年）设麻绿县，治于沙洋。唐贞观八年（634 年）唐将尉迟恭在汉津口的琼台山修建"沙洋堡"，沙洋之名始于此]，以荆门县的沙洋镇为其行政区域。1961 年 12 月经国务院批准撤销，其行政区域并入荆门县。1979 年 11 月 16 日，经国务院批准设立荆门市，以荆门县城关镇及附近 35 个生产队为其行政区域，属荆州地区领导。1983 年 8 月 19 日，经国务院批准撤销荆门县，其行政区域并入荆门市，荆门市升为地级市。设立沙洋区，1998年改沙洋区为沙洋县。

1979 年 6 月 21 日，沙市市升为地级市。

1979 年荆州专署改称为湖北省荆州地区行政公署，是时荆州地区辖江陵、松滋、公安、监利、京山、石首、洪湖、仙桃、潜江、天门、钟祥等 11 县（市），国土面积 29038 平方千米。1994 年 10 月，撤销荆州地区、江陵县、沙市市，设立荆沙市。荆沙市设立荆州区、沙市区和江陵区，辖松滋、公安、监利、京山 4 县，代管石首、洪湖、钟祥 3 市和五三农场，国土面积 22039平方千米。1996 年 12 月，荆沙市更名为荆州市，钟祥、京山划入荆门市，是时荆州市管辖松滋（市）、沙市区、公安县、石首（市）、荆州（区）、江陵（区）、监利县和洪湖市等 8 县（市、区），国土面积 14067 平方千米，耕地面积 698.4 万亩，人口 570.41 万人。2016 年荆州市基本情况统计见表 1-1。

表 1 - 1　　　　　　　　　2016 年荆州市基本情况统计表

县（市、区）	国土面积 /km²	总人口 /万人	耕地面积 /万亩	备　　注
合计	14457.30	636.43	835.40	
荆州区	1045.80	58.39	52.47	含纪南文化旅游区 163km²
沙市区	522.75	43.15	30.95	含荆州高新技术开发区
江陵县	1048.73	39.44	102.48	
松滋市	2177.01	83.74	89.45	
公安县	2257.01	101.16	124.50	
石首县	1427.00	62.91	62.55	平原面积 1128.3km²，岗地面积 191.7km²，低山丘陵面积 107km²
监利县	3460.00	154.91	206.50	
洪湖市	2519.00	92.73	166.50	

注　1. 资料来源于《荆州年鉴·2016 年》。

　　　2. 分县（市、区）统计国土面积为 14457.29 平方千米，但统计公布数字为 14067 平方千米。

　　　3. 2011 年统计耕地面积 689.4 万亩。

第二节　地理位置及地形地貌

　　荆州设市后，其地理位置为西临沮漳河与宜昌市的当阳、枝江一衣带水，西北傍长湖与荆门接壤，北隔四湖总干渠、东荆河与潜江市、仙桃市隔水相望，西南沿武陵山脉与宜昌市枝城、五峰相接，南与湖南省的澧县、津市、安乡、南县、华容毗邻，东南滨长江与湖南的君山、岳阳楼区、云溪区、临湘市和湖北的赤壁市、嘉鱼县隔江相望，东连武汉市。地跨东经 111°15′～114°05′，北纬 29°26′～30°39′。境内东西最大横距 274.84 千米，南北最大纵距 130.2 千米，呈带状分布。全市国土面积 14067 平方千米，占湖北省国土面积的 7.6％，其中平原湖区面积 11427 平方千米，占国土面积的 15.27％。

　　荆州市地形为西高东低，以平原相和位于平原边缘的带状岗地为主。松滋市西部和石首市中东部地区以及公安南部则有低山地形显示，位于松滋市西部的大岭山最高高程 815.10 米，东南部以长江、汉水冲积而成的平原为主，高程最低点为东部洪湖市新滩镇沙套湖，高程 18.00 米。丘陵地形贯插于平原垄岗区与低山区之间，呈杂乱带状形态分布，一般高程 100.00～300.00 米。境内长江河床地形主要为长江冲积物堆积而成，受水流冲刷影响，形成一系列狭长的槽谷与砂丘边岸的水下地形，有多处江心洲及边滩。

　　山地主要分布在松滋市的西北部、石首市的中部和东部，公安县的南部亦有少量分布。松滋市地处巫山山系荆门分支和武陵山系石门分支余脉向江汉平原延伸的过渡地带。石首市境位于团山境内的六湖山（高程 71.30 米）属武陵山余脉，其余山脉属幕阜山余脉。公安境内黄山（高程 264.00 米）以及甑箪山和永和丘陵均属武陵山余脉。监利县白螺矶（高程 59.00 米）、杨林山（高程 76.70 米），洪湖市螺山（高程 64.80 米）、黄蓬山（含香山、高程 41.20 米）均属幕阜山余脉。荆州区西北部岗岭蜿蜒，八岭山（高程 101.50 米）、纪山（位于荆门市境，高程 103.00 米，延伸至荆州城西北）均属荆山余脉。

　　丘陵主要分布在松滋市的老城、王家场、西斋等地，高程 100.00～300.00 米，相对高差 50.00～100.00 米。岗地呈带状分布于平原边缘，为平原和丘陵的过渡带，其地面高程 50.00～100.00 米，相对高差 20.00～60.00 米，主要分布在荆州（区）的川店马山、纪南，公安县的孟溪、郑公，石首市的团山、桃花山、高基庙等地。

　　平原是荆州市最主要的地貌类型，分布于市境的东南部和长江沿岸，高程 20.00～50.00 米，地面坡度小于 1°，包括监利、洪湖、江陵 3 县（市、区）和沙市区的全部以及荆州区的部分和公安、石首的大部分以及松滋的一部分。这块平原由长江及汉水冲积堆积而成，以长江为界，分属于江汉平原和洞庭湖平原（习惯称两湖平原）。

　　境内河湖众多、水网密布、雨量充沛、土地肥沃，素有"鱼米之乡"之称。

第二章 气 候

荆州市属北亚热带季风湿润气候区，具有四季分明、热量丰富、光照适宜、雨水充沛、雨热同季、无霜期长等特点，有利于农作物生长。境内年降水主要集中在6—8月，这时大量的南来暖湿气流与北来的冷空气交汇于长江中下游，形成大范围的降雨区，若梅雨期长，降雨量大，降雨范围广，加之与长江上游来水相遇，便会出现外洪内涝的严重局面；或梅雨期过短或出现"空梅"现象，高温少雨，加之江河水位偏低，就会发生旱灾。

第一节 气 候 要 素

荆州多年（1981—2010年）平均气温为16.8~17.31℃，年内平均降雨量为1077.1（荆州区站）~1424.8毫米（洪湖站）。最冷月是1月，平均气温为4.3~4.7℃，最热月是7月，平均气温为28.1~29.1℃，历年极端最低气温为-15.1（洪湖）~10.9℃（松滋），极端最高气温为38.2~39.7℃。降雨量由北向南递增。年平均降雨量为1242.8毫米。

一、气温

荆州市各地年平均气温为16.8~17.31℃，平均值为17℃。一年之内1月最冷，多年月平均气温为4.3~4.7℃，平均值为4.47℃，较前30年（1950—1980年）3~4℃提高1℃左右。1月过后气温逐渐上升，到7月最高，月平均气温为28.1~29.1℃。8月以后气温逐渐下降，气温的年均差为23.8~24.8℃，东部高于西部。全年气温冬季虽冷但不严寒，夏季虽热也不少雨，气温较为适宜。最高气温为39.7℃，出现在1989年7月23日的松滋市和1991年7月28日的公安县；极端最低气温为1977年1月30日监利县的-15.1℃和1997年1月30日松滋市的-10.9℃。日平均气温稳定达到不小于10℃以上日数为241~246天；日平均气温稳定在20℃以上日数为102~104天。

二、日照

全市年平均日照时数为1697.7小时，其中最多日照时数为1844.1小时，出现在洪湖市，最少日照时数为 1627.6 小时，出现在荆州区。日照年际变化显著，夏季最长，全年最多的月份为 7 月或 8 月，月日照时数为 202～234 小时，平均每日达 6.7～7.8 小时，秋季其次，冬季最少，全年最小月份为 2 月，为 79～86 小时，平均每天只有 2.8～3.1 小时，冬季日照时数以洪湖、监利为最高。松滋最低。江汉平原具有一定的光能优势，为农业生产提供了充足的光合源。

三、季风

荆州市境内地势平原开阔，为冷空气南下通道，处于省内风速高值区，累计平均风速 2.15 米每秒，各地差异不大，其变化范围为 2.06～2.3 米每秒。1981—2010 年共发生 6 级以上（平均风速 10.8 米每秒以上）大风 397 天。从地理位置来看，公安出现 168 天，其次是洪湖出现 69 天，出现最少的是松滋和石首，分别为 35 天和 34 天。

荆州市自建站至 2010 年，各站最大风速极值为 16.3～20.2 米每秒（相当于 7～8 级大风，出现在荆州区站，公安站和洪湖站），一般为强冷空气南下影响所致。

四、降水

降水主要受季风影响，由大气环流所控制，雨季开始的迟早、维持时间的长短以及强弱程度与季风活动有关。同时荆州又是平原边缘与山地之间的过渡地带，地形利于接收夏季风所带来的丰沛降水。境内河流、湖泊、水库、塘堰星罗棋布，水体效应明显。"宜钟风道"沿汉江进入江汉平原东北部，与降水有着十分密切的关系。荆州市多年平均年降水量为 1242.8 毫米，其中洪湖市平均降水量 1428.8 毫米，为全市最多，荆州城区平均年降水量 1077.1 毫米，为全市最少。降水年际变化明显，年降水量最多达到 2309.1 毫米（洪湖市，1954 年）。年降水量最少的只有 699.7 毫米（江陵县站，1966 年）。夏季暴雨开始迟早和时空分布与西太平洋副热带高压位移有明显的一致性。入梅时间一般在每年的 6 月中下旬，出梅时间一般在 7 月中旬前后，梅雨期一般有 1～2 次比较大的降雨过程，也有空梅年，也有出现"二度梅"的年份（1998 年）。降雨自东南方向向西北方向移动。7 月中旬长江开始进入主汛期，至 8 月底主汛期基本结束。汉江（包括东荆河）的主汛期多在 8 月底至 10 月初，称为"秋汛"。每年的 5—10 月南北旱涝交替发生。

有两个暴雨中心地带影响荆州，一是清江流域的五峰暴雨区，影响松滋市和公安县的部分地区；二是洪湖市、监利县的部分地区处于湖北省东部湿润气候区，降水变率最大区中心的边缘。

五、蒸发

一般指温度低于水的沸点时，液态或固态水变成气态水的过程。蒸发量是指一定时间内，水分经蒸发而散布到空中的量，单位为毫米。

据荆州地区江陵站 1954—1980 年的资料，年均蒸发量为 1306 毫米，最大蒸发量出现在 1978 年，达到 1487 毫米，最小为 1954 年的 1084.1 毫米。蒸发量的年际变化不大，一般在 7.6% 左右。一年中的蒸发量约相当于一亩面积水面上汽化掉水分 700～1000 立方米。

据荆州站多年观测资料，年均蒸发量为 1240.8 毫米，年最大蒸发量为 1433.6 毫米（2001 年），年最小蒸发量为 1019 毫米（1989 年），一年中 1 月蒸发量最小。一般年平均蒸发量大于年平均降水量。

第二节　主要灾害性天气

荆州气象灾害具有种类多、频率高、范围广、强度大、危害重等特点，是湖北省灾害多发地区。与气象相关的主要灾害种类有洪涝、干旱、雷击、高温热浪等，其中暴雨、雷暴、大风、高温热浪、低温冷害等常见天气是造成上述灾害的直接原因。

一、低温冷害

在冬季风异常的年份，由于影响大气环境变化的因素发生变异，蒙古高压和阿留申低压出现反常，常导致冬季异常的大范围冷冬。荆州曾出现过几次异常的冷冬，造成严重的冻害。1954 年 12 月 25 日至 1955 年 1 月 4 日，连续降雪 10 天，连续积雪日数长达 24 天，最大积雪深度 21 厘米，日平均气温连续 19 天低于 0℃，极端气温 1955 年 1 月 5 日出现了 −15.1℃，结冰终日不融，荆州地区境内，除长江外，其余大小河流、湖泊全部封冻，可以行人。持续的低温、雨雪造成水陆交通中断，人民生产生活受到重大影响。1969 年和 2008 年亦曾出现持续低温天气，对人民生产生活均造成一定的影响。

二、干旱

干旱是荆州的重要气象灾害之一。荆州有春旱、伏旱（夏旱）、秋旱和冬旱出现，严重时也表现为春夏连旱和伏秋连旱，冬旱影响程度较轻。受特定的地理位置影响，干旱空间分布差异很大，主要表现为东南部平原湖区发生概率较少，西北部丘陵岗地发生概率较多。从 1961 年至今，全年降水量低于多年平均的有 18 年，降水量最少的是 1966 年，其全年降水量仅为 699.7 毫米，1984 年的全年降水量只有 770.7 毫米，但由于外江水位高，能从外江引水灌溉，补充了降水的不足，农业仍然获得比较好的收成。1972 年全年降水只有 664.7 毫米，但因江河水位偏低，引水困难，农业生产受到损失。因此，荆州的干旱程度取决于江河水位的高低和水库蓄水量的多少。

三、暴雨洪涝

荆州暴雨洪涝灾害通常出现在 4—10 月，且时空分布不均，一年中主要发生在 6—8 月，其中 7 月发生概率最高。在荆州，自 1954 年以后，普通大涝年份出现了 8 年，即 1973 年、1980 年、1983 年、1991 年、1996 年、1998 年、2010 年、2016 年，平均每年发生 3～5 场暴雨，且时空分布不均。即使正常年份，局部地方仍有可能遭受内涝灾害。

四、大风

风是空气的水平运动。风是能源，也是减轻大气污染的条件，但大风又致灾害。由于荆州地理位置的差异和周边环境的改变，10 分钟平均风速达 6 级以上的大风时空分布不均，导致各地差异十分显著。历年平均每站（县级气象站）每年发生 3～4 次，其中公安县出现次数最多，平均每年发生约 7 次，石首平均每年发生 1～5 次。春季 3—5 月比其他时间出现大风的概率要大得多。3 月多为寒潮大风，对农业危害相对较重；4—5 月多因冷空气南侵引起的强对流天气而出现飑风，雷雨大风和龙卷风等。一年中以 4 月发生大风灾害最多，5—8 月次之，其他月份较少。

龙卷风并不多，以 3—5 月最为常见，多在中午或傍晚出现。一般出现在积雨云中，由上升气流和气旋式水平旋转作用而产生，是风力极强而范围不大的旋风，破坏力非常大。

五、台风

发生在热带海洋面上的深厚暖性气旋式涡旋。我国过去称之为台风，今称之为热带风暴。是一种极猛烈的风暴，风力常达 10 级以上，同时有暴雨。

每年的 5—12 月，台风均可能在我国沿海登陆，但影响荆州发生强降雨的次数不多。1961—1975 年发生 112 次台风影响期间，荆州发生降水过程有 27 次，最大平均降雨量为 78.5 毫米。每年主汛期，台风在我国东南沿海登陆的时期及次数，对长江中下游防洪排涝有直接影响。例如，1954 年（特大洪水年）汛期影响降雨主要是锋面雨（冷暖两种气团的交界面，又称为锋面，处于锋面的区域，常常发生暴雨或大雨。锋按运动状况分为四类，即冷锋、暖锋、静止锋和锢囚锋），热雷雨极少，台风雨完全绝迹。1998 年长江全流域发生洪涝灾害，其台风生成次数少，生成时间晚。7月9日才出现第一号，创下首个台风生成最晚的纪录，至9月底只出现8个热带风暴。初次登陆的时间为8月4日，为有历史记录以来所未有过。由于台风生成异常晚且少，这样副热带高压受不到强大北上气流的推动，长期徘徊于偏南位置，致使雨带长期在长江流域停留，防汛形势严峻。

六、冰雹灾害

强对流云中的一种固态降水物。冰雹形成于特别强盛的积雨云中，这种云的厚度一般在5千米以上，云顶的高度在12千米以上，云顶温度达到−30～−40℃，甚至更低。云中上升气流的速度达15～20米每秒以上（据估计，生成直径10厘米的冰雹，上升气流速度需达50米每秒以上）。

冰雹灾害大致3～4年出现1次，总体上是山地比平原多。一般在每年的4月下旬至5月中旬出现。中午至傍晚出现较多，持续时间几分钟至二三十分钟。冰雹直径一般为5～50毫米，大的可达几厘米甚至10厘米以上，对农作物损坏严重，人畜、建筑物也会遭受损害。

名词解释

（1）厄尔尼诺。"厄尔尼诺"是一种异常的气候现象。位于赤道太平洋冷水域中的秘鲁洋流（亦称秘鲁冷流）水温反常升高，鱼群大量死亡的现象。由于这一现象出现在圣诞节前后，而"厄尔尼诺"在西班牙文中即为"圣婴"之意，故称"厄尔尼诺"现象。"厄尔尼诺"现象是太平洋赤道带大范围内海洋和大气相互作用后失去平衡而产生的一种气候现象，是最具有破坏力的。

"厄尔尼诺"现象的成因是热带太平洋水域受到由东南向西北方向运动的信风（洋面上的一股强风）影响，大片海水被吹起来，造成位于澳大利亚附近的洋面比南美地区高出约50厘米。这种现象使得与信风相反的方向上空形成一股暖流，这股暖流即"厄尔尼诺"。"厄尔尼诺"现象出现时，太平洋沿岸海面的水温异常升高，海水水位上涨，暖流使太平洋东部的原冷水域变成暖水域，造成不同地区的灾害性气候，一些地区出现干旱，而另一些地区出现雨涝。

"厄尔尼诺"现象是周期性出现的，一般2～7年出现1次。

（2）副热带高压。位于南北半球副热带地区的高压系统，简称副高。长轴同纬圈大致平行，占据广大空间，稳定少动，是副热带地区重要的大型天气系统。它的存在和活动对低纬、中纬度天气的发生、发展和对全球环流演变具有重大的影响。地理学上也称"亚热带"。通常指南、北纬25°～40°的地区。按月平均气温20℃以上为炎热，10～20℃为温和，10℃以下为寒冷作为指标，按炎热、温和、寒冷的持续月数把世界气候划分为热带、副热带、温带、寒带和极地五带。荆江地域属"亚热带"气候。

（3）气象、气候。气象是指大气中冷、热、干、湿、风、云、雨、雹、霜、雾、雷、电、光等各种物理现象和物理过程的统称。气候是指某地区多年间天气的一般状态。它既反映平均情况，也反映极端情况，是多年间各种天气过程的综合反映。

（4）华西秋雨。每年的9月、10月，陕西、重庆、四川多阴雨，因地处中华大地之西，故称"华西秋雨"。"华西秋雨"主要影响汉江流域，多发生秋汛，故汉江秋汛多于夏汛。

第三章 河 流 与 湖 泊

　　荆州地处古云梦泽腹地，长江汉水流出山地后，汇入古云梦泽，江水挟带泥沙日积月累地沉淀，逐渐形成冲积平原，在塑造这块平原的漫长过程中，长江、汉水逐渐塑造成统一的河道，而以支汊分流形式存在的水道则随着堤防的修筑和围垸演变成内陆河流和湖泊。

　　境内河道全属长江流域，流域面积 14067 平方千米，主要河道有一级河长江，流经荆州市长 483 千米；二级河沮漳河、松滋河、虎渡河、藕池河、调弦河、东荆河、内荆河等 7 条，总长 1217.3 千米；三级河 16 条，总长 528.4 千米；四级河 30 条，总长 738.6 千米。河道总长 2967.3 千米。流域面积在 100 平方千米以上的河流有 84 条，河网密度为 0.2 千米每平方千米。东荆河首汉尾江，流长 173.0 千米，其中流经荆州市监利、洪湖长 126.37 千米。荆南四河流程 441.9 千米。全市有湖泊 184 个，湖泊总面积 705.36 平方千米。水资源得天独厚，过境客水丰富，年均过境客水总量 4680 亿立方米。多年平均水资源总量 71.76 亿立方米，其中地表水资源量为 64.76 亿立方米，地下水资源量为 17.542 亿立方米。

　　河多、湖多、围垸多、堤防长乃荆州市的显著特点。同时荆州又是长江中游分蓄洪工程最多、最集中的地区。

第一节 云梦泽的变迁

　　云梦本为二泽，分跨在长江中游的南北，江北叫云，江南叫梦，达八九百里，后来逐渐成为陆地，遂并称云梦。一般认为历史上所讲的云梦泽大致就是如今的江汉平原，即云梦大泽。根据一些学者研究的结果，认为春秋战国时的云梦泽已趋向萎缩，范围已缩小。根据土层钻探分析，其最盛时期的范围为湖北京山以南，枝江市以东，蕲春县以西，赤壁市以北及湖南华容、湖北公安以北，总面积约 6.6 万平方千米。

　　云梦泽从形成发展到消亡全过程历时约 7000 年。云梦泽的范围随时间而变，在春秋战国以前为相对稳定的全盛时期，进入春秋战国后期已日趋萎缩，至唐宋时解体消亡。

　　有的学者指出："古籍中的'云梦'是一个包括多种地貌、范围极为广阔的楚王游猎区，'云梦泽'只是'云梦'区中的一小部分。古地理环境虽然经历巨变，但云梦泽范围内的山体丘陵今日依存可见，江湖之间有石首残丘东岳山、桃花山、墨山等，外围地区在城陵矶以东大江两岸有白螺矶、螺山、黄蓬山和乌林等，外围有丘陵阶地围绕，如江陵、八岭山及黄土台等，除地面可见山势地形外，在今平原下还有被埋的阶地，如龙湾古章华台、三湖、洪湖和江南新江口以东等区均有发现，而云梦泽主要分布于其间河谷洼地区。"

促使云梦泽消亡的主要原因是长江和汉水不断的泥沙淤积。而人口日益增加，不断的围垦也是促使云梦泽消亡的一个重要原因。从总体上讲，泥沙淤积在前，围垦在后。

云梦泽处在长江中游地段，除长江上游有巨大的水量过境外（宜昌站在三峡水库建成前多年平均径流量44800亿立方米，多年平均输沙量5.21亿吨），还有支流汉江、清江、沮漳河和洞庭湖的湘、资、沅、澧四水汇入。众多的河流挟带着泥沙进入了云梦泽，大量泥沙开始沉淀。有的研究资料将两湖平原的泥沙沉积中心区分为三大区，即荆北沉积区（枝江以东、仙桃以西的江汉河间地带，沙市以东地区），堆积期从距今8000年至距今1000年，历时7000年，淤积量估算约达5053.6亿吨；荆江干流沉积区泥沙淤积总量约达877.8亿吨；荆南沉积区，范围包括荆南长江干堤以南的南平、藕池一线以北（含湖南广兴洲部分地区），淤积量为933.0亿吨。三区泥沙淤积量为5053.6亿吨，相当于长江（宜昌站）1317.5年的输沙总量。表明全新世以来约8000年来淤积总量占输沙入境总量的16%左右。

泥沙淤积的中心在今四湖地区，平均淤淀厚度32.10米，有的地方厚一些（约40米），有的地方薄一些，如潜江的龙湾。"三鸦寺附近的蒲家台，在1987年修水塔打机井时，于32m深处挖出了一些只有山河河床中才有的鹅卵石，蒲家台低于三鸦寺2m，故相差在34.0m左右。"原江陵县钻孔资料表明，"县内平原湖区，自地表以下40～50m深处，分布的主要有河相沉积物，仅在局部地方有湖相沉积物，上层覆盖的地层为互相交错的冲积物与湖积物。"说明长江、汉水所挟带的泥沙，经过日积月累，形成了很厚的河流沉积物，覆盖在原来的古地面之上，成为今日的江汉平原。

有的学者认为，云梦泽为"战国楚时为行围纵猎之地，故汉初尚如此。""王游于云梦，结驷千乘，旌旗蔽日，野火之起也若云霓，兕虎之嗥若雷霆"，这是楚宣王游云梦时的盛况。《左传》载：子文初生，其母"使弃诸梦中"，其地即在今云梦县境；《昭公三年》载：楚子与郑伯"田江南之梦"；《定公四年》载：吴师入郢，楚子出走，"步睢济江，入子云中"，其地就在今松滋、枝江一带。

汉初（公元前 201 年），汉高祖刘邦用陈平计，伪游云梦会诸侯于陈（注：今河南省淮阴县），诱捕大将韩信，这件事史书均有记载。汉代边让写的《章台赋》中记述："楚灵王既游云梦之泽，息于荆台（注：在今监利姚集附近）之上"，地理位置写得很清楚。

按云梦本为两泽的解释，一是在今荆州区以东，汉江以南的今四湖、汉南地域。《周礼·职分》中的"其泽薮曰云梦"和《史记·河渠书》中的"通渠汉水，云梦之野"，都是指的今江陵、潜江一带。另一种说法是指汉江以北应城、天门一带。古时有云梦七泽之说，以云梦最大。《史记·司马相如传》写道："臣闻梦有七泽，尝见其……名曰云梦。云梦者，方九百里，其中有山焉。"按字义解释，泽乃聚水的洼地，薮是湖沼的通称，也专指少水的泽地。因此，古时的云梦泽是泛指沼泽区，而不是专指某一地区的某一个湖沼。如今的梁子湖、东湖、洪湖、白露湖等若断若续的数十个大小湖泊，便是云梦泽的遗迹。

古云梦泽的范围虽然广阔，但主体发育在河谷凹地和低洼地区，形成陆水相间，深处呈湖，外面呈沼泽散布。主体在荆江以北的江陵（原江陵县）、潜江、监利、仙桃一带，面积大约 2.6 万平方千米，基本上是南陆北渚。

云梦泽的形成、发展和消亡，如同任何事物一样，都有它自身和外部的原因，遵循一定的变化规律。云梦泽的形成主要是地质构造、气候和地理位置等方面的因素。由于云梦泽所处的地理位置，它的消亡是一种必然的历史趋势。促使云梦泽消亡最直接的原因，当然是泥沙淤积。荆江的南岸，从松滋至湖南华容受到诸多丘陵山冈的控制，把洞庭湖和云梦泽基本分开，长江的泥沙不容易进入洞庭湖，这就加快了云梦泽的消亡（长江泥沙大量进入洞庭湖是在 1860 年以后）。云梦泽的消亡和统一的荆江河道形成，有的学者认为是自然因素起主导作用。在全新世晚期以前，主要是自然环境作用于人类，如人类的居住、文化的范围和迁移都不同程度受自然环境的影响。但随着社会的进步，生产力水平的提高，人类对自然环境的作用日渐增大，已成为一种不可忽视的营力。

云梦泽解体后，人们在泥沙淤积的高地上修筑堤垸、堵塞穴口、支汉归并，迫使河水归槽，荆江河道不断发育，至元明时，统一的荆江河道已经形成。汉江泽口以上统一的河道也已形成。

第二节 长 江

荆州市地处长江中游（宜昌至鄱阳湖口为中游，长 950 千米），长江干流经松滋车阳河进入荆州市境内，流经湖北松滋、枝江、公安、荆州（区）、沙市、江陵、石首、监利，湖南华容、君山（区）、云溪（区）、临湘和湖北洪湖、赤壁、嘉鱼等市、县，于洪湖市胡家湾出境，流程 483 千米。其中城陵矶以上至枝城河段称为荆江。

1. 荆江

荆江是长江中游的一段，因其流经古地荆州而得名。上起湖北枝城，下迄湖南城陵矶，全长 347.2 千米（1975 年测图量算为 337 千米），其间，按荆江河道形态以石首藕池口为界，分为上下两段，上段称上荆江，长 171.7 千米（其中枝城至洋溪的 8 千米河段属宜昌市），下段称下荆江，长 175.5 千米。荆江左岸在沙市以上 16.55 千米处有沮漳河在荆州区临江寺入汇（左岸在枝江市新河口有玛瑙河入汇），上游右岸枝城以上 19 千米处有清江入汇，境内有松滋、虎渡、藕池、调弦（1958 年建闸）、四口（亦称四河）分流入洞庭湖，与湖南湘、资、沅、澧四水汇合后，于城陵矶注入长江。

荆江河道形成：荆江发育于第三纪以来长期下沉的江汉沉降区。"晚更新世末期，全球性气候变冷，雨量减少，海面大幅度下降，我国东海面曾下降到比今低 120 米，荆江除受到基面下降影响外，上游来水减少，来沙条件发生改变，从而引起荆江河床下切，河水归槽，形成深切河谷的低水面阶段，时间持续到冰后期气温回升的全新世纪初"。"在距今 6800～5200 年间，温暖湿润，雨量十分丰沛，荆江地区上游来水量增大，而长江口海面抬升，基面抬高，长江上游来沙的淤积量小于水位上升量及地壳沉降之和，因此，水位上升，水面扩大……称之为'荆江漫流期'"。

秦汉时期，荆江在云梦泽内陆三角洲上成扇形分流向东扩散。这时的荆江河段还处于高度湖沼状态，河床形态不明显，洪水以漫流形式向东南汇流。两晋时期，今上、下百里洲，荆州区的龙洲垸以及李埠、太湖港农场均属"九十九洲"之地，尚未形成固定的河床。《水经注》载：江水"又南过江陵县南，县北有洲，号曰枚廻洲，江水自此两分，而为南、北江也。"南北江之间的梅廻洲，长 70 余里，西晋太康元年（280 年），驻襄阳的镇西大将军杜预攻克江陵后，在洲上筑奉城。北江沿江陵城南经豫章冈（注：今沙市第一人民医院）、章华台（注：今章华寺）至豫章口（注：今窑湾）有夏水分流，因其"冬涸夏盈"而称夏水，流经今四湖地区的腹地，汇沔水于沌口注入长江。南江与北江至梅廻洲尾汇合向东流去，北岸在今观音寺有涌水分流，南岸在今公安县黄金口有油水（今称淢水）汇入。

东晋时期，桓温任荆州刺史，长江洪水位慢慢抬高，开始威胁荆州城的安全，于是命陈遵（345—365 年）修筑荆州城外的堤防，称之为"金堤"，主要目的是保护荆州城［注：金堤长约 8 千米，起自西门外的荆南寺（318 道旁），至西门沿城经南门（今西堤街、东堤街皆金堤旧址）至仲宣楼止］。

　　唐时，云梦泽解体，夏水湮塞。今沙市章华寺至大湾一带已经成陆，梅廻洲与陆地合并。

　　两宋时期，特别是南宋时期为了军事屯田需要，荆江两岸堤垸兴起，逼水归槽，荆江河道开始形成，南北两岸留有"九穴十三口"向内地分泄长江洪水。明朝时期，荆江两岸大规模筑堤围垸，南北分流穴口减少，南岸仅留虎渡口与调弦口，北岸留有刘家堤头、郝穴和庞公渡三口。嘉靖二十一年（1542 年）堵塞郝穴口，统一的荆江河道形成［庞公渡明万历八年（1580 年）堵塞，天启二年（1622 年）重开，清顺治七年（1650 年）又堵；刘家堤头于明朝崇祯年间堵塞］。明嘉靖三十九年（1560 年），洪水将百里洲冲为两段，始有上、下百里洲之分。明隆庆时（约 1567 年前后），从石首至监利的大江主流原在调关以南，焦山铺以北，沿桃花山东下，改道到调关以北。监利以下的大江主流经东港湖，也改道到洪山头以南。荆江在城陵矶与洞庭湖水的汇合处，从观音洲（称荆河垴）至君山以北的范围内摆动，今君山附近仍有故道残存。

　　清朝时期，统一的荆江河床和南北两岸堤防已经全部形成。北岸穴口尽堵，南岸留有虎渡、调弦两口分泄荆江洪水。1860 年大水，藕池马林工溃口，形成藕池河。1866 年枝城北门口矶头冲毁，长江主泓南移，引起下游河段发生一系列变化。1870 年大水，松滋黄家铺、庞家湾溃口，形成松滋河。从松滋口至杨家垴（或称流淀尾）的大江主流萎缩，原南江北沱转变为南沱北江，是数千年一大变化，至此形成江南四口向洞庭湖分泄荆江洪水。元朝至清朝的中期，荆江在沙市以下的主流傍荆江大堤流至郝穴，原公安斗湖堤距大江约 4 千米。1756 年后，荆江主泓南移，至清咸丰七年（1857 年），荆江主泓南移至斗湖堤，青安二圣洲形成。从 1866—1994 年下荆江共发生七处自然裁弯，另有两处人工裁弯。新中国建立以后，为了根治荆江，实施了大规模的护岸工程，实施下荆江系统裁弯工程，才使荆江的河势得到控制，结束了"三十年河东、三十年河西"游荡不定的历史。

　　上荆江为微弯分汊型河道，河段弯道较平顺稳定。平滩水位时，河道最宽处 3000 米（南兴洲河段），最窄处 740 多米（郝穴河段），最深处 40～50米（斗湖堤）。据 1965 年测图量算，上荆江顺直河段平均宽 1320 米，水深平均 12.9 米；弯曲河段，平滩河宽 1700 米，平滩水深 11.3 米。上荆江沙市弯和郝穴弯堤外无滩或仅有窄滩（长约 34 千米），深泓逼岸，防洪形势十分险峻。上荆江护岸线长 121 千米；下荆江为典型的蜿蜒型河道，自然条件下，仍发生自然裁弯，左右摆动幅度大，有"九曲回肠"之称。20 世纪 60 年代后期至 70 年代初，历经中洲子（1976 年）、上车湾（1969 年）两处裁弯以及沙滩子（1972 年）自然裁弯，1994 年，石首河段向家洲发生切滩撇弯。下荆江系统裁弯前河长 240 余千米，裁弯后缩短河长约 78 千米，此后河段有所淤长。由于不断实施河势控制工程与护岸工程，下荆江已成为限制性弯曲河道。据 1965 年测图量算，平滩水位时，下荆江全河段顺直段平均宽 1390 米，平滩水深平均为 9.86 米；弯曲河段平均宽 1300 米，水深平均为 11.8 米。河道最宽处 3580 米（八姓洲河段），最窄处 950 米（窑圻垴河段），最深处 50～60 米（调关矶头）。

荆江河段的深泓平均高程，上荆江为 16.70 米，下荆江为 6.90 米。深泓点主要有石首河湾-11.40 米、调关-11.00 米、中洲子河湾-7.00 米、荆江门-24.00 米、观音洲-10.00 米。

民国时期，上荆江河道的泄洪能力，沙市河段的泄量为 3.5 万～4.0 万立方米每秒。新中国建立后，对荆江河道不断进行整治（清除行洪障碍、裁弯取直、护岸），加固堤防，河道的泄洪能力有明显的提高，上荆江河段的安全泄量，包括向洞庭湖分流的松滋、太平两口在内，为 6.1 万～6.8 万立方米每秒（沙市站控制泄量 5 万立方米每秒。1981 年沙市泄量 5.46 万立方米每秒，1998 年沙市泄量 5.37 万立方米每秒）；下荆江石首河段的安全泄量包括藕池口河分流只有 5 万立方米每秒左右（监利站 1981 年泄量 4.62 万立方米每秒，1998 年泄量 4.63 万立方米每秒）。近百年来，宜昌洪峰流量超过 6 万立方米每秒以上的年份有 27 年。

2. 城新河段

城陵矶以下的长江，从城陵矶接荆江起，至洪湖市新滩镇胡家湾入武汉市汉南区境，全长 154 千米，左岸流经监利县和洪湖市。左岸有内荆河于新滩口汇入，东荆河于新滩口北注入长江，右岸于赤壁市附近有陆水汇入。

洞庭湖水经七里山至城陵矶汇入长江，因此，城陵矶有三江口（三江口指荆江，城陵矶以下长江又称扬子江，洞庭湖水从君山至城陵矶为总出口，习惯称湘江）之称。

长江城陵矶至新滩口河道属分汊型和弯道河型，两类宽窄相同，呈藕节状，平滩水位时，最宽处 3500～4000 米，最窄处 1055 米（腰口至赤壁山）。螺山站低、中、高水位相应水面宽分别为 576 米、1577 米和 1810 米。河段最深处 51 米（官洲村），最浅处 3.5 米（界牌），平均水深 7.9 米。螺山站控制安全泄量 60000 立方米每秒。1954 年 8 月 7 日 24 时，螺山站最大流量 78800 立方米每秒（相应水位 33.17 米）；1998 年 8 月 20 日，螺山站最高水位 34.95 米，相应流量 64100 立方米每秒。城陵矶（七里山）出湖流量，1931 年 7 月 30 日为 57900 立方米每秒，为有记录以来的最大流量；其次是 1935 年 7 月 3 日，最大出湖流量 52800 立方米每秒；1954 年 8 月 2 日最大出湖流量 20753 立方米每秒；1998 年 7 月 31 日最大出湖流量 14036 立方米每秒。

从监利杨林山起至洪湖石码头称为界牌河段，是长江中游碍航浅滩河段之一。此河段属顺直分汊河道，上段单一，下段分汊。因河道顺直段过长，主流易摆动，造成航道不稳定，枯水期航槽不稳，造成航道深度不足，成为长江中游航运卡口河段，严重制约航运的通畅。1986年国家将界牌河段列入综合治理计划。1994年开始实施，包括护岸工程和航道整治工程两部分。湖北省主要实施左岸桩号517＋500～527＋200堤岸护岸工程；右岸交通部主要实施新淤洲洲头鱼嘴、鸭栏固滩丁坝群及南门洲镇坝工程，以控制南北两汊分流比。界牌河段整治工程实施后，崩岸得到遏制，河势受到控制，同时兼顾航运、港口及城市发展。

城新河段，右岸紧靠山冈丘陵，左岸除局部有孤山（白螺矶、杨林山、螺山）均为冲积平原，深泓多居左侧，弯道多偏向左岸。城陵矶以下，受隔江对峙的白螺矶和道人矶、杨林山和龙头矶、螺山和鸭栏矶等天然节点控制，约束河道自由摆动，是控制荆江、洞庭湖洪水下泄的咽喉，对武汉市的防洪安全极为重要。

第三节 汉 江

汉江流经中原腹地，古称江、河、淮、汉为四大名川，是中华文明的发祥地。

汉江通称汉水，襄阳以下又名襄河，古称沔水。汉江出钟祥（皇庄）后，进入江汉平原。古时，汉江下游为江汉一体的古云梦泽，汉水下游河道经历了漫流、分流分汊、向统一河道形成阶段。

先秦时期，"汉水流量仅为长江中游的1/10，在长江洪流溢逼和大夏水自然堤制约下，汉水下游河段偏安于大夏水之北的大洪山南麓，主流自钟祥铁牛关、臼口（后称旧口）出，沿今天门河东行、绝富水、溳水、澴水，最后由府河东行至滠口东南入江。这就是先秦时代汉水下游的流踪。当时汉、夏二水虽近，但基本各行其道，各有其口，汉口在北，夏口在南（先秦时称为夏纳），先秦史载未见混一。"

汉魏时代，汉水下游在江汉盆地掀斜运动和科氏力的长期作用下，逐渐摆脱长江分流夏水的溢逼，开始从臼口分流南下，已从先秦时代的府河—聂口一线流路，南移至今汉水出口（龟山以北，龟山古称鲁山，又称翼际山，唐以后混称大别山）。其流路是出钟祥后向南流，经荆门马良、沙洋至潜江县城北再向东经潜江、沔阳腹地进入汉川，于汉阳龟山北注入长江。这条流路在嘉靖《汉阳府志》和《明史》中均称为汉江正流。此时，因众分流散漫难辨其主次，故汉魏时期汉水有沔水之称。

　　唐时，汉水下游的主要流路有两条：一条名沔水，过长寿县（今钟祥郢中镇）后，经沔阳县，东入汉川县，再经汉阳县的沌口注入长江；另一条从臼口分流名汉水，经汉川县，从汉阳鲁山北（今龟山）入长江。917年"南平王高季兴修筑荆门绿麻山至潜江沱埠渊汉江右岸堤防，长一百三十里，人称高氏堤"，限制了汉水向南分流。明嘉靖元年（1522 年），郢州守备太监以保护献陵风水为由，堵塞汉江左岸九口（钟祥县铁牛关口、狮子口、臼口，京山县张壁口、操家口、黄傅口、唐心口，潜江县泗港口、官吉口），修成汉江左岸堤防。至此，钟祥至潜江（策口）汉江统一河道形成。原汉江向北分流的河道成为内河（天门河）。汉江干流至潜江县右岸有大策（泽）口、小策（泽）口（潜水）向南分流。至天门境（汉江左岸）黑流渡汉江分为南、北二派（支），南支为小河（支流），即今汉江干流；北派为正流，至汉川县脉旺咀与小河汇合，长约 78 千米，后正流不断淤塞，清康熙年间，北派易名为牛蹄支河，成为汉江的一条分支河道，原南派支流变为干流。清咸丰初年，牛蹄河口淤塞，汉江左岸钟祥、京山、潜江、天门汉江分流穴口俱塞，沿江堤防形成。

　　汉江右岸潜江境内尚存两条分流河道：一条是芦沭河（古称潜水），分流地点名芦沭口，又称小泽口，为汉水分流河道，清同治十年（1871 年）芦沭口被堵塞；另一条分流水道名东荆河，分流口名夜汉河，又称为策（泽）口河，其进水口在谢家湾，称夜汉口或称大泽口。同治八年（1869 年），汉江大水，洪水从梁滩南侧吴姓宅傍冲成大口，后称为吴家改口。吴家改口形成后，汉江的分流河口东移至今龙头拐，东荆河分流口位置从此固定。因东荆河分泄汉江洪水近 1/4，汉江南北对泽口多次发生疏堵之争。从道光二十四年（1844 年）至民国二年（1913 年）期间发生了 13 次争斗，最后以"吴家改口万不可塞，永禁堵筑"成案。东荆河分流固定。至此，汉江从钟祥、京山、荆门、天门、潜江、沔阳至汉川境统一河道形成。

　　钟祥皇庄至汉口为下游，河长 383 千米。干流出钟祥后，河出山谷，水流变缓，属平原蜿蜒型河道。区间集水面积 1.7 万平方千米，控制流域面积 15.9 万平方千米。河道洲滩较多，两岸有完整堤防。干流经潜江泽口龙头拐，有东荆河分流河道。干流自沙洋以下无支流加入，北岸在汉川城关有刁汊湖水加入，至汉阳新沟又有汉北河来汇。

　　汉江下游两岸，自五代筑高氏堤开始，经历代演变，形成干流河道越往下越狭窄，状如长形漏斗。水势收束以后，水深和流速显著增加。皇庄至沙洋段两岸堤距 1500～4500 米，沙洋至泽口段堤距 1000～3000 米，泽口至岳口段两岸堤距 400～1000 米，岳口以下 600～1500 米，进入汉川后堤距仅 300～400 米，汉口附近最窄处仅 100 米（汉口集家嘴）。遇大洪水行洪不畅，易酿成洪灾。

汉江为季节性河流，上中游产生的暴雨，径流汇集快，洪水来量大，涨势迅速凶猛。由于河道越往下游河床越窄，宣泄不畅，来量与泄量不相适应，有的年份汉江洪水与长江高水位遭遇，河口段受江水顶托倒灌，历史上是洪灾频发的河流。1935年7月，汉江上游连降暴雨，推算丹江口7月6日最大洪峰流量50000立方米每秒，洪水直泄下游，钟祥汉江堤溃口长达7000多米，洪水横扫汉北，直抵汉口张公堤，灾及钟祥、京山、天门、潜江、沔阳、汉川、云梦、孝感、应城、黄陂、汉口等11县（市），死亡8万多人，为20世纪40年代汉江下游发生的一次特大洪灾。

汉江北岸（左岸）堤防上起钟祥遥堤，下止汉口，堤长368.486千米；南岸（右岸）堤防上起沙洋，下止汉阳，长358.444千米。两岸堤防总长726.929千米。荆州地区时期堤防长456.017千米，占汉江中下游堤防总长的62%，其中汉江遥堤长55.265千米，汉江左堤长121.9千米，汉江右堤长191.345千米，大柴湖围堤长45.4千米，杜家台分洪道堤长42.107千米。

杜家台分蓄洪工程跨仙桃、蔡甸、汉南3市（区），由进洪闸、分洪道、分蓄洪区、黄陵矶闸、分蓄洪区围堤等部分组成。因主体工程进洪闸位于汉江干堤（汉右干堤桩号126+200）杜家台处，故名杜家台分蓄洪工程。1965年开工建设，次年建成，设计流量4000立方米每秒（校核流量5300立方米每秒），固定分蓄洪面积613.98平方千米。

杜家台分蓄洪工程建成当年，即在汛期7—8月两次开闸运用。自建成至2011年，共经历11个大洪水年，运用21次，共分泄汉江洪水196.74亿立方米，为保证汉江下游堤防安全，发挥了显著的效益。

汉江流域属亚热带季风区，为我国南北气候分界的过渡地带，南来北往的冷暖空气活动频繁，气候温和湿润。流域内多年平均降雨量为900～1100毫米，暴雨主要发生在7—9月。下游早于上游，南岸早于北岸。一般5—6月间下游地区雨季开始，极峰即显活跃。7月，随着雨带北移，降雨量大增，雨区以安康以下为主。8月雨区主要分布在唐白河、丹江、洵河等地区；9月正值华西地区秋雨季节，暴雨强度大，持续时间长，极易形成洪峰特大的洪水。汉江来水多集中于7—10月，主汛期7—10月径流量占全年的65%，特殊年份可达75%，秋汛多于夏汛，因此，汉江有"防秋汛"之说。

汉江中下游各河段允许泄量：襄阳—碾盘山为25000～30000立方米每秒；碾盘山—沙洋为18400～25000立方米每秒；沙洋—泽口为14000～18400立方米每秒；杜家台以下为5000～9000立方米每秒（杜家台以下允许泄洪范围，前者指汉江水位29.00米以上，后者指汉口水位27.50米以下）。

汉江新城，10年一遇流量为21100立方米每秒；20年一遇流量为24000

立方米每秒；100 年一遇流量为 31400 立方米每秒。

民国时期汉江干堤有 12 年溃口，平均 3 年 1 次。

为实现南水北调的宏伟目标，丹江口水库大坝加高工程于 2005 年开工，2013 年 5 月 27 日丹江口大坝加高加宽工程全面完工，大坝高程 176.00 米，蓄水库容 290.5 亿立方米，可蓄水至 170.00 米的规模，并已开始向北方送水。丹江口水库大坝加高后，汉江中下游防洪标准由 20 年一遇提高到 100 年一遇。

第四节　东　荆　河

东荆河位于江汉平原腹地，串联汉水、长江，系汉江下游南岸的一条分流河道。

东荆河首起潜江市泽口龙头拐，止于武汉市汉南区三合垸（新河口）汇入长江，河道长 173 千米。荆州市境河段从潜江老新口流入监利廖家月，经监利县、洪湖市，长 126.37 千米，其中监利县境内长 37.37 千米，洪湖市境内长 89.00 千米。

东荆河是汉江的主要支流，其进水口的位置屡有变化，现河口曰泽口。明万历元年（1573 年），汉江夜汉堤溃，次年四月，湖北巡抚赵贤习知水利，上疏请留缺口，让水止于谢家湾，两岸沿河修支堤 350 丈，中一道为河，东荆河形成。此支堤即为东荆河堤肇基之始。夜汉堤分流形成夜汉口，即今东荆河河首。夜汉河在田关又分两个支流，向西流入江陵境为西荆河；向东南流监利、沔阳境为东荆河。

今东荆河进水口门在汉右干堤桩号 221+300～222+850 处，口门宽 1550 米，进口处地名龙头拐。1931 年堵塞新沟嘴分支，1932 年堵塞西荆河河口（田关）。东荆河上游流路趋于稳定。而下游两岸堤防尚未形成，河流比较紊乱。河道走向是：上起龙头拐，经陶朱埠、田关、莲花寺至老新口，转向东经渔洋、新沟嘴、杨林关、预备堤、网埠头（今网市）至沔阳府场河（又名易家河）至土京口注入内荆河北支。在府场有一支南下称为柴林河。清同治四年（1865 年）杨林关堤溃，直冲潘家坝垸堤、朱麻、通城诸垸成河，屡议修筑未果。遂从沔阳境内改道北趋。改道后，东荆河主流从杨林关入烂泥湖，至姚家嘴之南，北口之北入沔阳朱麻垸，东下一支直入通城垸形成新水道，名为冲河，乡民循冲河逐渐围堤束水，便成为东荆河主道。清光绪四年（1878 年），杨林关中府口之口堵塞，东荆河主泓完全移至冲河。

东荆河在天星洲分为两支，旋即汇合于施家港。至敖家洲以下分成南北两支，北支从敖家洲沿东荆河堤至杨林尾称为虾子河，长约 4.5 千米，南支主流沿上、下敖家洲垸东南行至杨林尾，流程约 5 千米，与北支汇合，流程约 1.5 千米，又分为三支：南支沿天合垸（右岸）、联合垸（左岸）至黄家口（又称协心河），长约 10 千米，与东荆河南支汇合；中支从杨林尾，经塘林湖、晓阳至兴场与北支汇合；北支从杨林尾沿东荆河堤北行至冯家口，再东北行约 4 千米，在火老沟汇入通顺河，经沙湖、纯良岭到汉阳曲口再东北行至沌口入长江。南支从敖家洲经长河口、花古桥、高潭口、黄家口与中支（协心河）汇合，河长约 15 千米，东北行经南套沟、裴家沟、汉阳沟至白斧池再北行，沿渡泗湖、湘口、曲口与通顺河汇合至沌口入长江。干流全长 249 千米。其中中革岭以上长 117 千米，中革岭以下长 132 千米。

新中国建立后，对东荆河进行了治理。1955 年，兴建下游右岸洪湖隔堤，堵塞了高潭口、黄家口、南套沟、裴家沟、柳西湖沟、西湖沟、汉阳沟，使东荆河水与内荆河水隔离。1964—1966 年，实施了东荆河下游改道工程，修建了沔阳隔堤和开挖深水河槽，隔断了东荆河水与通顺河水系的连接，将入江口由沌口上移至胡家湾附近的三合垸（新开口），从而使四湖和汉南分别成为封闭式的大围垸，东荆河两岸的堤防也从进口到出口分别与汉江干堤、长江干堤连成整体。河道相应缩短为 173 千米，中革岭以上 117 千米不变，中革岭以下长 56 千米。

东荆河属冲积平原河流。中革岭以上河道河宽为 300～500 米，最宽处 1500 米；中革岭以下河宽一般为 3500～4000 米，最宽处达 7000 米；龙头拐至北口长 77 千米为多弯型河道，有较大急弯 30 多处；北口至中革岭长 40 千米为微弯分汊型河道。东荆河河底高程为 15.40（三合垸）～29.00 米（龙头拐）。

东荆河为汉江分流河道，其分流洪量约占汉江新城来量的 1/4。因东荆河呈一狭长扩散型，河槽调蓄作用小，洪水汇流时间较短，有利于洪峰的形成。每当伏秋大汛，河水易涨易退，水位时高时低，高水季节时，河水深达 17 米，枯水季节时，河水干涸见底。单峰一般为 5～7 天，复峰也只有 10～15 天。

据陶朱埠资料统计，最大年径流量为 230.9 亿立方米（1937 年），最小径流量为 7.7 亿立方米（1978 年），多年平均径流量（丹江水库建成前）为 69.1 亿立方米，占汉江新城站多年平均径流量 535.8 亿立方米的 12.9%；丹江口水库修建后年均径流量为 38.9 亿立方米，占新城多年平均径流量的 7.9%。

1964 年和 1983 年均为东荆河大水年。1964 年陶朱埠最大流量 5060 立方米每秒；1983 年最大流量 4880 立方米每秒。

东荆河两岸堤防全长 344.23 米，其中左岸长 171.18 千米，右岸长

173.05千米。东荆河入口左岸龙头拐至彭家祠堤长13.67千米，右岸雷家潭至田关堤长12.65千米，共长26.32千米，循旧例列为汉江干堤，东荆河实管堤防长317.91千米。

东荆河堤防遇溃决灾害有记载的始于明万历元年（1573年），至新中国建立后的1954年的380年间，发生了164次堤防溃决灾害，其中明朝4次，清朝92次，民国64次，新中国建立后4次，以民国时期溃口最为频繁。

第五节　沮　漳　河

沮漳河是长江中游北岸较大的支流，为沮水和漳水在当阳市河溶镇两河口汇流后的总称。沮漳河流域集水面积7340平方千米，河长327千米（人工改道前），属半山地河流。沮漳河流域介于东经$110°56'\sim112°11'$、北纬$30°18'\sim31°43'$，干流河道平均比降1.0‰。

沮漳两水皆源于荆山，"高峰霞举，峻竦层云。山海经云：金玉是出。虽群峰竞举，而荆山独秀。"〔注：金玉，泛指珍宝。此处指春秋时，楚人卞和得玉璞，献给武王，武王为诈，砍其右足。又献给文王，文王亦又为诈，又砍其左足。至成王时，他抱玉璞哭于荆山下，三天三夜，泪尽血流。王闻之，使玉匠精心雕琢，终得宝玉，遂命名为"和氏璧"。（璧乃古代的一种玉器，扁平，圆形，中间有孔。）"和氏璧，天下所共传宝也。"〕成王封和为陵阳候，和不就而去。荆山，乃楚立国之地。史称楚人"辟在荆山，筚路蓝缕，以处草莽，跋涉山林，以事天子，唯是桃弧、棘矢，以共御王事"。漳河发源于襄阳市南漳县薛坪三景庄自生桥上游之龙潭顶，海拔1220米，自西北流向东南，经龙王滩，流经南漳、远安、荆门等县，过荆当岩进入当阳市境，过观音寺至两河口与沮水汇合，流长207千米，集水面积2970平方千米。河道平均比降2.14‰。

沮河发源于襄阳市保康县歇关山，海拔约2000米，东流与白龙洞泉水汇合后经欧家店、歇马河、马良坪、峡口、远安至当阳市两河口与漳河汇合，流长243千米，河道平均比降1.9‰，集水面积3367平方千米。

沮漳二水汇合后，经宜昌市的当阳市、枝江市进入荆州市的荆州区境，汇入长江，河长96.7千米，称之为沮漳河，古与江、汉并称，故《左传》云："江汉沮漳楚之望也。"另据《荆州堤志》（民国二十六年版）记载："春秋时与江汉并称，楚望以其为南条水道之最著也。"五代时沮水尚在麦城（今朝阳山）以西半月山山脚，后漳水于倒湾（今两河口）汇合沮水成为沮漳河。沮漳河于两河口合流后，南流至江陵（今荆州区，下同）柳港后分成两支：一支东北流，"经保障垸、清滩河（菱角湖），绕刘家堤头，经万城镇北门外，屈曲入太湖港（太晖港），北城河达草市外关沮口，汇长湖水入汉（汉水）"。明崇祯年间（1628—1644年）截堵刘家堤头，断流。又据《江陵志余》载："沮水在城西，旧入于江，水经云：江水东会沮是也。宋孟拱修三海，障而东之，始入汉。"据史载，汉时沮漳河水与扬水相通即为此支。另一支南流再分为两支：一支自江陵入江；另一支自枝江入江。枝江入江故道，位于今河道西侧2~3千米处，俗称干河，入江口名鹞子口（今称老江口，位于江口镇东5千米）。明万历二十五年（1597年）沮水泛滥，于瓦剅河处龖垱堵塞，其后沮漳水遂进入江陵至筲箕洼一处入江。自19世纪初以来，由于学堂洲不断淤长，沮漳河入江口逐渐移至观音寺矶的上腮处。新中国建立初期，学堂洲发生严重崩塌，1959年实施沮漳河下游改道，将入江口上移800米至学堂洲，即称新河口，1994年再次于万城以下进行人工改道，在荆州区与枝江交界处临江寺入江，缩短老河长18.5千米。沮漳河两河口以下河道长79.1千米，荆州市境内长45.55千米；集水面积1003平方千米，其中荆州区汇入面积226.5平方千米，占总面积的22.5%。

沮漳河为半山地河流，其上游河道穿行于丛山间。漳河在清溪河以上，河道狭窄，浅滩较多，河床皆为岩石及卵石。民国二十四年（1935年）4月全国经济委员会江汉工程局查勘沮漳河的报告中称："漳河上源南漳县景山南麓有石嵌空成穹，曰自生桥，桥北约二百米有泉经桥下，又三景庄东北一千米许有洞，曰老龙洞，西北有观，曰蓬莱观，泉出其下，东注而汇入以成水源。"沮河、漳河在两河口汇合后，即进入丘陵平原地区，河道平阔，河底为沙质，河身弯曲，自官垱以下至沮漳河出口，两岸筑有堤防控制。

沮漳河流域多年平均径流量为26.5亿立方米。沮漳河河溶站1980—1994年的15年平均年径流量为26.9亿立方米，与多年平均值接近，最大径流量为53.6亿立方米（1963年），最小径流量为5.38亿立方米（1972年）。历史上最大洪峰流量沮河猴子岩站8500立方米每秒（1935年7月6日调查洪水），漳河马头砦为5100立方米每秒。

沮漳河流域面积大，地势狭长，水量丰富，水能开发前途可观。漳河于1966年建成水库，控制来水面积2212平方千米，占漳河来水面积的77.4%。沮河上游建有巩河水库，控制来水面积168平方千米；2006年建成峡口水利枢纽工程，总装机容量3万千瓦。

沮漳河流域呈北西—南东向狭长地形，为全省暴雨中心之一。洪水多发生在7—8月，每遇暴雨，山洪暴发，河水陡涨，来势凶猛，地处尾闾的荆州为洪泛区。据资料记载，1897—1949年的52年间，沮漳河33年溃堤，其灾害最严重的当属1935年7月大水。当年沮河上游猴子岩出现的洪峰流量为8500立方米每秒（调查洪水），推算两河口河溶站洪峰水位51.88米，洪峰流量 5530 立方米每秒，洪水总量达 11 亿立方米，沮漳河两岸堤垸普遍漫溃，荆江大堤受荆江洪水和沮漳河山洪夹击而溃决，酿成百年未有之奇灾。

据资料记载，1952—2000 年，河溶站水位超 49.00 米或流量超过 2000 立方米每秒有 11 年，这些年份沮漳河两岸的草埠湖、菱角湖、谢古垸分别溃口或被迫分洪十余次。

沮漳河泥沙含量不大，猴子岩站实测多年平均悬移质输沙量为 74.7 万吨，年输沙模数 293 吨每平方千米，据统计，1980—1994 年远安站 15 年年均输沙量为 59.98 万吨，比多年平均减少 19.7%。

沮漳河经过 1992—1996 年实施下游改道、移堤还滩等治理措施，防洪标准提高到 10 年一遇。

为防止沮漳河洪水泛滥，自两河口以下至河口（临江寺），划定分蓄洪区 6 个，其中当阳市 5 个（观基垸、芦河垸、夹洲垸、莫湖垸、宋湖垸），荆州区 1 个（谢古垸），蓄洪面积 97.5 平方千米，有效容积 3.478 亿立方米。

第六节　荆　南　四　河

荆南四河是指松滋河、虎渡河、藕池河和调弦河（调弦河已于 1958 年建闸控制），因地处荆江南岸，故称荆南四河，其河口也称荆南四口，是连接荆江和洞庭湖的纽带，并以此分流荆江洪水而注入洞庭湖调蓄。四口分泄荆江洪水对于荆江的防洪安全至关重要，至今仍是荆江防洪安全四大要素之一（三峡工程、荆江两岸堤防、荆江地区分蓄洪区、四口分流）。四河分流初期，分泄江流近半，1937 年枝城来量 66700 立方米每秒时，四口分流量 28300 立方米每秒，占枝城来量的 42.4%；1954 年枝城来量 71900 立方米每秒时，四口分流量 29300 立方米每秒，占枝城来量的 40.8%；1998 年枝城来量 68000 立方米每秒时，三口分流量 19000 立方米每秒，占枝城来量的 28%；2010 年枝城来量 42600 立方米每秒时，三口分流量 10900 立方米每秒，占枝城来量的 25.59%。

从清乾隆五十三年至同治九年（1788—1870 年）的 82 年间，荆江大堤有 28 年溃口，平均不到 3 年一次，而自形成松滋口的 1870—1949 年的 79 年间，荆江大堤只有 10 年溃口，平均 7.9 年一次，这主要得益于四口分流，可见四口分流对于荆江防洪安全的重要性。

荆南四河流经荆州境的长度为 441.91 千米，其中松滋河 203.05 千米（松西河 100.50 千米、松东河 102.55 千米），虎渡河 96.60 千米，藕池河 79.00 千米，调弦河 13.00 千米，串河汉河 50.26 千米。

荆江自北岸穴口尽塞（1650年堵塞北岸最后一个穴口庞公渡），江之分流专注于南，其分流河道自上而下为松滋河、虎渡河、藕池河和调弦河。

一、松滋河

今松滋河上段（进口处至大口）采穴河（大口至流淀尾）原为长江主流，称为南江。其流向是经老城、庞家湾、黄家铺、新场、采穴至流淀尾与北沱（今长江主流）汇合。1830年前后，北沱开始发育，南江渐次萎缩，据民国《松滋县志》记载："古时大江正流在百里洲以南，历考前代过客，如杜子美之下峡，刘禹锡之泊灌口，陆放翁之舣沱泡，王渔洋、张船山之过松滋，皆依南岸而行，江道在南者数千余年。清乾隆后，江身渐高，至道光中，大江乃移百里洲以北。松滋河段遂成沱江，沿岸筑有堤防，不与内垸相通。"

清同治九年（1870年）农历六月初一，松滋江堤庞家湾、黄家铺相继溃决，洪水滔天，江南诸县倾成泽国，史称"庚午之灾"。当时，黄家铺东、西溃成大小两口，两口间有600余米堤身未毁。东之大口（民国时期称新口）溃于军民沟胡光模宅后，西距黄家铺1.5千米，溃口后洪水继续泛涨，决口处逐渐扩宽至数百米，与此同时，官堤庞家湾处亦溃。溃口之初，松滋灾民尽皆逃离，所溃之口无力堵复，乃由湖南常德调来民工抢堵黄家铺溃口。未堵庞家湾，任其自流。清同治十二年（1873年）再发大水，黄家铺堤"筑而复溃，自采穴以上夺溜南趋，愈刷愈宽"（《再续行水金鉴》卷28）。复溃后，县人杨昌金等以"民生困敝，堵两口无力，堵一口无益"为由，呼吁官府留口待淤，自此溃口不塞，洪水四溢，松滋县境内平原湖区冲刷成大小河槽10多条。黄家铺溃口（亦称大口）以上（松滋口至大口）为松滋河主流，左边有采穴河分泄松滋河水，大口以下主要有长寿河、东支河、西支河3条泄洪通道。初时，长寿河面宽流缓，为南北往来船只主航道，后河床逐年淤高，于1920年和1922年先后筑堵长寿河入口上南宫及出口下南宫，此河遂成为不通流的内河槽。清末民初，合堤并垸时先后堵死了各支流的进出口，江水自大口而入，东、西两支自此形成，经过50多年，松滋河"始循定轨"。循东西两支南流经荆州市的松滋市，公安县和湖南省的安乡县、澧县等，尾达于洞庭湖。

松滋河以入口在松滋县境而得名，自马峪河林场（或称陈二口、松滋口）经老城至大口（1870年溃口处）为上游，也称主流，长24.5千米。左岸有采穴河18.5千米分泄松滋河水入长江，在大口处分为东、西两支。松滋河主流河道一般宽700～1200米。左岸自采穴河以上属枝江市上百里洲垸，右岸属荆州松滋市境。

松西河

松西河又称西支，为松滋河主流，从大口经新江口至莲支河出口处（射箭嘴）入公安县境，长 27 千米；再经狮子口、汪家汉、郑公渡、杨家垱入湖南省澧县境，长 49 千米。松西河至青龙窖又分为两支：一支称松滋西支或称官垸河；另一支称中支或称自治局河。西支经青龙窖至彭家港，河长 26 千米处又分为两支：主流经彭家港向西沿澧松大垸 4 千米的三不管（地名）处注入澧水洪道，河宽 50～70 米，中水位以上时，河水在彭家港外漫滩行洪进入七里湖；另一支起自左岸官垸闸，经官垸堤经乐府拐、濠口至五里河的汇口，右岸则沿七里湖农场至汇口，长 8.4 千米。

松西河从松滋大口经青龙窖至彭家港流长 113.2 千米，其中流经松滋境内长 27 千米，流经公安境内长 49 千米，流经澧县境内长 37.2 千米。

中支，又称自治局河，自青龙窖经张九台、五里河至小望角与松东河汇合，从青龙窖至小望角，河长 37 千米。松西河从松滋大口至青龙窖，经中支河至小望角至蔡家滩全长 172.79 千米，其中，从松滋大口经青龙窖，张九台至小望角河长 134.79 千米。松西河河床宽一般 320～850 米，最宽 1320 米，其支流有苏支河、涴水河、瓦窑河、五里河。

松东河

松东河又称东支，从大口分流经新场、沙道观、米积台至肖家嘴，松滋境内流长 26.55 千米进入公安县境，再经斑竹垱、港关、孟溪、甘厂至新渡口入湖南安乡县境，河长 76 千米。松东河在安乡县境内又称大湖口河，自新渡口经马坡湖至小望角，河长 41.35 千米。松东河河床宽一般为 168～500 米，最宽 760 米。其北段有官支河。

松东河从松滋大口至小望角河长 137.55 千米。松滋河中支和东支在小望角汇合后向东南流，称为安乡河（或称松虎洪道）。经安乡县城至小河口与虎渡河汇合，从小望角至小河口河长 21 千米，经武圣宫（南县境）、芦林铺至蔡家滩注入目平湖（西洞庭湖），河长 18 千米。

松滋河出口分别是彭家湾、五里河、蔡家滩 3 处，皆入澧水洪道、目平湖，汇沅水注入南洞庭湖。松滋河东、西两支有多条支河相通，自上而下有莲支河（河长 6.26 千米）、苏支河（旧名孙黄河，河长 10.5 千米，由西支分流入东支，最大流量 2330 立方米每秒）、瓦窑河（河长 8 千米）、五里河（河长 3.2 千米，连接中支与西支）等互为相通。

为解决松滋河下泄与澧水相互干扰顶托的问题，1959 年冬至次年春，实施"松澧分流"工程，先后在观音港、挖断岗、青龙窖、彭家港、濠口、郭家口、王守寺、小望角等 8 处筑坝堵死东西支，废除老横堤拐河，保留中支一支作为松滋河洪道，按 8000 立方米每秒流量设计展宽中支洪道，仍保留五里河作为松滋河和澧水洪峰调节通道。由于当年新展宽的洪道没有达到设计过流的标准，影响松滋河洪水下泄，造成上游水位抬高，防汛历时延长，松澧分流工程弃废。1961年春，挖除青龙窖、王守寺、濠口、小望角4坝，基本恢复东西两支，中支自治局河已扩宽至800米，1976年后又缩窄到443米，1981年又堵死串通东西两支的横河拐引河，过洪断面减小。松滋河中支分流比由1959年以前占松滋河来量的34.64％扩大到1962—1980年平均来量的47.34％，1964年达56.82％，为历年最大。

松滋河溃口初期分流量无据可查。据实测资料，松滋河1937年最大流量为11600立方米每秒，占当年枝城来量66700立方米每秒的17.4％；1938年7月24日分流量为12300立方米每秒。1954年为10180立方米每秒，占枝城来量71900立方米每秒的14.16％；1981年为11030立方米每秒，占枝城来量71500立方米每秒的15.4％；1989年分流量为10270立方米每秒，占枝城当年来量69600立方米每秒的14.8％；1998年分流量为9180立方米每秒，占枝城来量68600立方米每秒的13.38％。1949年以前，松滋河多年平均年最大分流量为10036立方米每秒，占宜昌同期洪峰流量平均值的17.98％；1951—1966年下荆江系统裁弯前平均分流量为8020立方米每秒，占宜昌来量的14.63％；1972—1984年裁弯后平均最大流量为7269立方米每秒，占宜昌来量的14.21％。松滋河多年（1951—1994年）平均径流量为440亿立方米。由于实施下荆江系统裁弯工程和三峡工程的运行，荆江河床不断刷深，松滋河分流量逐年减少。松滋河多年平均径流量1981—1998年为377亿立方米，1999—2002年为345亿立方米，2003—2009年为289亿立方米。西支多年（1955—2000年）平均径流量为311.8亿立方米（1955—2000年），东支多年（1955—2000年）平均径流量为113.5亿立方米。西支冬季出现短时断流，东支冬季断流时间约150天。

松滋河东西两支分流比约为3∶7。其中，西支（新江口）最大过洪能力为8030立方米每秒（1981年7月），东支（沙道观）最大过洪能力为3730立方米每秒（1954年8月）。

西支（新江口）历年最高水位为1981年7月19日的46.09米，最低为1979年4月22日的34.05米，多年（1954—1981年）平均水位为38.16米；东支（沙道观）历年最高为1981年7月19日的45.40米，最低为1975年4月1日河道断流，多年（1954—1981年）平均水位为37.32米。

西支多年（1955—2000年）平均输沙量为3380万吨；东支多年（1955—2000年）平均输沙量为1380万吨。1954年以来，松滋河河床平均淤高1米多，东支上段淤高2～3米，原枯水季节尚能通航，现冬季已不过流，尾闾亦淤积严重。松滋河的输沙量已明显减少。1951—1994年，年均输沙量为4942

万吨，2007 年分沙量仅为 678 万吨。

松滋河进口处右岸为马峪河林场，属低山区，场区有连山头（高程110.00 米）、鸡公冠子（高程 170.00 米）、悬谷岭（高程 130.00 米）、挂榜山（高程 139.00 米）。马峪河低山为巫山山系荆门分支余脉伸向江汉平原的残丘地带。西滨长江、北临松滋河，左岸为枝江百里洲垸。

松滋口进口"口门区 1.2 千米的范围，是松滋口分流的门槛，河床既高于口门外的长江，又高于口门内的河床。多年来，松滋河口门岸线稳定，主泓摆动较小，其冲淤情况是 1959—1970 年平均淤高 1.0 米，1970—1980 年比较稳定，1980—1986 年发生较大冲刷，平均冲深 1.1 米，基本上恢复到 1959 年高程，由此看来，口门区的冲淤变化是往复性的，对松滋河分流分沙的影响只反映在不同的时段上，对长过程没有明显的影响"〔张应龙、张美德《松滋河东支（沙道观）分流变化分析》〕。根据长江委荆江水文水资源局的资料，"2003—2012 年松滋河东支及西支分流河道主槽发生较强冲刷，进口附近左岸线继续崩退，松滋河东支及西支河道主槽有所冲刷，断面主槽朝 U 形发展。进口断面年内变化表现为主汛期主槽发生冲刷，部分断面表现为低滩主汛期发生淤积，主槽年内冲淤变化不太明显。"

随着三峡工程的建成运行，清水下泄，松滋河口门外长江河床下切，同流量下水位下降，这是导致松滋河分流分沙减少的原因之一。自 2000 年以后，有的年份松滋河出现断流，但断流时间较短。例如，2007 年，新江口 1 月 13 日断流，1 月 17 日复流，复流时流量仅 1.1 立方米每秒。2 月 18 日至 4 月 18 日又断流，年底 11 月 9 日又断流。2008 年新江口 12 月 14—15 日断流，12 日的流量仅 3.58 立方米每秒，13 日的流量仅 0.55 立方米每秒（1973 年 4 月 4 日流量仅 0.98 立方米每秒，接近断流，1979 年 4 月 5 日断流，1980 年 3 月 20 日流量仅 0.60 立方米每秒，接近断流）。根据 2012 年以前 10 多年的水位资料分析，当沙市流量为 6000 立方米每秒左右时，松滋河分流量很小，甚至断流（1994—2001 年，当沙市流量为 5660～5030 立方米每秒时，新江口流量为 33.0～2.5 立方米每秒）。2014 年 1 月 26 日，沙市水位 30.98 米，流量为 6200 立方米每秒，新江口流量为 45.0 立方米每秒。2015 年 1 月 15 日，枝城流量为 6310 立方米每秒时新江口流量为 20.7 立方米每秒，松滋河断流，同日，沙市水位 31.11 米，流量为 6390 立方米每秒，2016 年 11 月 25 日，沙市水位 31.19 米，流量为 6680 立方米每秒；12 月 29 日，沙市水位 30.36 米，流量为 6120 立方米每秒，松滋河断流。2017 年 1 月 14 日，沙市水位 30.43 立方米每秒，松滋河断流，2 月 6 日，沙市水位 30.45 米，流量为 6250 立方米每秒，松滋河断流，（3 月 1 日，沙市流量为 7410 立方米每秒，新江口分流量为 148 立方米每秒）；当沙市流量为 7000 立方米每秒时，松滋河分流量为 40～

60 立方米每秒。最近几年，由于分流沙量减少，松滋河受到不同程度冲刷，对扩大分流、减少断流时间有利。如能采取疏浚措施（主要是河口），可增加中低水位时的分流量，对河道冲刷也有利。如不疏浚，随着荆江河道不断冲深，同流量下水位不断降低，三口断流天数会不断增加。

二、虎渡河

虎渡河其分流之口称虎渡口（亦称太平口），河以口名，其名源于后汉，《名胜志》载："后汉时郡中猛兽为害，太守法雄悉令毁去陷阱，虎遂渡去。"北宋时已有虎渡河一名，北宋公安籍进士张景答宋仁宗皇帝（1023—1063 年）问，有"两岸绿杨遮虎渡，一湾芳草护龙洲"诗句（《宋本方舆胜揽》卷 27《题咏》）佐证。宋仁宗时期以后，穴口湮塞（或被人为堵塞），两岸逐渐围挽成堤。清嘉庆重修《大清一统志》载："宋乾道四年（1168 年），寸金堤决，江水啮城，（府）帅方滋使人决虎渡堤，乾道七年（1171 年），漕臣李蓁复修之。"后复为穴口，至明嘉靖三十九年（1560 年），洪水决堤数十处，最难为力，于是明隆庆中复议开浚郝穴，虎渡、调弦之口，部议从之。"南惟虎渡，北惟郝穴"。

明万历初（约 1574 年）曾一度疏浚严重淤塞的虎渡口，但不过 30 年，河口"稍稍湮灭，仅为衣带细流"，此后，还不时在冬春之际干涸断流。明末，虎渡河"中多洲渚"（《天下郡国利病书》卷 74《开穴口总考略》），虎渡河口有湮塞之虞。此后，"两旁皆砌以石，口仅丈许，故江流入者细"，几乎丧失分洪能力。清康熙十三年（1674 年），吴三桂反清，进攻荆州受挫，撤退时，将虎渡河"石矶尽拆，另作它用"。大水年份洪水将虎渡口门扩大至 30丈以上（光绪《江陵县志·卷 3·虎渡口》），重畅其流的虎渡河便成为整个清代（以及迄今）荆江向洞庭湖分洪的一条十分重要的河道。虎渡河分别在乾隆二十四年（1759 年）、道光十二年至十四年（1832—1834 年）有过两次疏浚，其河道流路，同治十二年（1873 年）以前，大致从黑狗垱南流至雷打垱汇澧水，经安乡至白蚌口入湖；是年松滋决口，故道为松滋河所夺而东移以致演变成现状。虎渡河原有八方楼、理兴垱、书院洲三条支河分流，后分别于 1954 年、1958 年和 1978 年堵塞。

虎渡河口亦称太平口，位于荆州区弥市镇与公安县埠河镇交界处。虎渡河形成之初，经弥陀寺、里甲口、黄金口〔注：黄金口乃虎渡河旁的小镇，虎渡河和东河（称小河）的交汇处〕。建安十四年（209 年），刘备领荆州牧，立营油江口（今黄金口附近），油水在此注入大江。改屠陵为公安县（屠陵县故址在黄金口附近的齐居寺）。同年九月，刘备迎娶孙尚香，次年春，自吴回公安，并筑城，称孙夫人城。《水经注》载："刘备孙夫人，权妹也。又更修之，其城背油向泽。"当时，黄金口以北为云梦泽地，从黄金口至荆州城水面浩茫，家语云"非方舟避风，不可涉也。"建安二十四年（219年）吴得荆州，改公安县为孱陵县。因吕蒙袭取荆州有功，封吕蒙为孱陵侯。吕蒙死后，后人在黄金口建有吕蒙祠。明朝时有位进士刘珠路过此，他认为孙权是绿林出身，乃火烧吕蒙祠，改建武侯祠。中河口汇油水（今称沱水）后南下，经南平、杨家垱从中合垸附近入洞庭湖。至1870年后，因松滋溃口，夺虎渡河中河口以下入湖河道，迫使虎渡河从中河口以东改道，顺虎西山岗和黄山头东麓南下进入湖南境内。以后因河口三角洲的淤长，形成诸多支流与松滋河串通的形势，先是在张家渡附近入湖，后受藕池河的影响，虎渡河下延12.5千米至小河口与松滋河汇合，再下延18.4千米于肖家湾入注目平湖。

虎渡河自河口至小河口全长137.7千米，从太平口至黄山头南闸全长95千米，从南闸至小河口全长42.7千米。虎渡河通过中河口河（长2.5千米）与松东河相连通。虎渡河河流总体流向稳定，河床宽度一般为100~200米，河漫滩不甚发育。

清代，在虎渡口设有虎渡汛（注：汛，清代兵制，不是现在的防汛。凡千总、把总、外委所统率的绿营兵都称汛，其驻防巡逻的地区称"汛地"，亦作"讯地"），有千总一员领兵把守。从明清到民国初年，为管理河道，在虎渡河进口处的左侧曾设有"虎渡衙司"，20世纪50年代还残存遗址。由于虎渡口逐渐扩大，洪水为患，后来为征服洪水，乃铸铁牛一具立于江右大堤上，并改虎渡口为太平口，以示平安之意，这是太平口一名的由来。另一说，相传南宋时期，一个镇守荆州的官员曾说："江北有个御路口，江南有个虎渡口，两口吞荆州不吉祥。"故改虎渡口为太平口。

虎渡河水文资料从1933年开始时断时续，1953年后始有连续资料。据推算，河道最大分流量为1926年8月7日的4150立方米每秒，实测最大分流量为1938年的3280立方米每秒，占宜昌洪峰流量的5.36%。1948年为3240立方米每秒，占宜昌洪峰流量的5.59%。弥陀寺水文站自1952年以来观测记载，最高水位为1998年8月17日的44.90米，最大流量为3240立方米每秒（受孟溪大垸溃口影响），最低水位为1978年4月20日的31.57米。

1952年于黄山头兴建节制闸（亦称南闸），使虎渡河下泄流量控制在3800立方米每秒。1954年因分洪区肖家嘴堤扒口，虎渡河河水上涨，开启南闸泄洪（1954年8月4日），最大分流量达6700立方米每秒，造成下游安乡县境内多处堤垸溃决。虎渡河年径流量最大年份为1948年的300亿立方米，占宜昌站下泄总量的5.63%，1954年径流量为270亿立方米，占宜昌站的4.69%，1955年为214亿立方米，1981年为149亿立方米，1998年为181.9

亿立方米，2010 年为 107 亿立方米。多年（1951—1994 年）平均水位 36.43 米（弥陀寺站）。多年（1951—1994 年）平均输沙量为 1986.0 万吨，2010 年为 142 万吨。根据资料分析，1956—1966 年虎渡河分流占枝城站来水量的 4.6%，1967—1972 年占 4.3%，1973—1980 年占 3.5%，1988—1990 年占 2.95%，分流量逐年减少。由于南闸建闸时 32 孔底板最低高程为 35.00 米，1964 年加固时，将 1～15 号单号孔和 18～32 号双号孔底板加高 1.2 米，第 17 号孔为半加固孔，底板只加高 0.5 米。2002 年将其余 16 孔均加高至高程 36.20 米，故水位在 36.20 米以下时，分泄江流全由中河口入松滋河东支，形成"虎水松流"的局面，不利于虎渡河分流。2003 年 7 月 10 日 8 时，虎渡河分流量（弥市站）1590 立方米每秒，受到澧水洪峰顶托时（7 月 10 日石门站洪峰流量 19000 立方米每秒），分流量锐减至 470 立方米每秒（11 日 8 时）。松东河从中河口向虎渡河分流，流量有 600 立方米每秒左右。11 日 8 时，港关水位 42.63 米，相应沙市水位只有 41.78 米，这种南水高北水低的现象极为少见。加之下荆江系统裁弯后，下荆江比降增大，河床冲刷，同流量下水位降低。以沙市水位 45.00 米、城陵矶水位（莲花塘）34.40 米相同条件计，裁弯后沙市站扩大泄量 4500 立方米每秒，水位可降低 0.5 米，由于荆江河床的下切和水位降低，太平口口门淤高，分流自然减少。

虎渡河泥沙淤积严重，多年出现断流现象。1937—1980 年有水文资料的 31 年中，有 14 年完全断流，有 6 年流量小于 1 立方米每秒，接近断流。1951 年最小流量 31.2 立方米每秒（3 月 11 日），1968 年最小流量 14.5 立方米每秒（2 月 24 日）。据 1976—2010 年弥陀寺站观测资料，连续 35 年均出现断流情况，最长断流时间为 2002 年的 212 天，2006 年达 175 天，年平均断流时间达 147 天（1976—2010 年）。从 1976 年起年年断流。

根据长江委荆江水文水资源局的资料，虎渡河口门段"在 2003—2012 年断面冲淤变化较小，进口下游断面主槽有所冲刷，但冲刷强度较小。口门典型断面年内冲淤变化不明显。

南闸建闸以后，泥沙主要淤积在南闸以上的河道内，根据观测资料，1951—1994 年虎渡河（弥陀寺）年均含沙量 1.15 千克每立方米。而安乡境内虎渡河年均含沙量只有 0.44 千克每立方米，占上游来沙量的 38.5%，大部分泥沙淤积在南闸上游。1993 年 10 月与 1958 年 10 月比较，太平口过水面积减少 372 平方米，减少了 21%，平均河底高程抬高 0.85 米，主泓高程 1987 年较 1958 年抬高 3.7 米。长江委规划拟建南闸深水闸，拟在东引堤新建，设计流量（4 月）100 立方米每秒，底板高程 23.00 米（黄海基面，黄海高程＋2.18 米等于吴淞冻结高程）。

三、藕池河

藕池河，分江之口称藕池口，位于石首市和公安县交界处。据北宋范致明《岳阳风土记》称，藕池口即《水经注》中的"清水口"，宋时筑塞。又据清同治《石首县志》记载：自明宣德六年（1431年）起，逐年修筑临江近江大堤共长9300丈（约31千米），自明嘉靖三十九年（1560年）决堤之后，"每岁有司随筑随决，迄无成功"。

清咸丰二年（1852年）五月，石首等县连降大雨，江湖漫涨，藕池堤工新筑的马林工堤堤脚先行崩塌，发生溃口，即为"马林工溃"，当时"因民力拮据未修"。此后咸丰三年至五年（1853—1855年）均有大水，连续多年荆江洪流从溃口分流南趋石首、华容西境，占夺华容河西支九都河及虎渡东支厂窖河故道，泄入洞庭湖，同时大量泥沙逐渐塞垫沿途湖泊港汊。至咸丰十年（1860年），长江流域发生特大洪水，宜昌洪峰流量达92500立方米每秒（调查洪水），又逢两湖平原大雨，一时江湖并涨，洪水从藕池口汹涌南泻，"水势建瓴直下，漫（公安）城而入，水高出城墙丈余，阖邑被淹，江湖连成一片，民堤漫塌尤多"（《故宫清军机处奏折》）。溃口越冲越宽，下游冲出一条宽广的藕池河，"宽与江身等，浊流悍湍，澎湃而来"（《巴陵县志》卷4），"壮者散而四方，老弱转乎沟壑"（《南县乡土笔记》）。

藕池口从咸丰二年初溃至十年大决的近10年时间里，水情、灾情都很严峻，但咸丰年间政局动荡不稳，内忧外患，朝廷以"民力拮据"为由，未予堵筑溃口，以致沿江滨湖各县俱遭洪水浩劫，灾情尤为严重。洪水所经之处，"民舍飘没殆尽，沿江炊烟断绝，灾民嗷嗷……百年未有之患也"。

藕池河形成后，其泄洪量和挟沙量都是四口中最多的，因而对洞庭湖的演变产生重大影响。清光绪十八年（1892年），湖广总督张之洞在奏文中指出，溃口处荆江水流由石首"王家大路新口东北流归大江正洪者日多，南入藕池溃口者日少。藕池口门当日正值顶湾者，今日已在新口之下，实测今日藕池溃口之水，较之昔年初溃时已减其半"，但此时口门仍宽500余丈。1937年实测藕池口分流量为18900立方米每秒，占当年宜昌来量的30.6%，而1954年藕池口分流量降至宜昌来量的22.1%。由历史记载藕池口分流量递年减少的趋势，藕池口溃口之初，确是"几引江而南"的（见《荆江四口向洞庭湖分流洪道的演变》，载于《长江志通讯》1987年第1期）。〔注：关于1937年藕池口的分流量各种志书记载不一致。《石首县水利堤防志》（初稿，1987年）记载，藕池口1937年7月24日分流量18910立方米每秒。《荆州地区防汛水情、工情手册》（1987年）记载，藕池口分流量12100立方米每秒〕。

藕池河水系十分复杂。根据清光绪《华容县志·山水·水道变迁纪略》

载："自咸丰二年藕池口溃，汹涌澎湃，一泻千里，无垸不冲，无冲不成河，无河不分支。"藕池河是形成一条多支汊的河网，且各支汊之间又有互相连通、流向不定的横向支河。1949 年以后，由于泥沙淤积和堵并部分支汊，遂形成一干三支的河网。

藕池河干流进口处原在藕池口，后上移至公安县裕公垸，经北尖（石首）至藕池镇下倪家塔，分为东西两支。西支为安乡河，东支为主流，至石首市九合垸黄金嘴又分两支：一支称中支，为团山河；另一支称东支，东支至殷家洲后又分为两支。

安乡河（西支），从藕池镇下 500 米处倪家塔进口（又称王蜂腰），经康家岗、茅草街、官垱、麻河口至太白洲与中支汇合，全长 77.7 千米，其中荆州市境内 19 千米。1937 年实测最大分流量为 6188 立方米每秒，1981 年实测分流量为 757 立方米每秒，1998 年汛期，分流量仅为 594 立方米每秒，河道断流天数由 1935 年的 63 天增至 2006 年的 337 天。多年平均（1951—1994年）泥沙含量为 2.1 千克每立方米，居荆南四河之首。

团山河（中支，湖南称浪拔河），从石首九合垸黄金嘴进口，经团山寺、虎山头、窖封嘴、哑巴渡、荷花嘴、下柴市与安乡河汇合，至茅草街上端注入南嘴入南洞庭湖，全长 98 千米，其中荆州市境内 15 千米，与湖南共界河 5千米。1954 年分流量为 3380 立方米每秒。由于泥沙淤积严重，部分河段已成为悬河。

东支于石首殷家洲分为两支：一支称鲇鱼须河（东支）；另一支称梅田湖河。鲇鱼须河自殷家洲分流，经鲇鱼须镇、宋家嘴至九斤麻入干流，全长 27千米，与湖南华容县共界河 1 千米。1954 年分流量为 4410 立方米每秒，占上游管家铺来量的 37%，大于梅田湖河，现河道严重淤积。梅田湖河（干流）自殷家洲进口，经梅田湖镇、操军乡，在九斤麻与鲇鱼须河汇合。1954 年分流量为 3560 立方米每秒。

1935 年以前，鲇鱼须河与梅田湖河并不相通。鲇鱼须河出东洞庭湖。梅田湖河经九都、中鱼口、八百弓，于茅草街入南洞庭湖，从九都至茅草街，河长 38 千米，又称为沱江。梅田湖河与鲇鱼须河在此地相距很近（不到 1 千米），但互不相通。1934 年由湖南省兴工挖通，称为扁担河。由于经注滋口入东洞庭湖的流程仅相当于绕道茅草街经南洞庭湖再入东洞庭湖的1/4，故扁担河挖通后，梅田湖河大部分水流经注滋口入东洞庭湖，原来分流入南洞庭湖的沱江逐渐萎缩，2003 年在沱江上下口建闸进行控制。

藕池河干流从裕公垸入口，经藕池口、管家铺、老山嘴、黄金嘴（即石首久合垸北端）、江波渡、梅田湖、扇子拐、南县城、九斤麻、罗文窖北、景港、文家铺、明山头、胡子口、复兴港、注滋口、刘家铺、新洲注入东洞庭湖，全长 107 千米，其中裕公垸至藕池镇长 12 千米，藕池镇至殷家洲长 27 千米，殷家洲至新洲入湖口长 68 千米。

藕池河 1954 年最大分流量为 14800 立方米每秒（管家铺分流量为 11900 立方米每秒），占当年宜昌来量的 22.16%；1981 年最大分流量为 8520 立方米每秒（管家铺分流量为 8400 立方米每秒），占当年宜昌来量的 12.03%；1993 年最大分流量为 5236 立方米每秒（管家铺分流量为 4780 立方米每秒），占当年宜昌来量的 10.14%；1998 年分流量为 6802 立方米每秒，占当年宜昌来量的 10.75%。河底高程（管家铺）1954 年为 23.78 米，现已淤高近 6 米，高程达 30.00 米左右，深泓淤高 11.3 米，1954 年断面积为 5690 平方米，1981 年为 3000 平方米，减少过水面积 2690 平方米。由于安乡河已基本淤塞，藕池河的分流量已由东支承担并成为干流。

藕池河 1951—1955 年年平均分流量为 807 亿立方米，占枝城来量的 16.65%；1956—1966 年为 637 亿立方米，占枝城来量的 14.08%；1967—1972 年为 390 亿立方米，占枝城来量的 9.07%；1973—1980 年年平均分流量为 247 亿立方米，占枝城来量的 5.56%；1981—1988 年为 217.6 亿立方米，占枝城来量的 4.81%；1989—1995 年为 151.8 亿立方米，占枝城来量的 3.48%；1996—2002 年为 174.9 亿立方米，占枝城来量的 3.91%；2003—2010 年为 111.73 亿立方米，占枝城来量的 2.74%。2010 年分流量为 137.07 亿立方米，占枝城来量的 3.27%，分流比逐年减少。

藕池河历年最高水位（管家铺站）为 1998 年 8 月 17 日的 40.28 米，最低为 1978 年 4 月 26 日的 29.02 米，多年（1953—1981 年）平均为 32.72 米。输沙量多年（1956—1981 年）平均为 8380 万吨，其中管家铺站 7770 万吨、康家岗站 610 万吨。2010 年输沙量为 325 万吨，占枝城输沙量的 6.28%。藕池河东支 1945 年前能常年通航。由于受下荆江系统裁弯工程影响，藕池口分流量逐年衰减，加之泥沙淤积，1974 年断流 153 天；其西支 1954 年断流 150 天，1974 年断流 240 天，1976 年断流 300 天，河道分泄能力逐年减小，其通航能力也相应降低。藕池河分流量在 1967 年以前，居荆南四河之首，1967 年后降为第二位，自 1934 年有流量记录以来至 1960 年，在 36.00 米同一水位下，分流量平均每年减少 2%，1981 年比 1954 年分流量减少 6283 立方米每秒。

根据长江委荆江水文水资源局资料，藕池河 2003—2012 年进口附近断面发生较强冲刷，下游断面主槽有所冲刷，但强度较小。年内部分断面在主汛期有所淤积，其他断面年内冲淤变化不明显。

长江委拟在西支（安乡河）、中支（团山河）、主支（鲇鱼须河）建闸控制。

四、调弦河

调弦河，亦名华容河，其分流之口称调弦口。据《大清一统志》载，调弦口即为《水经注》中的"生江口"，为荆江"九穴十三口"之一，位于石首市东 30 千米处之调弦镇。

调弦河的形成历史悠久。据考，西晋太康元年（280 年）驻襄阳镇南大将军杜预平吴定江南为漕运而开。明万历《华容县志》载："华容之为邑，故水国也，水四面环焉。其经曰华容河，亦名沱水，是杜预之所通漕道也。"又载："今县河自调弦口来，达于洞庭湖，甚迩也。零桂转漕至巴陵，经华容诸湖，达县河，至调弦口入江，可以免三江之险，减数日之劳，故县河为预所开无疑。"当时从南至北只开挖至焦山，焦山以北便是长江主泓和支汊洲滩，河名焦山河。至元大德七年（1303 年）焦山以北的洲滩淤长，长江主泓北移，故议开挖调弦河北段，但兴工未竣。

明嘉靖二十一年（1542 年），北岸郝穴堵塞后，荆江洪水南泄洞庭湖流量加大，石首、华容洪患严重，为此，"乃于调弦口筑建宁堤，一名陈公堤，石得稍纾江患，华亦与有利焉"（清光绪《华容县志》）。此后，调弦口一度湮塞。明隆庆（1567—1572 年）中再次疏浚，明万历三年（1575 年）、清道光十四年（1834 年）两次疏浚。但随着湖床淤高，河道淤浅，长江主泓北移，调弦河已是一条"可以泄湖者，十居其七；可以杀江水之怒者，十居其三"的河流（清同治《石首县志》）。

清后期，虎渡、调弦二口逐渐浅涩淤塞。道光末年，"虎渡、调弦二口之水，所以入洞庭湖也，春初湖水不涨，湖低于江，江水若涨则其分入湖也尚易；至春夏间湖水已涨，由岳阳北注于江，则此二口之水入湖甚微缓矣；若湖涨而江不甚涨之时，虎渡之水尚且泛漾而上至公安，安能分泄哉？"（《江陵县志》卷 8）。

在咸丰十年（1860 年）以前，调弦河流路自华容西南流至化子坟经县河口由九斤麻入湖。藕池决口后，故道为藕池河所夺而东移以致演变成现状。

调弦河分江入流后，经焦山铺至蒋家冲出石首市境（长 13 千米）进入华容县，经万庾、石山矶至华容县城分南北两支（其间为华容县新华垸），至罐头尖汇合，经旗杆嘴入湖。1958 年冬在调弦口筑坝建闸控制，并在入湖处旗杆嘴建闸。北支长 27 千米，西支长 31 千米，北支为主流，分流比占 2/3。从调弦口至旗杆嘴全长 60.2 千米，进入湖南境内后，左岸为华容县护城垸、双德垸和钱粮湖农场。

调弦河最大分流量为 1938 年的 2120 立方米每秒，1937 年分流量为 1460 立方米每秒，1948 年为 1650 立方米每秒，1954 年为 1440 立方米每秒。多年平均（1934—1958 年）径流量为 120 亿立方米，1954 年为 153.9 亿立方米。历年最高水位（调关站）为 1998 年 8 月 17 日的 40.04 米，最低为 1972 年 2 月 9 日的 24.84 米。输沙量最大为 1958 年 1310 万吨，多年平均输沙量为 1063 万吨，占建闸前四口入湖沙量的 6.9%。

1958 年冬，调弦河建闸控制，根据湖南、湖北两省协议，当荆江监利站水位达 36.00 米，预报将超过 36.57 米时，即扒开调弦口行洪。1959 年建成设计流量为 60 立方米每秒的灌溉闸（3 孔，每孔宽 3 米，闸底高程 26.50 米。1969 年重建，箱涵 3 米×3.5 米，3 孔），外江水位控制为 36.00 米。1996 年对闸身进口段进行加固，改造启闭机台，满足堤身加固需要。在建调弦口闸的同时，湖南省在调弦河出口旗杆嘴建 6 孔总宽 18 米的排水闸，闸底高程 25.10 米，设计流量为 200 立方米每秒。平时调弦河上下封闭，成为排、灌、蓄、航运综合运用的内河。

调弦河堵口后，由于每年汛期开闸引水，一般引水流量约 40 立方米每秒，历时 70～100 天，致使泥沙淤积严重，年均淤沙 25 万～38 万吨。现闸口上游进口段 600 米的外引河，几无河床形态。河口高程由堵塞前的 24.00 米淤高至 31.40 米。湘鄂边界的蒋家冲较堵坝前（23.00 米）淤高 2～3 米，华容城关河断面与 1954 年比较已缩窄 130 米，河滩建有很多阻水建筑物，若维持 1954 年 35.85 米水位，仅能通过流量 720 立方米每秒，其过流能力已衰减 50%。

长江委拟将调弦口闸拆除重建。荆南四口历年最大流量分流情况见表 3-1。

表 3-1　　　　　　荆南四口历年最大流量分流情况统计表

年份	枝城最大流量 /(m³/s)	四口分流量 /(m³/s)	四口分流量占枝城流量比例/%	松滋口分流量 /(m³/s)			虎渡河分流量 /(m³/s)	藕池口分流量 /(m³/s)			调弦口分流量 /(m³/s)
				小计	松西河	松东河		小计	管家铺	安乡河	
1937	66700	35170	52.70	11600	—	—	3140	18970			1460
1951	60800	23320	38.40	7840			2660	11530	9520	2010	1320
1952	53500	26170	43.60	8140			3170	13820	11100	2720	1060
1953	52800	22290	42.20	7380			2530	11540	9480	2060	880
1954	71900	29590	41.15	10180	6400	3780	2970	14790	11900	2890	1650
1955	55200	23960	43.41	8130	5030	3100	2880	12950	10700	2250	1450
1956	62700	25480	40.64	8830	5220	3610	3000	13650	11200	2450	1390
1957	51900	22550	43.45	7560	4590	2970	2560	12430	10500	1930	1320
1958	61300	26730	43.61	8750	5440	3310	2800	13640	11400	2240	1540

续表

年份	枝城最大流量/(m³/s)	四口分流量/(m³/s)	四口分流量占枝城流量比例/%	松滋口分流量/(m³/s)			虎渡河分流量/(m³/s)	藕池口分流量/(m³/s)			调弦口分流量/(m³/s)
				小计	松西河	松东河		小计	管家铺	安乡河	
1959	53600	22090	41.21	7170	4420	2750	2920	12000	10300	1700	建闸控制
1960	52600	20490	38.95	6590	4080	2510	2430	11470	9880	1590	
1961	54100	22350	41.31	7780	5060	2720	2950	11620	10000	1620	
1962	57400	24640	42.93	8650	5340	3310	3210	12780	10900	1880	
1963	50000	18540	37.08	6300	4060	2240	2620	9620	8520	1100	
1964	53200	22730	42.73	8020	5060	2960	3010	11700	10100	1600	
1965	49300	21130	42.86	7600	4870	2730	2750	10730	9290	1440	
1966	60500	23560	38.94	8800	5710	3090	2920	11840	10300	1540	
1967	49300	18140	36.80	6400	4170	2230	2520	9220	8220	1000	
1968	60300	23500	38.97	9450	6300	3150	2900	11150	9660	1490	
1969	53600	18490	34.50	7000	4790	2210	2770	8720	7720	1000	
1970	46600	17520	37.60	6770	4490	2280	2350	8400	7460	940	
1971	35400	11540	32.60	4650	3120	1530	1820	5070	4700	370	
1972	36900	10870	29.50	4770	3250	1520	1840	4260	4040	220	裁弯后
1973	52300	17070	32.64	7300	4790	2510	2620	7150	6430	720	
1974	62180	20420	32.80	9090	6040	3050	2730	8600	7730	870	
1975	46400	12830	27.65	5940	4110	1830	1920	4970	4620	350	
1976	51200	16440	32.10	7080	4910	2170	2330	7030	6350	680	
1977	47100	12440	26.41	5700	3910	1790	2100	4640	4320	320	
1978	43100	12060	27398	5610	3920	1690	1940	4510	4220	290	
1980	56000	17204	30.70	7560	5140	2420	2490	7154			
1981	71600	22427	31.40	11030	7890	3140	2880	8520	7770	750	
1982	60800	18553	30.50	8460	5790	2670	2610	7483			
1983	53800	17340	32.20	7420	5170	2250	2510	7310			
1984	57100	16868	29.50	7550	5270	2280	2470	6848			
1985	45200	12000	26.50	5820	4130	1690	1970	4210			
1986		11730		5740	4180	1560	2000	3980			
1987		18410		8350	5750	2600	2590	7330			
1988		13960		6160	4420	1740	2050	5720			
1989	69600	20077	28.80	10040	7460	2580	2570	7375	6760	615	

续表

年份	枝城最大流量/(m³/s)	四口分流量/(m³/s)	四口分流量占枝城流量比例/%	松滋口分流量/(m³/s)			虎渡河分流量/(m³/s)	藕池口分流量/(m³/s)			调弦口分流量/(m³/s)
				小计	松西河	松东河		小计	管家铺	安乡河	
1990	43200	11210	26.00	5190	3690	1500	1870	4150			
1991	50800	13660	27.00	6320	4410	1910	2140	5200			
1992	50400	12704	25.10	5900	4250	1650	2070	4734	4360	374	
1993	56200	14386	25.60	6900	4870	2030	2250	5236	4780	456	
1994	30600	7210	23.70	3470	2560	910	1250	1490	1380	110	
1995	40800	8950	22.30	4930	3590	1340	1700	2320	2150	170	
1996	48800	10746	22.20	5850	4290	1560	1770	3126	2920	206	
1997	55300	13120	23.80	6910	5150	1760	2000	4222	3900	322	
1998	68800	19010	27.70	9210	6540	2670	3040	6760	6170	590	
1999	58400	16676	28.55	8120	5960	2160	2650	5916	5450	466	
2000	51600	12410	21.55	6390	4680	1710	2130	3890	3610	280	
2001	41300	7873	19.06	4380	3310	1070	1510	1983	1860	123	
2002	49800	11164	22.42	5600	4120	1480	1810	3754	3500	254	
2003	48800	10769	22.07	5530	4030	1500	1840	3399	3170	229	
2004	58000	13347	23.01	7100	5230	1870	2060	4187	3890	297	
2005	46000	10417	22.65	5630	4140	1490	1810	2977	2790	187	
2006	31300	5691	18.18	3467	2680	787	1040	1184	1130	54	
2007	50200	11471	22.85	6080	4560	1520	1920	3471	3260	211	
2008	40300	8086	20.06	4600	3410	1190	1450	2036	1920	116	
2009	40100	8501	21.20	4770	3550	1220	1620	2111	1990	121	
2010	42600	10900	25.59	5780	4360	1420	2060	3060	2880	180	
2011	26900	5383	20.00	3202	2480	722	971	1210			
2012	46700	11894	25.00	6670	4920	1750	1970	3254	3040	214	
2013	35100	7290	21.00	4380	3320	1060	1260	1650	1580	70	
2014	30300	6886	23.00	3882	2940	942	1210	1794	1710	84	
2015	32600	6842	21.00	3821	2870	951	1210	1811	1750	61	
2016	32300	7871	24.00	4720	3490	1230	1160	1991	1910	81	

注　1. 数据来源于《长江防汛资料·水情》。

　　2. 1998 年虎渡河分流量加大与下游孟溪溃口有关。

第七节　内荆河水系

内荆河贯穿于荆北平原湖区，源自建阳河（又名建水），在荆门市西南五里铺与十里铺之间，又称大槽河。后因此河流经拾回桥镇而名拾迴桥河，简称桥河，为内荆河正源。长湖形成前，注入扬水运河。长湖形成后，自西向东汇流大小支流数十条，过长湖，串联三湖、白鹭湖、洪湖，于洪湖市新滩口注入长江。1955 年改造成大型人工渠道，因其串联长湖、三湖、白鹭湖、洪湖等四个大型湖泊，故取名四湖总干渠，因此又称为四湖水系。

四湖水系按照地势及水系情况，划分为上、中、下区及螺山区。上区是指长湖以上区域，汇流面积 3239.8 平方千米。中区是指洪湖市小港以上、长湖以下（不含螺山排区）区域，汇流面积 5045 平方千米（含洪湖湖面 402 平方千米）。下区指小港以下、新滩口以上区域，汇流面积 1154.7 平方千米。螺山区是指洪湖以西、主隔堤以南地区，汇流面积 935.3 平方千米。四湖水系总汇流面积（内垸）10374.8 平方千米，外滩面积 1172.5 平方千米。

一、水系演变

内荆河所流经地区原为云梦古泽，左汉右江，上有沮漳河水来汇。诸水汇注，春秋战国以前为相对稳定的全盛时期。因接受大量洪水所挟带的泥沙，从而发生充填式淤淀。自先秦以后，云梦泽已趋萎缩，有"导为三江、潴为七泽"之说。荆江洪水通过众多的分流分汊水道分流分沙，并以三角洲的形式向前推进，北部分流衰退，南部分流加强，至唐宋时期，云梦泽逐渐解体衰亡，其间留下大量洼间河网和遗迹湖。

云梦泽主体虽已解体，但长江、汉水巨大的水量仍然以漫流的形式从云梦泽中通过，因而形成众多支汊。在荆江统一河道尚未形成之前，东荆河还没出现，除大江主流外，内荆河地区的主要支流有夏水、涌水、扬水（太湖港河、龙会桥河、西荆河、运粮河）、夏桥河（拾迴桥河）等。

夏水是长江向北分流的最大的支流，出现于春秋战国时期，以"冬涸夏盛"而得名，故称夏水，亦称沧浪水。夏水的进口位于沙市附近（今窑湾），据南朝时期盛弘之所撰《荆州记》载："江津东十余里中有夏洲，洲之首江之泛也。故屈原云：经夏首而西浮，又二十里有涌口（今观音寺闸），所谓阊敖游涌而逸，二水之间，谓之夏洲，首尾七百里。"又据《水经注》载，"夏水之首，江之沱也（沱是泛的异体字）。屈原所谓过夏首而西浮，顾龙门而不见也，龙门即郢城之东门也。又东过华容县南。县，故容城矣，……夏水又东迳监利县南，又东至江夏云杜县，入于沔"。根据以上记述，夏水分江之口在

（今沙市）东十余里，又二十里有涌口，由此推论夏水的口门当在今沙市窑湾至岑河一线上，而涌口在观音寺，观音寺为古之獐捕穴。二水之间谓之夏洲，首尾七百里，夏洲即是今四湖地区。涌水自洪湖市界牌附近复入长江。

夏水从江津以东分流，经岑河、三湖、白鹭湖、余家埠、黄歇口、小沙口、郑道湖流入沔阳县境，与夏扬水汇合进入太白湖（今杜家台分洪区），在堵口（今仙桃市东，又作潜口）入沔水。后由于人类活动和泥沙淤积，沔水不断北移，明嘉靖末年（1566年前后），东荆河形成夏水与东荆河合流改由沌口入长江。后随着东荆河下游改道至1955年堵筑新滩口，夏水一直是四湖水系演变的主体。夏水接纳南北许多支流港汊，后逐渐演变为内荆河。明嘉靖《沔阳州志》载"夏水首出于江，尾入沔"，新中国建立后，因其地理位置北有东荆河，南有荆江，此河处于两河之内，故称内荆河。1951年荆州专区交通局正式将习家口至新滩口这段水道称为内荆河。

内荆河水系中另一条重要河流是扬水，扬水在历史上早有记载。《汉水·地理志》南郡临沮有扬水的记载："禹贡南条荆山在东北，漳水所出，东至江陵入扬水，扬水入沔，行六百里"。《水经注》载："沔水又东南与扬口合，水上承江陵赤湖。江陵西北有纪南城，楚文王自丹阳徙此。……城西南有赤坂岗，冈下有渎水，东北流入城，名曰子胥渎。盖吴师入郢所开也。"《中国历史地名辞典》载："扬口，在今潜江县西北，即古扬水入沔水之口。"

另据《史记·河渠书》记载："于楚，西方则通渠汉水，东方则通沟江、淮之间"。但西方通渠的原委记载不清，直到魏文帝时王象等奉敕所撰《皇览》，在考孙叔敖墓地时记载："孙叔敖激沮水作云梦大泽之地也。"

综合上述记载："西方一渠当为扬水，工程的关键在郢都附近，激沮、漳水作大泽，泽水南通大江，东北循扬水到达汉水，所经过的地方正是当时所谓云梦"。其源头即在今刘家堤头和万城闸附近，从此处引沮漳河水经通渠（今观桥河，古扬水的一支）进入纪南城，通渠即为引进漳水济扬水或入三海的古道。通渠的另一端在今沙洋附近，是利用当时的湖泊加以人工开凿连接一条沟通汉江的人工运河，到达纪南城后，既可从沙市入长江，也可经郝穴入长江。故《江陵县水利志》引自《湖北江陵县乡土志·江陵诸水原委》记载："扬水原委均在县境，发源于纪山，分为两支，一支会纪南八岭山诸水东行十余里出板桥，又十余里经龙陂，又转迤而东南行，约二十里出乐壤桥入海子湖；又东行三十里历打锣场、观音挡出龙口，注入长湖，此支约行境内八十里（现名龙会桥河，至乐壤桥入海子湖后均为湖泊水面——括号内为编者注）。另一支合马山逍遥湖以东，凡沟汕港汊诸水同会杨秀桥……至秘师桥，历兆人桥达城河，又东行七八里达草市，有沙市便河之水来会，……历东关挡出关沮口入海子湖"。此水虽发源于纪山，然尾闾实通襄水，故襄水聚

55

发时，逆流至此，颇觉涨溢，余时正平。此河名为观桥河，又称太晖港。

公元前 378 年，秦将白起拔郢，纪南城失去楚国"都城"的地位，扬水运河也随之衰落，加之汉水泥沙淤积的影响，部分河段趋于湮塞。

三国时期，孙吴守军引沮漳河水放入江陵以北的低洼地，以拒魏兵，称为"北海"，扬水部分河道淹没于北海之中。西晋太康元年（280 年）杜预为平定东吴，结束三国分裂的局面，"乃开扬口、起夏水，达巴陵千余里，内泄长江之险，外通零桂之漕"（《杜预传》），即证明杜预循扬水故迹，惟凿开扬口，经夏水入长江，而后又在石首的焦山铺挖成调弦河，直接进入洞庭湖，这是一条从汉江直达洞庭湖的捷径。自晋以后，扬水运河有过多次疏挖，一次是晋建武元年（317 年）至永昌元年（322 年）"王处仲为荆州刺史，凿漕河，通江汉南北埭"。一次是南北朝宋元嘉二年（425 年）"通路白湖，下注扬水，以广漕运"。北宋时期也曾两度沟通江汉水道。第一次是宋太宗端拱元年（988 年）在原扬夏运河的基础上，又兴荆南漕河工程，能通二百斛舟载，商旅甚便。《宋史·河渠志》记载："川益诸州金帛及租市之币运至荆南（江陵），自荆南遣纲吏送京师，岁六十六万，分十纲。第二次在宋天禧年间（1017—1021 年），尚书李夷简浚古渠，过夏口，以通赋输。"经数次疏挖，宋时扬水运河的走向是从沙洋经砖桥、高桥、李家市、邓家洲，潜江的荆河镇、积玉口、苏家港、蝴蝶嘴至江陵城。

南宋初，为抵御外敌入侵，筑三海为水柜以作军事屏障。《江陵志余》载："沮水，在城西，旧入于江，水经云：江水东会沮口是也，宋孟拱修三海，障而东之，始于汉。"孟拱将沮漳入江之口堵筑，将水通过太湖港（观桥河）引入三海形成"三百里间渺然巨浸"，东北可通汉江，延绵数百里，宽数里至数十里之间，于是扬水运河发生了很大的变化，一部分水道被大水淹没变成了湖，但入汉江之口仍在沙洋。至明代，长湖形成，扬水的入江之口以循夏水河道下延至新滩口或沌口，称之为夏扬水，而扬水运河的起讫点在沙洋至沙市，因此称为两沙运河。

明嘉靖二十六年（1547 年），沙洋关庙堤溃，大水直冲江陵龙湾（今属潜江市）以下，分为支流者九，波及荆州、沙市。嘉靖二十九年（1550 年）因关庙堤溃未堵，又遭大水，复为水灾。当时荆州太守赵贤建议堵口复堤，因议而未决直至隆庆元年（1567 年）才堵复沙洋汉江大堤。因敞口达 21 年之久，洪水携带大量泥沙淤塞，使沙洋至浩口、积玉口一带地面淤高，部分河道淤塞。为沟通江汉航运，明朝疏浚沙洋至长湖间河段，其东段利用直河（亦称运粮河）沟通沙市至草市河段。清雍正七年（1729 年）也曾疏浚过两沙运河，光绪二年（1876 年）对运粮河进行过疏浚，民国时期曾 3 次疏挖过两沙运河，即 1936 年、1938 年和 1946 年，均因经费不足或战争原因中断施工。

新中国建立后，直至 1955 年，两沙运河仍可发挥作用，但随着公路运输的兴起和四湖治理工程的实施，有的航道被新挖的河渠所切断，运河的功能逐渐丧失。

以上河流的演变逐步形成了内荆河水系。据长江委《荆北区防洪排渍方案》载，内荆河上游水源是以长湖为尾闾，发源于江陵、荆门、潜江三县丘陵山区的溪流。内荆河自西向东流，沿途汇集两岸的支流，并串通长湖、三湖、白鹭湖、洪湖、大同湖、大沙湖等湖泊和许多垸内湖，构成错综复杂的水道网，除通过螺山闸、新堤老闸和新闸分泄部分水量外，主流出新滩口注入长江，是长江的一条支流。其支流的分布概况为：一级支流在长湖以上属扇形分布，在长湖以下为矩形分布。二级支流多数分别汇于各个湖泊然后转入内荆河，属扇形分布，内荆河干流全长约 358 千米，自河源至河口直线长度 190 千米，河道总长度（包括干流和支流）约 3494 千米，流域的河网密度为每平方千米 0.34 千米。

内荆河承受长湖来水，干流从长湖南岸的习家口起，经丫角庙至清水口入三湖，这段河宽 16 米，习家口处水深仅 1.9 米。三湖以下分两支：一支从张金河起，经横石剅、易家口、小河口、高桥口至彭家台入白鹭湖，此为主流，又名张金河；另一支从新河口起（张金河下端），经铁匠沟、下垸湖入白鹭湖。过白鹭湖后又分两支：左支从余家埠起，经东港口、黄穴口、陈沱口、碟子湖、关庙至彭家口；右支从古井起，经辣树嘴、黄潦潭、西湖嘴、鸡鸣铺、卸甲河、南剅沟、毛家口、福田寺（古称水港口），至彭家口与左支汇合，再经柳关、瞿家湾、小沙口，再往东北至峰口，再分为南北两支。北支经塘嘴坝向东经兰家桥，至东岳庙再分两支：一支向东经老沟、周家湾、郑道湖（有高潭口分流入东荆河）、黄家口（分流入东荆河、自黄家口以下部分河段河湖不分）、坝塘、官垱湖、吴家剅沟、白斧池、湘口、曲口汇入通顺河入沌口，此为内荆河主河道。清同治四年（1865 年），东荆河在杨林关溃口，东荆河下游改道，原经白斧池至通顺河的河道被废，沿途有多条河沟与东荆河串通。南支经简家口、汉河口，另一支到小港又分为两支：一支从小港口经张大口至新堤老闸入长江，称为老闸河；另一支向东，经黄蓬山、大同湖、坪坊至新滩口入长江。

二、内荆河干流特征

内荆河干流是指长湖习家口至新滩口之间的主河道，其间河道宽窄深浅不一，且河道十分弯曲，白鹭湖以上河道宽 16 米左右，习家口处水深 1.9 米，白鹭湖以下余家埠河宽 90 米，水深 3 米左右；南剅沟河宽 60 米，水深 6 米；毛家口河宽 80 米，水深 4 米；福田寺河宽 70 米，深约 6 米；柳关河宽

50 米，深 4 米；柳关至小港一般河宽为 40~45 米，深度 4~4.5 米，自小港至新滩口，一部分是以湖代河，至长河口，河宽 30 米，深 6 米，新滩口河宽 50 米，深 11 米。长湖湖底高程 27.20 米，洪湖湖底高程 22.00 米。习家口至余家埠纵降比为 1：25000；余家埠至柳关为 1：12800；柳关至新滩口为 1：11800。内荆河全长 358 千米，其中，长湖以上主干长 126 千米，长湖习家口以下至新滩口流长 232 千米，曲流系数为 0.54，福田寺至柳关河段中的猴子三弯，连续 3 个弯道，直线距离只有 1400 米，而弯道有 4 千米。

据长江委实地勘测估算，内荆河水位、流量见表 3-2。

表 3-2　　　　　　　　　　内荆河水位、流量估算表

| 项目 | 1952 年 | | | | 1953 年 | | | |
	水位/m	最小流量/(m³/s)	水位/m	最大流量/(m³/s)	水位/m	最小流量/(m³/s)	水位/m	最大流量/(m³/s)
丫角	29.60	7.2	30.35	22.6	29.48	10.0	29.76	13.6
柳家集	24.51	18.4	27.45	80.0	23.48	15.4	24.65	75.0
新滩口			24.00	936.0			24.78	615.0

注　资料来源于长江委《荆北区防洪排渍方案》。

三、内荆河上区水系

内荆河上游支流呈扇形分布，均以长湖为汇流之所，故又称长湖水系。

1. 拾迥桥河

拾迥桥河，亦名建阳河，古称大漕河。此河为内荆河正源，发源于荆门市西郊宝山之罗汉坡白果树坡，自北向南流，经车桥铺、蒋家集，在五里铺镇双河口汇西支草场河，蜿蜒东南流，于新埠河桥横穿襄沙公路至鲍河口，纳东支鲍河，穿汉宜公路，至拾迥桥与东支王桥河来水汇合，南流经韩家场至关嘴入长湖。干流长 126 千米，流域面积 1293.1 平方千米。据《荆门州志》记载："建阳河在州南百一十里，河之南有左溪（源出九汉谷）、石牛寺，二水皆自西向东注入拾回桥河，自此迂回七八十里入老关嘴。"自李家河以上，多崇山峻岭，坡陡流急，暴雨一至，即漫槽而下。李家河以下，地势平衍，因而多处常因大水而自行改道。过伍家村以后，地势低下，两岸靠堤防挡水，因河道异常弯曲，河床狭窄，逢河水宣泄不畅，两岸农田常受水灾。

拾迥桥河流域面积约占长湖来水面积的 40%。新中国建立后，三次兴工进行整治，对老河采取裁弯、扩宽、加筑堤防等措施，提高了防洪排涝标准。

1968 年 7 月，拾迥桥地区降雨 365 毫米，围堤溃决，淹田 3 万余亩。1969 年、1970 年由于降雨集中，加之长湖水位顶托，致使桥河堤防接连两年

溃口，有 6 万亩农田受淹，倒塌房屋 3300 栋。

1970 年以后，对桥河泄洪流量重新进行设计，按 930 平方千米承雨面积，100 年一遇降雨量 270 毫米计算，桥河应通过流量 1409 立方米每秒，按河底宽 160 米，过水深 5 米，加安全超高 1 米。确定从韩场起，河底高程 30.00 米，按 1：4000 的纵坡上推，扩展河床、退堤加固。1971 年开始实施。拾迥桥至长湖的河道由原来的 30 千米缩短为 15 千米，使河道基本稳定下来。同时将河底宽拓宽至 20 米，堤距为 132 米。过水断面在杜岗坡为 629.3 平方米。经 1980 年 7 月 16 日 23 时拾迥桥洪水位 37.80 米时测算，可通过洪峰流量 910 立方米每秒。1980 年大水后，又对河堤进行加固，基本解除了洪水对两岸农田的威胁。

2. 太湖港

太湖港，又称梅槐港、太晖港，俗称观桥河，旧称扬水。据《江陵志余》记载："江水支流由逍遥湖入此港（梅槐港）迳秘师桥、石斗门达于城西之隍"。明末截堵刘家堤头，江水断流。又据《荆州府志》扬水附考："纪（山）西自枣林岗匡桥与八岭山以西之水，会同杨秀桥，历梅槐入沙滩湖，迳秘师，太晖为太晖港，达郡隍迳草市入长湖。"

太湖港源起川心店，南流至枣林岗、郭家场、八岭山西麓至杨秀桥，折西南流至高桥，再南流至丁家嘴、梅槐桥进入沙滩湖（又名太湖）再东流至秘师桥、太晖观桥至北护城河，复东行达草市，折南行至沙桥门汇沙市便河之水，东行至关沮口入长湖，全长 64.8 千米。

太湖港绕太晖观而过。此观为明洪武二十六年（1393 年）朱元璋十二子朱湘所建，建筑雄伟壮观，石柱透雕蟠龙，帏墙镶嵌灵官，殿顶覆盖铜瓦，后被人告发僭越规制，朱湘畏罪自焚，后将其葬于殿内，命名为太晖观，而河港也因观而得其名。太晖观为省级文物保护单位。

1958 年太湖港实施治理，丁家嘴以上拦为水库，丁家嘴以下经裁弯取直，疏浚扩挖后自丁家嘴水库溢洪道起，南行至梅槐桥，沿北坡开渠东行，截坡地渍水，纳金家湖、后湖、联合三水库溢洪之水至秘师桥，沿老港再东至草市，新开渠 1 千米至横大路，纳便河水改道北行，并将沙桥门至横大路河同时开挖，经谢家桥至凤凰山入海子湖（原沙桥门经东关垱至关沮口老河废弃），全长 35 千米，最大底宽 40 米，过流能力 185 立方米每秒。流域面积 396.6 平方千米，其中荆门市面积 1.16 平方千米。

3. 龙会桥河

龙会桥河，古为龙陂水，是扬水的支流。据《水经注》载："迳郢城南，东北流，曰扬水，沮漳水自西来会，流入沔。"

龙会桥河源于纪山，分东西两支。东支朱河，有两源，东源新桥河起于纪山东北，西源红花桥河起于纪山之南，南流至上套源，两源汇合后，穿纪南城北垣过东城门后至板桥与西支新桥河会。新桥河又名板桥河，《水经注》载："江陵纪南城西南有赤板岗，岗下有渎水，东北流入城，名曰子胥渎，盖吴师入郢所开也。"子胥渎即新桥河。东西两支汇于板桥后，绕雨台山南行折东北流，穿庙湖至和尚桥（古为乐壤桥）入海子湖，流长30.5千米，流域面积190.24平方千米，其中荆门市面积29.38平方千米。

4. 西荆河（田关河）

西荆河乃东荆河右岸的分流口。据《水道参政》（清道光十三年版）载：西荆河又称荆南漕河、荆南运河，形成于北宋年间，与扬水运河连通，清道光年间史称西荆河。西荆（田关）河口被堵塞之前属汉江水系；民国二十年（1931年）西荆（田关）河口被堵塞之后，转属内荆河水系。清代称双雁河、荚芭河、荆河；清道光时始称西荆河，田关至张腰嘴一段，俗称运粮河；民国初，此河由田关向西，流经周家矶、保安闸、荆河口、夏家河、张腰嘴，折西向北至腰口，转南到牛马嘴，向西过苏家港至潭家口分为两支：一支向西偏北，经樊家场、野猪湖到刘岭入长湖（经改造后，名朱拐河）；另一支西南流，经田家河、三汊河，至丫角入内荆河。1958—1960年对田关至刘岭的西荆河进行改造（裁弯取直、破垸），称其为田关河，并在田关建闸控制。由田关至刘岭，全长30千米，原入内荆河一支，已成为小沟。

上西荆河原名马仙港河，民国时期名白石港河，荆门简称高桥河，又称新河。据《宋史·河渠志》载：北宋端拱元年（988年），八作使石全振发丁夫开浚。源头起于荆门东南山溪，至沙洋塌皮湖分两支，马仙港河即其中的北支，经荆门的砖桥、高桥、李家市、邓家洲至荷花垸入潜江境，再经脉旺嘴、荆河镇、积玉口东流至腰口入西荆河，再西行经苏家港、樊家场、成家场入长湖，全长53千米。该河原为两沙运河的上段，腰口以上最窄底宽12米，最浅水深0.9米。1911年，汉江李公堤溃将沙洋至鄢家闸长约4千米河段淤成平地，通航受阻。民国时期曾有过三次疏挖两沙运河的计划，均未实施。为解决农田排水，该河于1971年被裁弯取直扩宽改造成新河，从邓家洲至田关河原长30千米的河道，经裁弯取直为22千米，河底宽由5～10米拓宽至30米，水深由1～2米挖深至4～5米，在牛马嘴附近注入田关河，更名为上西荆河，或称西荆河。新河全长41千米（其中荆门境内27千米、潜江境内14千米），主要起排水作用。1980年对两岸堤防进行加培。为利用西荆河水灌溉农田，在李市牛棚子桥修建"牛棚子滚水坝"，可灌田4万余亩，后因改造航道被拆除。

为解决江汉航道问题，1996年决定在汉江干堤新城（桩号267＋050）修建船闸（300吨级），同时在长湖边的鲁店修建船闸（300吨级）。从新城船闸内闸首向西开挖 3.9 千米的连接河，横穿李市总干渠一支渠，荆潜公路折向南行，经一支渠尾端入西荆河，沿河南下 16.54 千米至支家闸，转而西行朔殷家河而上 2.83 千米至殷家闸，经双店排灌渠（长 3.43 千米）至鲁店船闸入长湖，航道全长 26.7 千米（不含新城船闸、鲁店船闸引航长度）。

新航线建成后，原有河道形成航线，新建的枝家闸溢流坝将坝以上西荆河的水位常年控制在 29.10 米以上，按长湖调度方案，当长湖水位达到 31.00 米时，关闭双店闸，殷家河水全部排入西荆河。

下西荆河（又称浩子口河）。从张腰嘴倒虹管经浩口至张金河，全长 26 千米，水入总干渠。

四、内荆河中下区水系

内荆河自长湖以下干流串湖纳支，经不断演变，至 1955 年，尚有主要支流 27 条，分布左右两岸。

1. 荆襄河

荆襄河原名沙市河，古称龙门河、便河亦名漕河。起于便河垴（距荆江大堤约 200 米），北行经便河桥、孙叔敖墓、塔儿桥、金龙寺、雷家垱、沙桥门入太湖港总干渠，全长 8 千米。向东经东关垱至关沮口入海子湖，是连接沙市与长湖的重要水道。由东晋（317—420 年）荆州牧王敦开凿。便河垴西侧为便河西街，南侧为便河南街，东侧为便河东街。内河或长江来往船只在此拖船翻堤。该河以雷家垱为界，南段宽 30～60 米，北段宽百米。楚故城（土城）自观音矶经金龙寺东折，沿荆襄河南过孙叔敖墓东行至太师渊（今中山公园有土城遗址），南折荆江大堤文星楼附近，全长约 7.5 千米。新中国建立后，将金龙寺至沙桥门一段改称荆襄河。1958 年修建北京路，拆除便河桥，相继填平便河垴至便河桥、塔儿桥至金龙寺段。1998 年后，便河桥以南部分建成便河广场。便河桥塔儿桥段水域成为中山公园一部分。1971 年太湖港总干渠在横大路改道北行，经谢家桥入海子湖。同时新挖沙桥门至横大路新河与太湖港总干渠连接。四湖工程实施后，长湖成为调蓄水库，汛期水位抬高，荆沙城区排水受阻。1959 年在雷家垱筑坝并建排水泵站（雷家垱为西干渠起点），城区部分渍水排入荆襄河。2005—2011 年，实施荆州市城区防洪规划，在荆襄河口建节制闸，防止长湖水倒灌荆襄河（名荆襄河节制闸）。刨毁雷家垱坝并建闸和改造箱涵，泵站排水改道入西干渠。荆襄河辟为湿地公园。

《荆州府志》载："沙市河在县东南十五里，俗名便河。"《江陵乡土志》亦载："沙市河……一名龙门河，又名便河。……为扬水分注及襄水逆流之尾间，其在金龙寺分四支：一支西行七八里（即今荆沙河）达城河，有西北扬水来会；一支北行六七里至草市河，又东北行六七里至东关垱，东南有雷家垱诸水来会；一支北行六七里出关沮口入海子湖（即今荆襄河）……另一支东行至曾家岭处折向南至便河垴（今便河广场）。"

便河历来交通十分繁忙，"北通襄沔，水路便利，故又外江输入之货物岁不下数百万，河身较宽，巨舰均可撑驾"（《江陵乡土志》）。清光绪二年（1876年）曾被疏浚，船舶可由沙市直抵沙洋盐码头，通往陕南、豫南各地。直至新中国建立初期，船只仍可经长湖至便河垴停靠，雷家垱、金龙寺、塔儿桥、便河桥等地皆为帆樯如林的内河码头。清末和民国时期，便河为沙市内河主要航运码头。由沙市经长湖至沙洋，多数船只可载4000～5000斤；自沙市至汉口航线：从便河出发，入长湖、三湖、白鹭湖、余家埠、鸡鸣铺、毛家口、柳关、小沙口、小港、洋圻湖、大同湖、潮口至沌口入长江，下行15千米达汉口。冬春季节，内河水浅，经新滩口入长江至汉口。此段航道与长江基本平行，它与长江相比，沿线所经过的大小集镇，是农副产品富饶之地，而且航行风险小、航程短，是极为经济的水上通道。这段水路河身较宽，装三四万斤的木船可自由航行。20世纪50年代，由于河道淤塞，便河垴至今北京路一段河道被填为陆地，内河码头遂转至雷家垱（荆襄河）和三板桥（豉湖渠）。便河今专指由塔儿桥向东至曾家岭，然后折向南抵北京路（呈曲尺型）长2千米的河段，一般宽为100米，水深2米左右。今之便河地居沙市闹市中心，虽无昔日航运繁忙之景象，但河畔高楼耸立，华灯初上，万家灯火，流光溢彩，平添几分水韵。

2. 荆沙河

荆沙河东起金龙寺，经荆龙寺桥、古白云桥、太岳路桥、安心桥、码银桥，入马河与荆州城护城河相通，以前曾是往来荆州城区至沙市的水路要道（现长3.3千米，水面宽度为30～50米）。20世纪50年代前荆沙两城之间的交通主要靠此河，50年代后陆路交通发展，遂于60年代后期逐段堵截养鱼，自1984年起，沙市市政府逐段疏浚，现为荆沙城区排水要道。

3. 蛟子渊河

蛟子渊河又名焦（肖）子渊河，或称消滞渊河，原名菱港（河），亦名车湖港。《长江图说》中则名为蛟子渊河，其上口为石首市蛟子渊，下口为监利刘家沟，即今流港。

蛟子渊河本为长江汊道，河面宽108～200米，沿途经大湾泥巴沱、天字号、横沟市、季家挖口子、朱家渡，至流港复入长江主流，全长39.15千米，洪水时，有分支沿监利堤头经西湖（长江故道）到杨家湾入长江。

蛟子渊河原属长江水系，清初，河口与长江主流贯通，汛期分泄江流。当蛟子渊河口水位40.60米时，可分泄长江流量2770立方米每秒。据民国二十一年（1932年）湖北省水利局档案记载："前石首县堤工委员邓明甫称：因扬子江贯流其间，历年浸削，逐渐洗大，遂成小河，蛟子渊河在汛期通流，为郝穴—监利间航行捷径"。《长江图说》杂说中记有："郝穴又二十五里经蛟子渊，有正沟者，首受江水，东流至堤头港入之。夏月江行，可捷百里"。

蛟子渊河临荆江大堤，与长江主泓顺流而行，江河之间为江心洲，有沃土大片。清乾隆年间（1736—1795年），荆南道来氏任内，曾堵塞蛟子渊。后江陵人士主毁，以求泄洪保堤；石首人士主堵，以阻洪保地。近百年来为此争论不休，时挖时堵，伴有械斗发生。新中国建立后，为妥善处理蛟子渊问题，中南水利部于1950年7—8月派委员会同长江中游工程局、湖北省水利局，以及江陵、监利、石首三县代表赴蛟子渊实地查勘，于8月19日在监利县中游局第四工务所会商，最后确定刨毁蛟子渊土坝，交由石首县施工。1951年4月13日，湖北省政府对蛟子渊坝提出四点处理意见：凡干堤外滩民垸溃口后而需要重新修复时，必须经水利主管机关许可；挖开蛟子渊后，困难很多，群众对民垸培修要求迫切，为照顾群众困难起见，暂准四垸合修，但堤顶高程低于当地干堤1米；合修经费由当地自筹；移民费及耕牛问题，由中游局业已解决。蛟子渊于1951年7月12日全部刨毁。1951年8月9日实测坝内水位32.70米，推算流量2700立方米每秒。

1952年3月15日，中南军政委员会作出了"关于荆江分洪工程的决定"。为妥善安置蓄洪区内的6万多移民，动员监利、石首、江陵三县5.5万名民工，用两个多月的时间，在石首县江北区挽成人民大垸上垸围堤（唐剅子至冯家潭至一弓堤，为石首县管辖）堤防全长49.5千米，同时堵筑了蛟子渊上口（1959年建蛟子渊灌溉闸）。1954年在蛟子渊下口建成人民大闸（3孔，每孔宽4米）。1958年又挽了下垸围堤（冯家潭至杨家湾，为监利县管辖），并在流港兴建了排水闸。至此，蛟子渊河成了围垸内排水河道，而堤头至西湖的支流则辟为蓄水之所，用于养殖。

第八节　沌　水　水　系

沌水，古称油水，有南北两源。北支（主流）发源于五峰县清水湾西北岩门，自西向东沿大风垭北麓和鹰嘴尖北栀儿岩进入松滋，经曲尺河，在两河口与南支汇合。东流经暖水街注入沌水水库，再从坝下经西斋、杨林市、断山，于桂花树入公安县境，于汪家汉注入松滋河，流域面积2218平方千米，全长206.9千米。其中源头至两河口44千米，两河口至水库大坝以上104.4千米，大坝以下58.5千米。

南源发源于湖南省石门县五甲坪，经太平、子良于两河口与北源相合，长 45.5 千米，流域面积 293 平方千米。

涴水上游在五峰境称破石河，松滋境各段分别称泗潭河、西斋河、石牌河和杨林市河，公安境仍称涴水。南北朝时，涴水于孱陵之东北（今公安县黄金口）注入长江。清同治九年（1870 年）松滋河形成后，涴水被纳入松滋河西支。

涴河上游两河口至暖水街一段，是湖南、湖北两省界河，两河口以上，分为北河和南河，北河称曲尺河，两河口至黄林桥一段称泗潭河，坡陡水急。河宽 40 米左右，纵坡 1∶300～1∶500，黄林桥以下河道曲折，河面宽窄不等。一般宽约 100 米，纵坡 1∶500～1∶1000，多洪积砂卵石。断山以下入平川，改道之新涴水一段，宽约 250 米，最宽处（杨泉湖）达 500 米。涴水北岸洛河口以下筑有防洪堤防，南岸下游有断续防洪堤段。

涴水接纳的主要支流有 8 条，松滋境内有洛河、红岩河、六泉河和界溪河，湖南省境内有南河、泗潭河、川山河和皮家冲河等。

涴水为山溪性常流河。据实测，涴水乌溪沟（站）年平均流量为 31.3 立方米每秒，汪家汊出口处年平均流量为 46.6 立方米每秒。据西斋河段的洪水调查资料显示：1884 年，涴水最大洪峰流量为 4000 立方米每秒，重现期为 100 年一遇，1908 年为 3400 立方米每秒，1935 年为 2900 立方米每秒，1954 年为 2300 立方米每秒。1983 年 7 月 4 日，涴水坝址洪峰流量为 3674 立方米每秒，水库调洪后下泄 1230 立方米每秒，加上洛河及区间洪水，断山通过流量为 2450 立方米每秒。

涴水下游青羊山以下河段由于受台山青羊山阻截，迫使河道由南向北急剧转折，形成罗、易两个大弯道，主流环王家大湖，并分 3 支入湖；高水时，上游洪水下泄，下游松滋河水倒灌，河湖一片。涴水山洪频繁，加之江水顶托，洪水宣泄不畅，曾给下游地区带来深重灾难。1935 年农历六月初二至初三，涴水流域连降暴雨，山洪暴发，恰遇长江大水，峡谷水相遇，西斋以下田畈及西斋、街河市、杨林市、纸厂河等集镇被淹，10 处民垸（松滋 6 处、公安 4 处）漫溃，受灾达 28970 户，115880 人，淹田 172600 亩，倒房 8691 间，淹毙 50 余人。

为整治涴水水患，1970 年建成涴水水库，控制上游来水 1142 平方千米。同年冬，实施涴水下游改道工程，挖开青羊山至法华寺接老涴水河，青羊山改称断山，缩短河道 33 千米。新河道按 20 年一遇洪水设计，青羊山（断山）设计过洪流量 2680 立方米每秒，桂花树设计过洪流量 2900 立方米每秒，纵坡降 0.17‰，河底中心槽宽 60 米，堤距宽 250～300 米，最宽处（阳泉湖）达 500 米，从而增强了涴水的下泄能力。

第九节　湖　　泊

　　荆州市原是云梦泽的主体部分，由于泥沙淤积、人类活动以及新构造运动的影响，至战国后期，湖泊面积已由鼎盛时期开始萎缩。两晋时期，荆州境内著名的湖泊有大浐湖、马骨湖、离湖等。由于泥沙不断淤积，至唐时云梦泽解体，地域开始出现围垸，一些大的湖泊消失了。如大浐、马骨湖消失后，出现了排湖、洋坼湖、大同湖、大沙湖等；四湖地区的白鹭湖、三湖、荒湖、碟子湖等均是离湖的遗迹湖。长湖和洪湖乃明清时期才出现的湖泊。公安县的陆逊湖相传因三国时吴国大将陆逊在此训练水师而得名，原与长江相通。石首的宋湖原属岗丘地带，因地震陷落成湖，在湖内曾经发现棺木和石碑。

　　荆州境内大多数湖泊的形成与消减同筑堤围垸、堵塞穴口有关。

　　新中国建立初期，荆州地区有湖泊 794 个，面积 4082 平方千米，至 20世纪 80 年代，荆州地区湖泊仅存 307 个，面积 1062.2 平方千米。至 2012 年，湖北省政府根据"一湖一勘"调查成果，公布全省第一批湖泊保护名录，确认荆州市湖泊 184 个，总面积 706 平方千米。

　　在大量湖泊消失的同时，人们得到了大片土地，为了耕种这些原本属于调蓄雨水的土地，年复一年同水作着斗争，付出了巨大的代价。为了保护低田不被水淹没，不得不兴建大批机电排水站。否则，不但农田无法耕种，连在那个地方居住也成问题。大量兴建电排站（二级、三级）使渠道水位抬高，一部分本来可以依靠自排的农田由于渠道水位的抬高而不能自排，也需要依靠电排站排水。

　　据范文涛《江汉平原湿地农业生态经济发展研究》一文载："围湖造田，导致陆地水面率减小，并减少自然水量平衡的调节容量。一般地说，湖泊是大范围陆地的另一支柱，它虽然不产粮食，但有利于粮食生产和调节气候，无限制围湖造田急剧缩小了内陆水面，不仅给水产事业和整个生态环境带来恶果，而且由于围垦地区低洼易涝，必须具有一定的排水系统，这对于曾经是湖盆的低地来说，是很难做到的。"围垦的农田，由于地势低洼，地下水位高，渍害严重，产量低而不稳，无疑降低了湿地的使用价值。要求部分低洼地区退田还湖就是这个意思。

　　湖泊是荆州市湿地的主体。不论是四湖地区还是荆南地区的湿地原是一个与长江相通的内陆淡水湿地，湿地的类型以水体湿地为主，且以淡水湖泊湿地占优势。自与长江隔断以后，随着人类活动加强，大量围湖造田，人工湿地面积增大，自然湿地面积锐减。

湿地包括自然湿地与人工湿地，荆州市既有湖泊演变过程的自然景观——湿地自然生态系统，也有人类活动形成的湿地——农业生态系统，组成了一个巨大的自然与人工复合的湿地生态系统。

自然湿地包括天然河流、长江故道、草滩地、泥沙滩地、防护林滩地、芦苇地、湖泊（湖泊滩地）、内荆河水系和荆南四河残存的河道和堤防溃口形成的渊塘等。

人工湿地包括水库、塘堰、沟渠、鱼池等。

广义的湿地还包括水稻田。

湿地具有复杂多样的功能和多方面的价值。湿地有巨大的环境效应。如涵养水分、调节洪水、调节气候等。简言之，湿地不但是一个风景生态郡落（生存在一起并与一定的生存条件相适应的动植物的总体），还可以在调节地区降水时发挥"胃"的作用，在调节生态环境时可以发挥"肾"的作用。如果这个"胃"和"肾"的功能遭到破坏，那么，这个地区的生态环境就会恶化，就会影响到经济的发展和人民生活的安全。

由于过度围垦使湿地的蓄水功能下降，从而扰乱了河湖生态系统，削弱了湿地对洪水的天然调节能力，例如，将湖泊滩地开挖成鱼池，不但从形态上改变了滩地的面貌，并且鱼池调蓄雨水的能力也远不如滩地那种可以重复调蓄的功能。导致湖区水体效应锐减，极端气候事件增多（如龙卷风、冰雹、局地大暴雨），人为地加重了洪涝灾害。

湿地既是自然生态系统的重要组成部分，也是人民赖以生存的空间，同时也是生态系统极其脆弱的地带。只有最大限度地维持其自然的生态过程和生态功能，才能使湿地资源得到持续利用。

我们应当像保护人体的"胃"和"肾"一样保护湿地，善待湿地就是善待人类自己。

对于围湖造田的得失问题，要进行反思，实事求是地进行评价。不能采取肯定一切或否定一切的态度，要从实践中总结经验教训。围湖造田有得有失，得到了耕地，安置了人口；失去了调蓄的水面，影响了生态环境。现在不论是四湖治理还是荆南治理（洞庭湖治理规划）过程中的诸多问题同湖泊过度围垦有直接关系。这个"度"是什么？荆州市究竟保留多少湖泊比较合适，或者说是比较合理？增加1个百分点的湖泊面积，就是减少陆地面积140平方千米。我们不但要计算经济账，更要计算生态账，经济账比较好算，而生态账无法用金钱来衡量。

清朝初年，长江分流入四湖地区的穴口全部封堵，尽管东荆河还有许多穴口仍在向四湖地区分流，但四湖地区湖泊的分布格局基本形成。荆南的情况则不一样，1852年以前，荆南只有虎渡河和调弦河分泄荆江洪水入洞庭湖，内垸堤防只防山洪水和洞庭湖水。1860年和1870年两次特大洪水，荆南地区有的湖泊消失了，经过近50年的时间，人们在被洪水冲毁的废墟上重新围挽，堵塞支汊，又出现了新的湖泊。

荆州市从南宋至今有过四次大规模的垦荒围垸。

第一次是在南宋时期，由于连年的战争，北方人口大量南迁，为了安置这些南下的"流民"及支持战争的需要，大兴围垦，与水争地。围垦的主要范围在今四湖地区以及荆南地区。

第二次是明朝正统年间至明朝中叶时期。明朝初年，朱元璋因洞庭湖和今四湖一带曾为陈友谅政权提供过粮饷，特意加重田赋，以示惩罚，结果使这些地区的人口大量外逃，堤垸失修，田地荒芜。直到正统年间（1436—1449年），经过大半个世纪失修的堤垸才相继恢复，并新挽一批堤垸。那时江西、安徽等地的移民大量涌入江汉平原，称为"江西填湖广，湖广填四川"。他们"插地为标，插标为业"。洪武元年，朱元璋下令："各处荒田，农民耕种后归自己所有，并免徭役一年，原业主若还乡，地方官如傍近荒田内如数拨与耕种。"这就否定了逃亡地主对抛荒的所有权，排除了垦荒的障碍。到了明朝中叶，两湖地区的围湖造田进入了全盛时期。"耕地扩大，人口日众，粮产上升，经济发展"。社会上开始出现"湖广熟、天下足"的谚语。

第三次是清朝的康熙、乾隆年间。清朝初年，当政权逐步稳固后，"立即推行围垦，湖区堤垸很快获得恢复和发展"。到乾隆时期，江汉平原上的围垦已达到了"无土不辟"的严重过度垦殖程度。乾隆十三年（1748年）湖北巡抚彭树葵向朝廷奏报："荆襄一带，江湖袤延千余里，一遇暴涨，必借余地容纳，宋孟珙于知江陵时，曾修'三海八柜'以涨水，无如水浊易淤，小民趋利者，因于岸脚湖心，多方截流以成淤，随借水粮鱼课、四周筑堤以成垸，人与水争地为利，以致水与人争地为殃。唯有杜其将来，将现垸若干，著为定数，此外不许私自增加。"乾隆十三年和二十八年曾先后两次下诏"永禁湖北、湖南开新垸"。但都未能实现。相反，官私围垦，愈演愈烈。官府以兴水利之名，大兴围垦。当时荆州府在全省垦田数占第2位，仅次于汉阳府。

经过前三次围垦，一些地势比较高的湖泊消失了，或者成了垸中湖，调蓄洪水的作用仅限于本垸了。地势比较低的湖泊中的高地也围挽成垸。到清朝末年，湖泊的数量、面积以及民垸基本固定下来。从南宋至民国时期的总趋势是：湖泊的面积越来越小，民垸的面积越来越大，这是一个湖垸互换的过程。到1949年时，荆州市共有大小民垸675个。其中江陵107个（含弥市范围）、监利256个、洪湖180个、松滋26个、公安51个、石首55个。

第四次围垦是1955—1975年。这次围垦的规模最大，大体分为两个阶段。根据1955年长江委提出的《荆江区防洪排渍方案》，将荆江区划分为三部分：荆北平原区、荆江洲滩区以及江湖连接区（即荆南地区），以防洪排涝为主要任务。四湖的治理方案称为《荆北区防洪排渍方案》。按照治理方案的要求，指导思想是"关好大门"截断江水倒灌，整治紊乱的水系，逐步建立新的排灌系统。1955年开始实施，1956年春完成了洪湖隔堤工程，同时堵筑了新滩口，并开始开挖总干渠及东、西干渠以及大量中、小型渠道，湖泊水位显著降低，多年潜渍的状况明显改善，为围湖造田创造了条件。能成田者则成田，不能成田则成鱼池。湖泊面积急剧减少，大部分湖泊消失。如三湖、白鹭湖虽有湖泊之名，却无湖泊之实。由于大湖养鱼的经济效益不如精养鱼池的效益，大量的中小湖泊以及大型湖泊的滩地变成了鱼池。第二阶段，随着电力排水泵站的兴建以及开挖深沟大渠。一些小型湖泊消失了。"向湖进军"的结果是一些大型湖泊面积被侵占，调蓄功能不断减小，例如，四湖地区1953年时湖泊面积2725.5平方千米，占总面积的26.3%；2004年湖泊面积710.8平方千米，占总面积的6.9%；2012年"一湖一勘"结果显示，仅存湖泊面积569.59平方千米，占总面积的5.4%（其中荆州市湖泊面积533.77平方千米，长湖为荆州市、荆门市、潜江市共有）。

2012年"一湖一勘"结果显示，荆州市有湖泊184个，面积705.36平方千米，占全市面积的5.0%。其中荆南地区的松滋、公安、石首现存湖泊面积203.53平方千米，占3县（市）总面积的（长江委洞庭湖规划中荆州市面积为3908平方千米）5.3%，荆南地区1951年时有湖泊454个（公安300个、松滋53个、石首101个），面积658.8平方千米（公安300平方千米、松滋170.6平方千米、石首187.76平方千米）。现存湖泊面积同1951年比较，减少了455.07平方千米。

湖泊面积减少，调蓄面积和容积相应减少，一遇大水年，就出现"低湖收稻谷，高田出平湖"的不正常现象。设想将一次性降雨（10年一遇，3日降雨，5日排完）不经过湖泊调蓄，完全由电排站直接排入外江，这是不可能的。不但需要增加大量的装机，还要开挖渠道，即使做得到，也是很不经济的。认为现在泵站排水能力增强了，如是又想围湖养殖，这就错了。因为现在已经达到10年一遇的排涝标准，已经考虑了湖泊的调蓄作用，如果现有湖泊面积再减少，就等于降低了排涝标准。须知，目前已经达到的10年一遇排涝标准还是偏低的。

一、湖泊类型

荆州湖泊发育于江汉湖盆之上，湖盆基底属构造断陷性质，但第四纪以来，随着长江、汉水挟带泥沙的淤积，湖盆上淤积平原的形成、变化，平原上的湖泊，经历了无数次的沧桑巨变。境内现代湖泊，根据其演变与成因，主要有如下类型。

1. 河间洼地湖

在云梦古泽的演变及江汉干支流挟带泥沙的淤积过程中，泥沙首沿河道的两侧漫滩沉淀，再逐渐向较远的地方推移，较远的地方地势相对较低而积水成湖。这种类型的湖泊在四湖地区较多。长江和汉江及支流东荆河沿南、北两面淤积，形成自然高亢的带状高地，距两河之间的腹地则成为相对低下的平原洼地湖，湖底高程相对河滩高地的高程为5~6米，沿内荆河一线分布着大量河间洼地湖，自西向东分别是三湖、白鹭湖、马嘶湖、大兴垸湖、荒湖、沙湖、碟子湖、洪湖、大同湖、沙套湖、崇湖、苏湖、排湖、沉湖等。这类湖泊大多湖底平坦，湖岸圆滑平直，形如碟状，水浅面大，边界无定，易于垦殖。

2. 河流遗迹湖

这类湖泊原为江河的一部分，后因河道变迁以及人工裁弯的影响，致弯曲河道的进出口门淤高，堵塞而形成湖泊，形如牛轭，俗称牛轭湖或月亮湖。这类湖泊多分布在长江两岸，下荆江尤多。如石首的碾子湾、沙滩子；监利的西湖、上车湾、东港湖、老江湖等即属此类型湖泊。此外，在江汉平原形成过程中，众多分流分汊水系被泥沙淤积，使河道淤塞成湖，江南群湖中，有部分亦属此类湖。

3. 岗边湖

这类湖泊多位于丘陵岗区与平原的过渡地带，湖岸曲折，湖岬和湖湾犬牙交错，湖岛兀立其中，湖盆呈锅底形，湖水相对较深，入湖支流众多，呈叶脉状分布，湖水受上游降雨影响，下游泄水不畅，如长湖、石首市沿桃花山的湖群及松滋的王家大湖等属此类型。

4. 河堤决口湖

这类湖泊出现于堤防兴起之后，因江河堤防决口，洪水冲刷而成，分布于江河堤防内侧，多以渊、潭、口命名，如沙市的木沉渊，江陵的文村渊等均属此类型，这类湖泊大多水深岸陡，面积不大。

荆州市湖泊基本情况见表3-3。

表3-3　　　　　　　　荆州市湖泊基本情况表

县（市、区）	湖泊总数		城中湖		首批公布名录个数	第二批公布名录个数	备注
	个数	面积/km²	个数	面积/km²			
合计	184	705.93	20	4.01	65	119	
荆州区	10	12.50	5	0.74	6	4	

续表

县（市、区）	湖泊总数		城中湖		首批公布名录个数	第二批公布名录个数	备注
	个数	面积/km²	个数	面积/km²			
沙市区	6	132.61	4	0.6	6	0	含长湖
江陵县	13	4.12	1	0.57	2	11	
松滋市	13	23.52	2	0.03	7	6	
公安县	52	89.27	1	0.23	13	39	
石首市	44	90.74	5	1.52	21	23	
监利县	19	35.06	0	0	5	14	
洪湖市	26	317.95	2	0.32	5	21	含洪湖
开发区	1	0.16	0	0	0	1	

二、主要湖泊

1. 长湖

长湖系四湖水系的四大湖泊之一，位于四湖上区，介于丘陵和平原湖区的结合部，是荆州、荆门、潜江三市的分界湖。长湖西起荆州区龙会桥，东至沙洋县毛李镇蝴蝶嘴，南至关沮口，北抵沙洋后港。地理位置处在东经112°27′11″、北纬30°26′26″，东西长30千米，南北平均宽4.2千米，最宽处18千米。湖底高程27.50米。2012年"一湖一勘"确定湖面积131平方千米。有99个洼，99个汊，湖岸线曲折，周边长180千米。在正常情况下，一般水位为30.00～30.50米，相应水面面积129.9～142.6平方千米，容积为2.21亿～2.9亿立方米，当水位为32.50米时，相应水面面积150.6平方千米，承雨面积2265平方千米。

《荆州府志·山川》载："长湖旧名瓦子湖，在城东五十里，上通大漕河，汇三湖之水以达于沔"，西有龙口（今太白湖）入焉，水面空阔，无风亦澜。湖口有吴王坝，湖心有擂鼓台，皆入郢时踪。瓦子云者，或因楚囊瓦而名钦。长湖属河间洼地湖，或为岗边湖，由庙湖、海子湖、太泊湖、瓦子湖等组成，原为古扬水运河的一段。长湖在三国时（220—280年）的水域仅限于观音垱镇天星观以北、龙口寨以东的水面，至264年孙吴守军筑堤引沮漳河水设障为险抗魏以后，原来的扬水运河被水淹没，形成了以湖代河的长条形湖泊。

三国归晋以后，战争主要发生在黄河流域，荆州一带没有受到大的战乱影响，于是将所壅之水放干垦为农田。五代后周太祖二年（952年），荆南王高保融又"自西山分江流五六里，筑大堰"改名北海。北宋建隆二年（961年），宋太祖传旨"决去城北所储之水，使道路无阻"，北海复为陆地。南宋绍兴三十年（1160年），李师道为阻止金兵南侵，便又筑水柜，形成上、下海。1165—1173年，由守臣吴猎再次修筑，引沮漳之水注三海，绵亘数百里，弥望相连，又为八柜。开禧元年（1205年），守臣刘甲"以南北兵端既开，再筑上、中、下三海"。淳祐四年（1244年）孟珙任江陵知府，"又障沮漳之水东流，俾绕城北入于汉，而三海遂通为一，随其高下为蓄泄，三百里间渺然巨浸。"

　　三国至宋，北海大体在江陵（今荆州区）东北今马山—川店一带，后扩大到纪南城以北的九店附近，筑堰储水，因在纪南城以北，水面又形如大海，故称北海。南宋时期，将北海范围再次扩大，将庙湖、海子湖连在一起，统称"三海"。到宋淳祐（1241—1252年）年间，孟珙又多次引沮漳河水经长湖达于汉水，要将引来之水拦蓄，于是有了湖区的堤防，"三海通一，土木之工，百七十万。"沙桥门至关沮口附近堤防形成。明朝初年，虽战事平息，但湖泊南岸的民垸兴起，如小白洲垸、菱角洲垸、马子湖垸等，从沙桥门至观音垱的堤防也已形成。从观音垱至习家口，没有修筑堤防之前，长湖水从内泊湖、陟步桥泄入玉湖、五指湖，再入三湖，还可从习家口排入内荆河，或从西荆河排入东荆河。明时，西荆河堤常决，洪水挟带大量泥沙，自东向西、北、南呈扇形淤积，加之沙桥门至昌马垱（观音垱附近）修筑了堤防，长湖排水受阻，长湖形成。从这个成因来看，长湖也属人造湖泊。长湖之名始见明代诗人袁中道："陵谷千年变，川原未可分，长湖百里水，中有楚王坟，"长湖因此得名。此时，长湖泛指瓦子湖、太白湖、海子湖。

　　长湖东、北、西三面为岗地起伏之区，南靠中襄河堤防挡水。入湖水量经调蓄后，湖水由大路口、习家口自然排泄入内荆河，下泄长江。长湖上游岗丘起伏，汇流快。根据拾桥水文站观测记录，长湖地区多年平均年径流为266毫米，相应年均径流总量为6.023亿立方米，实测年径流量最大总量达12.28亿立方米（1980年），最小为0.95亿立方米。

　　长湖在历史上曾多次出现高水位，据现有史料记载，1848—1949年的100年间，先后4次（1848年、1849年、1935年、1948年）发生高水位的洪水，其中以1848年、1948年两年最高，1935年次之。新中国建立后，在习家口设站进行系统的水文观测，1950年习家口最高水位33.38米，为长湖有水位记载的最高水位。1951—2012年的61年间，长湖出现33.00米以上的大水年有4年，出现29.00米以下水位（干涸）的有6年，最低水位28.39米（1966年9月30日），见表3-4。

表 3 - 4　　　　　　　　长湖（习家口站）历年最高和最低水位表

年份	水位/m				年份	水位/m			
	最高水位	日期	最低水位	日期		最高水位	日期	最低水位	日期
1951	30.46	6 月 3 日	29.81	12 月 28 日	1984	30.51	12 月 31 日	28.85	6 月 2 日
1952	30.39	9 月 24 日	29.61	2 月 27 日	1985	30.68	8 月 1 日	29.38	8 月 12 日
1953	29.94	1 月 1 日	29.47	6 月 21 日	1986	30.97	7 月 25 日	29.04	6 月 8 日
1954	32.74	7 月 29 日	29.63	1 月 4 日	1987	31.99	9 月 11 日	30.20	6 月 26 日
1955	31.77	8 月 25 日	29.96	6 月 8 日	1988	32.50	9 月 20 日	29.33	5 月 6 日
1956	30.94	8 月 6 日	29.49	12 月 31 日	1989	32.62	9 月 4 日	30.31	2 月 12 日
1957	30.41	7 月 8 日	29.41	4 月 9 日	1990	31.77	7 月 7 日	29.94	9 月 20 日
1958	31.16	10 月 25 日	29.00	3 月 11 日	1991	33.01	7 月 13 日	30.07	6 月 29 日
1959	30.84	4 月 14 日	29.69	10 月 25 日	1992	31.21	9 月 27 日	29.76	7 月 21 日
1960	30.64	7 月 15 日	29.31	12 月 30 日	1993	31.48	6 月 29 日	30.19	6 月 2 日
1961	29.71	12 月 28 日	28.96	9 月 20 日	1994	31.15	3 月 11 日	29.51	7 月 14 日
1962	30.83	7 月 17 日	29.40	5 月 5 日	1995	31.77	7 月 13 日	29.99	7 月 16 日
1963	31.45	8 月 28 日	29.47	2 月 14 日	1996	33.26	8 月 7 日	30.24	5 月 2 日
1964	31.83	8 月 7 日	29.40	4 月 10 日	1997	32.97	7 月 24 日	29.39	6 月 6 日
1965	30.72	1 月 4 日	29.62	7 月 20 日	1998	31.87	8 月 5 日	30.01	12 月 21 日
1966	30.36	1 月 11 日	28.39	9 月 30 日	1999	31.67	7 月 2 日	29.82	6 月 21 日
1967	31.48	1 月 26 日	29.36	1 月 15 日	2000	32.49	10 月 4 日	28.95	5 月 24 日
1968	32.24	7 月 27 月	28.70	5 月 1 日	2001	30.70	12 月 11 日	29.57	8 月 6 日
1969	32.56	7 月 18 日	29.58	6 月 7 日	2002	32.25	7 月 27 日	30.24	10 月 11 日
1970	32.24	6 月 11 日	29.65	12 月 1 日	2003	32.15	7 月 24 日	30.01	4 月 21 日
1971	30.41	10 月 10 日	29.38	7 月 23 日	2004	32.31	8 月 25 日	29.64	6 月 3 日
1972	31.03	11 月 15 日	29.50	9 月 1 日	2005	31.58	9 月 21 日	30.16	7 月 21 日
1973	32.03	9 月 18 日	30.13	9 月 5 日	2006	31.22	8 月 14 日	30.12	12 月 6 日
1974	30.66	10 月 17 日	29.31	9 月 7 日	2007	32.74	7 月 28 日	30.14	6 月 8 日
1975	31.31	8 月 14 日	30.21	4 月 15 日	2008	33.03	9 月 3 日	30.51	5 月 27 日
1976	30.60	7 月 20 日	29.84	8 月 30 日	2009	32.37	7 月 4 日	29.90	11 月 2 日
1977	32.01	5 月 10 日	29.55	7 月 10 日	2010	32.24	7 月 25 日	30.19	12 月 3 日
1978	30.41	12 月 10 日	29.10	5 月 7 日	2011	31.40	10 月 28 日	29.16	6 月 9 日
1979	31.60	6 月 28 日	29.37	4 月 28 日	2012	31.37	7 月 2 日	30.24	4 月 3 日
1980	33.11	8 月 6 日	29.67	5 月 30 日	2013	31.88	9 月 30 日	30.49	8 月 21 日
1981	30.42	4 月 8 日	29.14	6 月 8 日	2014	31.33	12 月 4 日	30.30	6 月 22 日
1982	32.49	9 月 21 日	29.81	5 月 26 日	2015	31.51	7 月 25 日	30.24	9 月 25 日
1983	33.30	10 月 25 日	29.40	4 月 25 日	2016	33.45	7 月 23 日	30.18	6 月 19 日

　　长湖原本调蓄能力有限，每遇大水则下泄淹及四湖中下区农田。1951—1957 年的 7 年间，首先对沿湖老堤进行整险加固。1955 年，长江委提出《荆北地区防洪排渍方案》，长湖库堤为长湖水利枢纽工程的组成部分，多次对库堤进行加高培厚。1962 年、1965 年在库堤上先后兴建习家口闸与刘家岭闸，使长湖水位保持在 30.00～30.50 米。1971 年长湖库堤改线，截断与内泊湖的联系，长湖库堤西起沙市雷家垱，北至沙洋毛李镇蝴蝶嘴，总长 49.39 千米，堤顶高程 34.70 米，堤面宽 4～8 米，迎水坡坡比 1∶3，背水坡坡比 1∶4，地面高程 31.50 米以下的地段筑有内平台，其高程不低于 31.50 米，大部分堤段外坡进行混凝土护坡。湖堤经多次整修，防洪能力不断提高，长湖由自然排泄转为人为控制，已成为四湖上区重要调蓄湖泊，具有防洪调蓄、灌溉养殖、水运等综合功能，有效防御了 1980 年 33.11 米、1983 年 33.30 米和 1996 年 33.26 米的高洪水位以及 2016 年 33.45 米的高水位。长湖不仅可调蓄洪水，作为平原水库，还承担为下游输水灌溉的任务，1966 年出现 28.39 米最低水位，通过从万城闸引水入湖，解决春灌水源不足，供长湖周围及四湖中区近 150 万亩农田灌溉用水。

　　长期的治理过程中，因围垦，水面呈减小趋势，水位为 32.50 米时，1965 年前水面面积为 215.00 平方千米，1972 年为 171.30 平方千米，现为 150.60 平方千米，见表 3－5。1928—1929 年间，长湖曾两次出现干涸，丫角庙处内荆河断流，湖泊飞灰，可涉足而过。2011 年 6 月 9 日，长湖最低水位 29.16 米，相应湖面面积 105 平方千米，较历史同期湖面面积减少 35 平方千米。2010 年 3 月，引江济汉干渠先后穿越庙湖、海子湖、后港长湖，均建有水系恢复工程。

表 3－5　　　　　　　　　　　　长湖水位与容积关系表

水位/m	面积/km²	容积/万 m³
27.00	0	0
27.50	28.596	428.50
28.00	49.212	2375.20
28.50	73.000	54.00
29.00	98.814	9819.60
29.50	111.000	15000.00
30.00	116.660	21062.00
30.50	122.500	27100.00
31.00	129.700	33400.00
31.50	136.600	40000.00

水位/m	面积/km²	容积/万 m³
32.00	143.590	46887.00
32.50	150.600	54300.00
33.00	157.500	61800.00
33.50	164.200	69700.00

长湖水面宽阔，水质良好，盛产鱼虾、湖螺、菱藕等，水产养殖十分发达，尤以长湖银鱼、螃蟹享有盛名，湖内航运条件良好，可沟通内河航运，常年通行中小型船只，曾是两沙（沙市、沙洋）运河的连接湖泊。

注：三海、八柜

从三国至宋，北海大体在江陵东北今马山、川店一带，后扩大到了纪南城以北的九店附近，筑堰储水。因在纪南城之北，水面形如大海，故称北海。南宋绍兴时，将北海范围再次扩大，将庙湖、海子湖连在一起，统称为"三海"。到淳祐四年（1244年），孟珙又大规模施工，扩尽三海，把沮漳河水截入三海，并东北通汉江，延绵数百里，宽数里至数十里之间。

八柜：指金湾、内湖、通济、保安四柜，注入中海；拱长、长林、药山、枣林四柜，达于下海。三海后亦称"海子"，即今之海子湖。八柜的位置大体在今马山、川店、纪南一带，这一带有一条宽几千米的低矮地段，地面高低之差有五六米至十多米，是襄阳至荆州城的必经之路。八柜即是将这一带的低洼地储水，西南面有沮漳河及其泛区（今北湖一带），东南面为云梦泽解体后的湖沼地区。这些湖区形成了一条长约35千米，宽约1千米至数十千米的水面隔离带，阻止了敌人的入侵。元灭宋后，将八柜积水消除，垦为农田。

柜是较大的堰。水柜，古代运河的专用水库，有两种形式：一种位置高于运河的山丘地区或高台上，蓄积泉水或山溪水，向运河自流供水；另一种位于运河岸边洼地，用堤防挡水，与运河有闸门相通，涝时接纳运河多余水量，保护其不决，旱时向运河供水。早期的水柜属于前一种。

长湖南岸地势平坦，地面高程多为28.00～29.00米，由于引沮漳河注三海，需要将引来的水拦蓄，于是长湖便有了堤防。

2. 三湖

三湖位于江陵县东南部，地跨江陵、潜江两县（市），乃四湖水系的四大湖泊之一。《荆州府志·山川》载：三湖，"在城（荆州城）东八十里。"明朝时，三湖面积约200平方千米。1546年沙洋汉江堤溃，至1568年才将溃口堵塞。大量泥沙淤积，迫使三湖向南退缩15千米。昔日三湖由居多群湖组成，直至民国时期，以清水口为界，北部称阴阳湖（现称运粮湖），东北称塞子湖（又称半渡湖），东部称小南海，南部称三湖。三湖原由 13 个小湖组成。13 个湖泊中，龚家垸、赵家港、唐朱垸为最大，故名三湖。三湖属过水型湖泊，呈北窄南宽状，南北长约 20 千米，东西宽约 15 千米，原有湖面 122.5 平方千米。北有长湖水经习家口、丫角庙汇入，西纳沙市及哎湖之水，南有观音寺、郝穴之水入注，东经张金河、新河口下泄入白鹭湖。民国时期，湖周皆垸田，湖岸线平直，绕湖约 60 千米，湖底平浅，高程 27.60 米，湖中蒿草茂密，盛产鱼虾、菱藕。

新中国建立初，三湖水位为 29.50 米时，湖水面积为 88 平方千米，相应容积 1.67 亿立方米，1960 年四湖总干渠破三湖开挖而过，湖水骤然下降，同年，创建三湖农场，先后在湖内挖渠、建闸、兴建电力排水站。随水利设施的逐步完善，陆续开垦农田 6 万亩，三湖变为良田。低洼地成为精养鱼池。三湖水面完全消失。

3. 白露湖

白露湖，又名白鹭湖，跨潜江、江陵、监利三县（市），为古离湖遗迹湖。因其"遍地惟渔子，弥天只雁声"，以白鹭鸟（又白鹭鸶）最多，故名白鹭湖，后演化为今名。白鹭湖古名离湖，湖之北有章华台，《国语·吴语》伍员曰："楚灵王……筑台于章华之上，阙为石郭，陂汉，以象帝舜"。《水经注·沔水》载："（章华台）台高十丈，基广十五丈……，言此渎灵王立台之日，漕运所由也"。章华台规模宏大，殿宇众多，装饰华丽，素有"天下第一台"之称。章华台系游宫，是楚王田猎、游乐之所，搜天下好歌舞的细腰女子以供享乐。章华台地望在何处，史籍记载在古华容县城内，后世推论一说在荆州沙市区，今沙市区章华寺相传即建在楚灵王章华台旧址上；一说在监利天竺山，《大清一统志》谓，古章华台在监利县西北。当代著名历史地理学家谭其骧认为："以方位道理计之，则章华台与华容县故址在今潜江县西南"。1980 年以来，在白鹭湖北缘龙湾镇发现一处面积 200 万平方米的东周至汉代的文化遗址。经考古发掘将龙湾宫殿基址群定名为"楚章华台宫苑群落"遗址。故而推断白鹭湖为古离湖遗迹湖。

白鹭湖一名出自唐代《诸宫旧事补遗迹》："王栖岩自湘川寓居江陵白鹭湖，善治《易》，穷律候阴阳之术"。白鹭湖上承长夏港水，东南曲流，襟带居民（《江陵志余·水泉》）。湖南面有白湖村，原系湖泽，相传晋将军羊祜镇守荆州时，曾在此泽中养鹤，称为鹤泽。湖东南边古井口有濯缨台，相传屈原放逐，至于江滨行吟泽畔，曾在此假设（与渔父）问答以寄意。湖东西面为伍家场，乃楚伍子胥故里。

白鹭湖水面浩大，明嘉靖三十五年（1556 年）汉江沙洋堤溃，直至隆庆二年（1568 年）才将溃口堵复，经 21 年的泥沙淤积，湖面缩减。清朝时湖面南北长、东西宽均约 16 千米，北窄南宽，状若桃形，湖面面积 215 平方千米。后期因汉江堤防频繁溃决，荆江堤防溃口较少，白鹭湖形成西北高东南低的状态，湖面逐渐缩小。1954 年，湖面仅存 78.8 平方千米，当水位为 28.00 米时，相应容积 1.56 亿立方米。

1960 年，四湖总干渠破湖成渠，潜江和监利分别创建西大垸农场和白鹭湖农场。1963 年春，两场合并，改为国营西大垸农场，围垦面积 61 平方千米。1966 年，江陵县跨湖开挖五岔河，湖面再次减小。20 世纪 80 年代，白鹭湖仅存水面改造成精养鱼池，2012 年调查时白鹭湖水面完全消失。

4. 洪湖

洪湖位于荆州东部，地处四湖下区，紧依长江与洞庭湖隔江相望，其水域襟连监利、洪湖两县（市）。东至北依次为洪湖市汉河镇太洪口至宴家坊、陈家坊，南滨长江，西以监利螺山渠道堤（洪湖围堤）为界，东西长约 28 千米，南北宽约 44.6 千米。地理位置在东经 $113°12'\sim113°26'$、北纬 $29°40'\sim$ $29°58$，堤岸线周长 104.5 千米。据 2012 年湖北省"一湖一勘"成果，洪湖水面面积为 308 平方千米，当水位为 25.50 米时，湖容积为 8.3 亿立方米。

洪湖原是云梦古泽的水域部分，秦汉时期，随着长江泛滥平原崛起，洪湖地域成为陆地，其地势南高北低，地表径流汇集沔境太白湖。以后，随着太白诸湖及河道地势渐次淤高，而洪湖地势则相对低下。加之长江沿岸浸坡增高，以及夏水挟带泥沙充塞，形成洪湖一带的河间洼地湖。

南北朝时期，洪湖地域出现了大浐湖、马骨湖。大浐湖位于西北，马骨湖在其东南。据《水经注》记载："沔水又东得浐口，其水承大浐、马骨诸湖水，周三四百里，及其夏水来同，浩若沧海，洪潭巨浪，萦连江沔。"又据《嘉庆·沔阳志》记载，五代以前，以洪狮至新闸一线为界，分为东西两个小湖、两湖相距约 5 千米，西部比东部稍大，至两宋时期，湖面逐渐缩小，沼泽发育。元朝末年，马骨湖改称黄蓬湖，因元末农民起义军领袖陈友谅系马骨湖之滨黄蓬山人，故改称黄蓬湖。

明成化至正德年间（1466—1521 年），"南江（长江）襄（东荆河）大水，堤防冲崩，垸塍倒塌，湖河淤浅，水患无岁无之"，监利东南的诸多民垸湖泊遂与黄蓬湖连成一片，形成方圆百里的水面。洪湖一名，最早出现于《嘉靖沔阳洲志》："上洪湖在州南一百二十里，又南下十里为下洪湖，受郑道、白沙、坝潭诸水，与黄蓬湖相通。"在上、下二湖之间尚有陆地间隔（即今茶坛至张家坊水域）。

清道光十九年（1839 年），长江干堤车湾堤溃，加之湖岸子贝渊溃堤，江汉两水汇集，诸水益广，上下洪湖连为一体，洪湖形成。

晚清至民国时期，洪湖水面达到极盛。清人洪良品曾作《又渡洪湖诗》："极目疑无岸，扁舟去渺然，天围湖势阔，波荡月光圆，菱叶浮春水，芦林入晚烟，登橹今夜月，且傍白鸥眠。"洪湖水面天围势阔，湖内港汊交错、芦苇密布。20世纪30年代初，洪湖地区曾是湘鄂西革命根据地，贺龙、周逸群、段德昌等带领红军利用洪湖天然屏障开展游击战，洪湖西岸的瞿家湾曾是湘鄂西的首府所在地，至今保存着大量革命遗址。同位于西岸的监利剅口烈士陵园，被列为"全国重点烈士建筑物保护单位"，园内碑塔高耸、松柏簇拥，安葬着数千名为保卫湘鄂西苏区而牺牲的烈士忠骨。

洪湖原与长江和东荆河相通，为敞水型湖泊，湖盆平浅，滨湖地区沼泽湿地广布，湖界不清，湖岸平直，湖面面积随水位涨落变化。1839—1949年间，一般水位条件下，洪湖水深1.5～2.5米，最大水深4.5米，特殊位置（如清水堡南侧一条）水深6.5米，湖泊最大宽度39千米，湖长47千米，面积1064平方千米［据民国二十一年（1932年）实测绘制的《沔阳县图》附表统计］。

新中国建立初期，经过实测，洪湖湖底高程一般为22.00米，当洪湖水位为23.00米时，湖面面积为215.5平方千米；当水位达27.00米时，湖面面积可达735.19平方千米。

新中国建立后，对洪湖进行了综合治理。1956—1959年，洪湖隔堤和新滩口排水闸告竣，使江湖分隔，有效降低了洪湖水位。自1958年开始，洪湖面积逐渐减小。1958年湖东岸三八湖围去洪湖面积约4000亩；1958年秋至1959年春，洪湖市沙口镇从湖北岸袁家台至粮岭、陈家台、娘娘坟、纪家墩至董家大墩修筑土地湖围堤，割裂洪湖面积1.5万亩；1960—1961年，从螺山至新堤排水闸修筑长约20千米的"新螺围堤"围去洪湖面积约1万亩；1963年开挖新太马河裁去洪湖东北麻田口、王岭、东湾、花湾等湖面；1965—1967年，沿湖北缘开挖福田寺至小港段四湖总干渠，实行了河湖分家。1971—1974年，沿湖西部从宦子口至螺山开挖了螺山渠道，并修筑洪湖围堤，垦殖洪湖面积约16万亩。至此，洪湖基本定形。

洪湖围堤全长149.125千米，其中洪湖市辖长93.14千米，监利县辖长55.985千米，洪湖围堤分为三段：从福田寺起沿四湖总干渠南北两岸堤长70.025千米，其中自福田寺至小港四湖总干渠北长41.84千米（洪湖市30.73千米，监利县11.11千米），子贝渊河堤7.25千米（洪湖市），下新河两岸堤长8.06千米（洪湖市），四湖总干渠南岸堤长12.875千米（监利县）；洪湖东南围堤长47.10千米，属洪湖市辖。其中小港湖闸至张大口闸堤长6.7千米，张大口闸至挖沟子闸堤长5.67千米，挖沟子闸至新堤大闸堤长10.55千米，新堤大闸沿新螺垸至螺山渠道堤长24.10千米；洪湖西堤从螺山泵站至宦子口接四湖总干渠南堤长 32 千米（属监利县辖）。

洪湖地势自西向东略倾斜，湖底高程 22.00～22.50 米，正常蓄水条件下，全湖平均水深 1.5 米，最大水深 5 米。湖泊最大宽度 28 千米，湖长 44.6 千米，岸线总长 240 千米。洪湖外表形态以螺山渠堤（洪湖围堤）与四湖总干渠堤为邻边，以与长江平行的湖堤为底边，呈三角形。三角形顶角指向西北，三角形高度为 22.28 千米，三角形底边为 32.45 千米。现有湖泊面积若以沿湖围堤为线，为 402.16 平方千米，若扣除围堤内新老围垸，面积为 344.4 平方千米，见表 3-6。

表 3-6　　　　　　　　　　　　洪湖水位、面积、容积表

水位/m	新中国建立初期		2016 年	
	面积/km²	容积/万 m³	面积/km²	容积/万 m³
22.50				
23.00	215.5	3592	199.4	3323
23.50	347.7	17541	298.1	15678
24.00	496.9	38545	339.9	31617
24.50	579.6	65431	344.1	48717
25.00	637.3	95842	344.4	65929
25.50	647.6	127964	344.4	83149
26.00	651.6	160444	344.4	100369
26.50	726.06	193059	344.4	117589
27.00	735.19	224857	344.4	134809

洪湖水位消涨直接受上游来水影响，一般规律是，4 月起降雨增加，流域来水量增多，湖水位逐步上升；5 月长江进入汛期，湖水位加快上涨，7—8 月出现最高水位；9—10 月为平水季节，10 月外江水位消退，内湖开闸排水，水位下降迅速，直至次年 3 月。根据洪湖挖沟嘴站历年水位记载，1959 年以后（新滩口闸建成）历年最高水位 27.19 米（1996 年 7 月 25 日，见表 3-7），最低水位 23.61 米，这样的低水位近年出现的频率增加，2011 年 5 月 31 日也曾出现，洪湖基本干涸。正常水位 24.50 米，年高低水位差 3.99 米。多年平均入湖水量为 14.05 亿立方米，5 年一遇多水年的来水量为 19.51 亿立方米，超洪湖最大容量近 8 亿立方米，则全靠电力排水站提排出外江，否则将漫堤溢流，因此，洪湖围堤是四湖中下区的防洪重点。

洪湖的调蓄作用十分明显。当水位 24.50 米起调至 27.00 米时，可调蓄水量 8.7 亿立方米（不扒开围堤内民垸），相当于高潭口、新滩口、南套沟、螺山四大泵站机组全开，运行 15 天的排水量。

表 3-7 洪湖（挖沟嘴站）历年最高最低水位表

年份	水位				年份	水位			
	最高水位/m	日期	最低水位/m	日期		最高水位/m	日期	最低水位/m	日期
1951	26.03	8月13日	23.67	12月29日	1984	24.86	7月7日	23.44	2月18日
1952	28.09	9月24日	22.42	2月17日	1985	24.77	8月17日	23.54	5月6日
1953	25.63	8月14日	22.54	3月26日	1986	25.76	7月22日	23.45	6月7日
1954	32.15	8月15日	23.90	4月7日	1987	25.89	9月6日	23.71	12月16日
1955	27.87	9月1日	24.03	12月31日	1988	26.05	9月11日	23.54	5月6日
1956	24.86	7月4日	22.79	3月19日	1989	26.11	9月8日	23.99	3月23日
1957	25.15	8月27日	22.49	4月10日	1990	25.50	7月5日	23.86	2月9日
1958	26.32	9月20日	22.57	3月27日	1991	26.97	7月18日	23.89	12月20日
1959	25.77	7月21日	23.82	1月29日	1992	25.59	6月29日	23.85	1月19日
1960	25.29	8月4日	22.86	12月18日	1993	26.12	9月27日	23.86	1月5日
1961	25.62	7月22日	22.20	2月22日	1994	25.08	7月21日	23.85	4月9日
1962	25.83	8月30日	23.10	4月5日	1995	25.69	6月27日	23.83	4月12日
1963	24.58	9月12日	23.10	3月29日	1996	27.19	7月25日	23.61	3月9日
1964	26.10	7月14日	23.57	4月7日	1997	25.39	7月25日	23.68	2月27日
1965	25.42	10月18日	23.61	2月21日	1998	26.54	8月2日	23.77	3月1日
1966	24.90	7月19日	23.43	4月4日	1999	26.72	7月4日	23.55	3月1日
1967	25.82	7月15日	23.32	3月5日	2000	25.80	10月7日	23.28	5月24日
1968	25.33	10月7日	23.42	6月28日	2001	25.45	6月23日	23.91	4月19
1969	27.46	7月31日	23.46	3月17	2002	26.16	8月22日	24.05	1月21日
1970	26.16	7月27日	23.42	1月13日	2003	26.53	7月18日	23.94	2月11日
1971	24.98	7月1日	23.37	2月18日	2004	26.75	7月25日	23.60	4月25日
1972	24.98	11月19日	23.39	1月26日	2005	25.54	9月9日	23.97	5月7日
1973	26.60	7月12日	23.27	2月4日	2006	24.82	8月29日	23.82	4月11日
1974	24.41	10月17日	23.11	4月6日	2007	25.22	9月9日	23.82	5月23日
1975	25.95	7月9日	23.11	1月25日	2008	25.30	9月7日	23.77	5月26日
1976	24.71	8月17日	23.11	2月15日	2009	25.51	7月7日	23.85	5月24日
1977	25.68	7月28日	23.14	3月9日	2010	26.86	7月23日	24.09	2月18日
1978	25.13	6月29日	22.87	2月25日	2011	25.67	6月28日	23.20	5月21日
1979	25.54	7月6日	23.18	12月29日	2012	25.40	7月3日	24.06	2月21日
1980	26.92	8月24日	23.22	1月27日	2013	25.55	6月11日	24.11	4月20日
1981	25.62	7月16日	23.20	1月5日	2014	25.42	9月23日	24.24	4月10日
1982	25.85	9月25日	23.14	1月1日	2015	25.68	6月11日	24.18	5月8日
1983	26.83	7月15日	23.40		2016	26.99	7月18日	24.14	2月29日

注 1969年洪湖长江干堤田家口溃口。

洪湖湖底平坦，淤泥肥沃，气候温和，水深适度，是优良的天然渔场，其水产资源十分丰富，鱼类有 74 种，常见的鱼类有鲭、鲢、鲤、鲫、乌鳢、鳊及名贵鳜鱼、甲鱼等，还盛产河虾、田螺。洪湖水域的水生植物有 92 种，分属 62 属 35 科，多见有菱、莲、藕、蒿草、芦苇、芡实、苦草、蒲草、黄丝草、金鱼藻、马来眼子菜、软叶黑藻等，其中尤以莲籽最为著名。

洪湖水草茂密，鱼虾丰富，还是野鸭、飞雁等候鸟栖息觅食，越寒过冬的场所，在品种繁多的野鸭大家族中，有春去冬归，来自北国的黄鸭、八鸭、青头鸭，也有在这里安家落户的蒲鸭、黑鸭、鸡鸭。

洪湖不仅有着丰富的水生资源，还有着深厚的文化积淀，三国时期曾是"赤壁之战"的古战场，元末农民起义领袖陈友谅的故乡，洪湖有着光荣的革命斗争历史，在第二次国内革命战争时期，1931 年 3 月至 1932 年 8 月，瞿家湾是湘鄂西苏区革命地的中心。现为红色旅游经典景区之一，旅游资源极为丰富，还是江汉平原至今保存较为完好的一块湿地。其他湖泊基本情况见表 3-8。

表 3-8　　　　　　　　　　其他湖泊基本情况表

名称	面积/km²	容积/万 m³	备　　注
菱角湖	12.90	3447.9	包括张家山水库面积、上北湖、下北湖、南湖、余家湖、柳港河等
老江河	18.00	10008.0	
东港湖	5.85	1340.0	
大沙湖	12.60	—	已开辟为养殖渔场
大同湖	7.00	—	已开辟为养殖渔场
沙套湖	6.37	—	实为 3.91km²
淤泥湖	18.10	—	
崇湖	21.20	4000.0	
玉湖	6.83	1229.0	
牛浪湖	14.47	2883.0	
三菱湖	10.20	2039.0	
王家大湖	6.87	1237.0	
小南海湖	8.03	1971.0	
上津湖	13.50	—	
天鹅湖	14.80	—	
天星洲	11.30	—	
陆逊湖	6.33	—	

注　2017 年年底荆州市已确定新增恢复 21 个湖泊，面积 12.082 平方千米。截至 2018 年，全市共有湖泊 205 个，面积 718.002 平方千米。

第四章　江　湖　关　系

江湖关系是指荆江与洞庭湖的关系。

所谓江湖关系，在三峡工程建成前，其实质就是水沙分配关系，即如何处理荆江的超额洪水问题。水沙分配是江湖关系变化的制约因素，也是江湖矛盾的关键所在。利与害则是随着水沙分配的变化而变化，调整水沙分配的格局，则是处理江湖关系的出发点和归宿。三峡工程建成后，由于荆江河道不断冲深，同流量下水位下降，三口分流入洞庭湖水沙量逐年减少，断流时间逐年增多，水资源分配成为江湖关系中新的问题。三峡工程建成后，减轻了荆江和洞庭湖的防洪压力，改善了江湖关系。"取而代之的是急需解决三口枯季断流问题"。三峡工程及上游水库建成后，将会使两湖地区自 1860 年以来所形成传统用水格局发生颠覆性的改变。如果我们看不到这种改变，或者对这种改变没有引起高度的重视，那将会使工农业生产和人民生活受到影响。水资源分配问题在一定时间内将成为江湖关系中一个十分突出的问题。

从防洪意义上讲，有四口分流才有江湖关系。

洞庭湖是长江中游最重要的洪水调蓄场所，荆江四口分流流量虽有逐渐减少的趋势，但仍相当于长江枝城高洪流量的 1/4，这对荆江防洪有决定性的意义。1951—1988 年，三口、四水组合年最大入湖洪峰（不计区间）均值达 37200 立方米每秒以上，削峰率为 27％。即使在 1998 年 8 月 16—19 日，荆江沙市站出现当年最高洪峰时期，虽然江湖满盈，洞庭湖的削峰率仍有 22.8％。维持洞庭湖的调蓄能力对荆江防洪至关重要。但由于受泥沙淤积、围垦等因素影响，洞庭湖调蓄能力日渐衰退。

第一节　江湖关系演变的历史过程

江湖关系的演变经历了一个漫长的历史时期和复杂的过程，并始终与自然演变和人类活动密切相关，两者相互影响。距今 2000 年以前以自然演变为主，之后，人类活动逐渐成为江湖关系变化的主因。而洪水及由洪水挟带的大量泥沙则是江湖自然演变的主要动因。在漫长的江湖关系演变过程中，人们将江湖关系的演变分为江湖两安时期、相对稳定时期和急剧变化时期。

据 2013 年《洞庭湖志》载：到道光年间，为洞庭湖自先秦以来扩展至鼎盛时期。……19世纪中叶洞庭湖开始由盛转衰，进入有史料记载以来演变最为剧烈的阶段。……四口分流、江湖关系巨变，成为洞庭湖近100多年来演变的一大转折点。……三峡工程的建成和蓄水对长江与洞庭湖的关系是一个巨大的改变，江湖关系由此进入了一个全新的阶段，是长江四口南流局面形成，江湖关系恶化约一个半世纪后，洞庭湖和长江关系由坏向好的趋势转化的一个起点。

秦汉以前，云梦泽南连长江，北通汉水，方九百里，面积超2万平方千米。长江从平均海拔4000米以上的青藏高原倾泻而下，涌入三峡，江水为诸山所挟而敛，待到江流汹涌出峡时，地势陡然变宽，落差急剧减小，江水开始在广阔的云梦泽恣意漫流。枯水季节长江还有河道可寻，一旦涨水，长江河道湮灭在大泽之间，即"洪水一大片，枯水几条线"的景观。由于有云梦泽调洪，当时"洪水过程不明显，江患甚少。"那时的洞庭湖，还只是君山附近一小块水面，方二百六十里，名曰巴丘湖，其余都是被湘、资、沅、澧四水河网切割的沼泽平原。故史书有"洞庭为小渚，云梦为大泽"的记载。当时除澧水自荆江门入江，湘、资、沅水自城陵矶出江外，洞庭平原没有别的河口与荆江及云梦泽连通。在长江和汉水大量洪水涌入云梦泽的同时，大量泥沙也被带到云梦泽，渐渐淤出洲滩。当时，湖水高于江水，荆江洪水并不具备向洞庭湖分流的条件，江湖互不影响，因此不存在江湖关系问题。由于泥沙长期淤积，至两晋南北朝时期（约500年前后），云梦泽开始解体，部分湖泽由水升陆，逼使荆江水位抬升，江水开始由城陵矶倒灌入洞庭湖，使洞庭湖与南面的青草湖相连，由过去的方二百六十里扩大至方五百里。荆江河段水位进一步抬升，使洞庭湖南连青草、西吞赤沙，横亘七八百里。当荆北出现大面积洲滩后，人类就在洲滩上从事生产活动。至西晋太康元年（280年）镇南大将军杜预平吴定江南，为漕运而开辟运河。开扬口（位于今潜江西北）起夏水（于今沙市东通长江），达巴陵（今岳阳）千余里，内泻长江之险，外通零桂之漕，是为运河工程，分南北两段，南段为今调弦河（又称华容河），成为荆江沟通洞庭湖的一条水道。在此以前，江湖关系处于一种自然状态，称为江湖两安时期。

到唐宋时期（约1000年前后），统一的云梦泽已不存在，而代之的是星罗棋布的小湖群。在云梦泽演变成大面积洲滩和星罗棋布的小湖群的同时，也形成了荆江河槽的雏形。在荆江河道逐渐形成与古云梦泽逐渐解体的漫长的历史过程中，荆江两岸形成了江湖相通的"九穴十三口。"这些穴口虽多有变迁，但却一直连接着荆江与两岸的众多湖泊，起着分泄荆江水流的作用，江湖关系仍处于自然状态。南宋时期，江湖关系开始发生变化，因支撑战争和安置北方人口大量南迁的需要，故大量围垦。由于加大围垦，与水争地的情况十分严重。限于当时的生产力水平，围垸溃决频繁，溃了又围，围了又溃。南宋乾道四年（1168年）"大水决虎渡堤，而有虎渡口向南泄水"（《舆地纪胜》）。荆江洪水开始经虎渡河分流南下，注入澧水入洞庭湖。这是江湖关系发展的一个重要转折点。

元明时期，随着人口的增加，江汉平原垸田挽筑更盛，荆江沿岸穴口或自然湮塞，或被人为堵筑。明嘉靖二十一年（1542年）荆江北岸重要穴口郝穴被堵塞，枣林岗至拖茅埠堤段连成一线，形成统一的荆江河槽。从此，江水被约束在单一的荆江河槽里，这就促使荆江水位大幅度抬升，只能通过右岸的虎渡、调弦二口向南消泄，使洞庭湖湖面进一步扩大。明后期以来，穴口的堵筑湮塞、堤垸规模的不断扩大、原天然水系日趋紊乱以及人口的急剧增长等，使荆江和洞庭湖区的水灾呈日益频繁与严重之势。同时由于"洲涨江高"，荆江大堤的防洪形势日显严峻，江汉平原的洪水威胁也日甚一日。

据资料统计，"汉至宋代，历时约1400年，荆江河道水位上升幅度为2.3米，宋以后为急剧上升阶段，从宋至民国时期，历时约800年，上升幅度11.1米，上升率为每年1.39厘米。"从南宋至清朝初年，江湖关系尚处于一种相对稳定的状态。荆江南北两岸堤防防御洪水能力的"均势"未被打破，当局对两岸堤防的修筑和管理还是一视同仁，也未采取任何工程措施来改变这种"均势"。荆江大堤和荆江河道是相对稳定的，荆江河势比较顺直，上下荆江泄量是一致的，江湖关系也处于相对稳定的状态。但是由于荆江水位不断抬高，昔日的"湖高江低"变成了"江高湖低"。明朝时期，荆江洪水从华容县洪山头以下至今湖南君山农场一带漫滩进入东洞庭湖，湘、资、沅、澧来水受阻，洞庭湖开始扩大。尽管荆江两岸水位不断抬高，明朝中后期两岸堤防溃口频繁，荆江地区洪水灾害损失严重，但洪水并不直接威胁洞庭湖的安全。

清朝初年至乾隆年间，荆江两岸和洞庭湖地区的围垦愈演愈烈。这种南北两岸和洞庭湖争相围垦的结果，迫使荆江洪水位不断抬升。1788年长江发生特大洪水，荆江大堤御路口以上堤段多处溃决，荆州城被淹。在当时，荆州城的地位非常重要，是全国十三大将军府之一。荆州北联襄阳，锁长江，控巴蜀，制洞庭，荆州稳固，两湖平原尽在掌握之中。为了保护荆州城，汛后，荆江大堤的加固和管理得到加强，荆江大堤成为皇堤，汛期派军队参加防守，荆江两岸堤防抗御洪水能力的"均势"开始被打破，堤防"北强南弱"的局面出现。江湖关系也随之发生变化。1796年长江又发生了一次大洪水，荆江南北堤防多处溃决，人们认识到单靠加固堤防并不能完全处理荆江的超额洪水，开始思考如何利用洞庭湖来调蓄荆江洪水。道光十三年（1833年）御史朱逵吉提出："洞庭广八百里，容水无限，湖水增长一寸，即可减江水四五尺。"至于荆江洪水如何直接进入洞庭湖，当时有官员提出："凡公安、华容、安乡水所经行处，其支堤皆不治，任水所到，这样江流南注，则北岸万城大堤可免攻击之患，保大堤即保荆州。"这种主张一出台，就遭到荆江南岸绅民的猛烈抨击。这被视为官方为寻找荆江超额洪水出路而采取的"北堤南疏"的治水方略，即北岸加固荆江大堤，南岸保留虎渡、调弦两口向洞庭湖分流，江湖关系更加复杂化。由于"北堤南疏"的治水方略，造成南岸堤防普遍低矮，抗洪能力低。例如，松滋县的长江干堤原为"官堤"，官督民修，后官堤变为民堤，民修民管。1852年石首马林工溃口，本应当年堵口复堤，当局以"民力拮据"为由，没有堵复，敞口达8年之久。1860年长江发生的特大洪水将原溃口冲开成河，大量水沙进入洞庭湖，仅仅过了10年，同治十三年（1874年）长江又发生一次比1860年更大的特大洪水，在松滋县的庞家湾、黄家铺（今大口）溃口成河。1873年江水除从庞家湾漫流外，又冲开已经堵复的黄家铺，以后决口不塞，洪水四溢，松滋河形成。

藕池、松滋两口溃决不堵，虽是多种因素，如经费缺乏、政局动荡等所致，但重要的一点，是当政者欲利用洞庭湖调蓄洪水的功能，以减轻荆江河段日益严重的洪水威胁。至此，荆南四口向洞庭湖分流形成。

四口分流后，自南宋以来持续600多年的江湖平衡关系被打破，江湖演变过程中出现一个新的转折点。从此江湖关系发生了质的变化，进入一个前所未有的历史巨变时期。江湖关系的急剧变化，大量洪水与泥沙进入洞庭湖区，一方面缓解了荆江大堤的洪水压力，另一方面加重了湖区水灾，同时促进了洞庭湖化湖为陆和萎缩，因而推动了湖区垸田兴筑高潮的到来；洞庭湖区迅速由一个荆江洪水的滞蓄区转化成湖南省的重要农业经济区。

荆江南岸的频繁决口与四口南流局面的最终形成，使荆江大堤的险况得以大大改善，洪水压力得以缓解。清光绪十六年（1890年）湖广总督张之洞奏称，"自咸丰以来，石首之藕池口、公安之冄湖堤、江陵之毛、杨二尖、松滋之黄家埠等处，相继溃口，荆江分流入湖，盛涨之时，虎渡调弦二口仍系南趋，北岸滨江各险，江水冲激之力稍减，是以历年得免溃决之患"（《再续行水金鉴》卷21）。

1788—1870年藕池、松滋分流前的83年中，荆江大堤有29年溃口，约2.8年一次。而藕池、松滋分流后的1870—1949年共80年间，荆江大堤仅10年溃口，平均7.9年一次，充分反映出藕池、松滋二口分减荆江洪水的巨大作用。

据实测资料，1931年四口分流荆江的洪量分别为：松滋口7650立方米每秒，太平口2390立方米每秒，藕池口16100立方米每秒，调弦口1285立方米每秒，其总和占当年枝江最大流量65500立方米每秒的42%，其中松滋、藕池二口分流量之和占枝江总流量的1/3，可见松滋、藕池二口分流量的巨大。直到 1947 年"在高水时期，长江调弦口以下之泄量仅为枝江的 40%，而四口向洞庭湖的分泄量则达 60%（《整治洞庭湖工程计划》，载于《长江水利季刊》1984 年第 1 卷第 4 期）。新中国建立后，由于四口口门泥沙淤积，加上调弦口建闸、下荆江裁弯等原因，四口分流虽逐渐减少，但仍占枝城站总流量的 2～3 成。""四口南流"对分减荆江洪水作用是巨大的，但抬高洞庭湖水位，由此引起江湖关系趋于紧张。

据 1994 年《安乡县志》载："南流形成前（1525—1873 年）的 349 年间，洪水年 73 个，平均 4.8 年一次，其中大洪水 64 个；荆南四口南流时期（1874—1958 年）的 85 年间，洪水年 36 年，平均 2.4 年一次，其中大水年 33 个，平均 2.6 年一次。"对于洪涝灾害频繁发生，人们感到焦虑不安。"人们一改从先秦以来一味对其美丽、富饶的讴歌、赞叹，而对它的灾害变化进行反思、探讨和争论。"

四口分流虽然缓解了荆江的洪水压力，却加剧了荆江河床形态的演变。藕池、松滋溃口的初期，分泄长江一大半洪水，使下荆江河段由于流量急剧减小而迅速萎缩弯曲，形成"九曲回肠"的局面，这是上下荆江安全泄量不平衡造成的严重后果。四口南流一方面直接削减了通过下荆江河道的水沙量，使下荆江河道的水沙年内变幅比四口形成以前减小；另一方面在大量洪水涌入洞庭湖、加剧洞庭湖水患的同时，把大量泥沙带入洞庭湖。四口引洪南流入洞庭湖，又影响了湘、资、沅、澧四水在洞庭湖的汇流和出流过程，使得下荆江的水流受到洞庭湖出流的顶托，造成汛期下荆江水面比降小于枯水期比降，江水位抬高，洪水漫滩时间延长，水力作用部位相对固定，作用时间增加，加上下荆江河床边界的易冲性，导致下荆江河曲的加速发展，于是自然裁弯频繁发生，下荆江很快由顺直微弯型河道演变成蜿蜒型河道，行洪能力降低，河道萎缩。

据洞庭湖 100 多年资料记载，1825 年湖泊面积约 6000 平方千米，1860年和 1870 年大水形成四口分流格局后，由于入湖沙量增大，年平均淤积量约为 1.38 亿吨（20 世纪 70 年代后有所减少），湖州面积迅速扩大，湖容不断萎缩。至 1949 年湖泊面积已缩减为 4350 平方千米，1984 年洪水期湖泊面积只有 2691 平方千米。1995 年按城陵矶水位 33.50 米计，湖面面积仅存 2623 平方千米，容积 167 亿立方米。根据 1977 年 2 月 12 日卫星照片量算，洞庭湖枯水水面只有 645 平方千米，已是一个冬陆夏水的季节性湖泊。洞庭湖的萎缩大大降低了湖泊自然调蓄洪水功能，使在相同来水量条件下的水位抬高；另一方面，四口分流洪道的淤积，使荆江分流入湖的流量减少，荆江的流量和水位相应增高。但洞庭湖对荆江洪水仍可起到一定的调蓄功能，只是随水情的不同而有较大的差别。

据湖南省水利水电厅《洞庭湖水文气象统计分析》资料，1951—1988 年三口、四水组合年最大入湖洪峰（不计区间）均值达 37200 立方米每秒，城陵矶（七里山）站多年平均出湖洪峰流量为 27200 立方米每秒，即由于洞庭湖的调蓄使洪峰平均削减 10000 立方米每秒以上，削减率为 27.0%。由于洞庭湖调蓄的结果，干流洪峰与洞庭湖洪峰错开，有利防洪。例如，1998 年 7 月 21—26 日，正值澧水发生大洪水时期，调蓄量达到 72.28 亿立方米，洪峰削减系数为 47.7%。即使 8 月 16—19 日高水位时仅调蓄水量 16.35 亿立方米，削峰系数仍有 22.8%。从 1998 年洞庭湖对入湖水量的全过程看，其调蓄能力仍是巨大的，作用也是十分明显的。

荆江河段存在上游来量大，来量与泄量不相适应的矛盾，特别是上荆江这个矛盾更为突出。为此，1966 年开始实施下荆江系统裁弯工程。下荆江实施裁弯工程后，在防洪方面取得了显著的效益，统计资料表明，以裁弯后的16 年（1973—1988 年）与裁弯前的 16 年（1951—1966 年）相比较，三口分流占枝城来量的比例由 30.6% 减少到 17.9%；年径流量由 1416 亿立方米减少到 803 亿立方米，减少了 43.3%；分沙比由 38.2% 减少到 21.0%；年输沙量由 20520 万吨减少到 11324 万吨，减少了 44.8%。由于实施下荆江系统裁弯工程，给洞庭湖带来了明显的变化。由于三口分流入洞庭湖的水量逐年减少，荆江洪水与洞庭湖四水挤占洞庭湖容积的情况有所缓和，有利于洞庭湖区的防洪排涝；由于三口分沙量明显减少，这对延缓洞庭湖的萎缩过程是有利的。泥沙减少，淤积速度放慢，洪水抬高的速度也就放慢了，有利于防洪和排涝。尽管下荆江系统裁弯工程给下荆江及城螺河段的防洪带来新的问题，但从总体上讲，江湖关系开始获得一定程度的改善。

正是因为水沙分配问题是江湖关系变化的制约因素，下荆江系统裁弯工程的实施加速了这种变化的进程。

第二节　三峡工程建成后江湖关系的变化

荆南三口向洞庭湖分流分沙不断减少并非偶然现象，而是多年来治理荆江和大量泥沙淤积三口洪道的结果。首先是实施了下荆江系统裁弯工程。1980 年葛洲坝工程建成运用，2003 年三峡工程开始试蓄水，三者共同作用，促使荆江河床不断冲刷下切，导致同流量下水位降低，荆江河床下切和水位降低，相对而言使荆南三口口门高程抬高，直接导致三口分流分沙减少。2003 年三峡工程开始试蓄水，2009 年建成。由于采用"削洪增枯"的运用方式和清水下泄的结果，改变了下游河道的水沙特性。1959—1966 年枝城来水中沙的含量每立方米 1.24 千克，2003 年枝城来水中沙的含量为每立方米

0.311 千克，2009 年枝城来水中沙的含量为每立方米 0.101 千克。三口
（1958 年以前为四口）分流入洞庭湖的水量 1951 年为 1460 亿立方米，1973 年
减至 949 亿立方米，2003 年减至 658.5 亿立方米，2003—2016 年年均分流量
482 亿立方米，同 1951 年相比较减少 978 亿立方米；分沙量 1951 年为 21954
万吨（合 1.52 亿立方米），1973 年为 13336 万吨，减少 8618 万吨，2003 年为
2050 万吨，减少 19904 万吨，2003—2016 年年均分沙量 920 万吨，减少
21034 万吨。无论是分流还是分沙，减少的幅度都是很大的。下荆江系统裁弯
以前，经四口分流入洞庭湖的水量年均达到 1460 亿立方米，占枝城来水总量
的 32.4%，有利于荆江而不利于洞庭湖。2003 年后，经三口分流入洞庭湖的
水量明显减少，有利于洞庭湖而不利于荆江，尤其是下荆江，汛期的水位抬
高，防汛时间拉长。但是，有了三峡工程调控，可以把这种不利因素的影响
降至最低程度。

　　三峡工程的蓄水运用，改变了长江中游的来水来沙条件，江湖关系将发
生长时期的调整，成为新的转折点。由于三峡工程拦蓄大量泥沙，同时上游
水利工程的修建及水土保持工程的实施又减少了进入三峡水库的泥沙量，中
下游近坝段长江干流在径流量变化不大的情况下，水流含沙量急剧减少，河
道冲刷，泄流能力增加，同流量水位下降。由于荆江三口口门水位降低，三
口分流分沙将减少，进入洞庭湖的泥沙也相应减少，洞庭湖的淤积得以减缓。
与此同时，三口洪道水面比降调平，水流挟沙能力减小；因长江清水下泄，
水流含沙量减少，随着两者在量变上的程度不同，三口洪道将有冲有淤。下
荆江河段因三口分流减少而径流量增加；而水流含沙量减少，洞庭湖对下荆
江的顶托作用减小，进入洞庭湖的水沙量因之减少。三者共同作用，加之下
荆江河床中沙层较厚，河道将冲刷且冲刷严重。

　　由于三峡工程已经建成，三口入湖的水沙量随着荆江河床的冲刷下切还
将减少，不但可以减轻洞庭湖的洪涝灾害，延缓洞庭湖的萎缩过程，而且为
整治洞庭湖创造了条件。江湖关系从此将进入新的历史时期，持续了 143 年
之久的江湖关系急剧变化时期宣告结束，江湖关系向相对稳定时期转变。现
在的江湖关系处于向相对稳定过渡的初期阶段。

第三节　三口冲淤和断流变化

　　四口形成初期，各口所在的位置以及入湖口（洞庭湖）的位置常有变动，
因而各河的冲淤情况各异。根据长江委的资料，1952—1995 年，三口洪道泥
沙淤积总量为 5.69 亿立方米（1952—2003 年，三口洪道泥沙淤积总量为
6.515 亿立方米，约占三口控制站同期总输沙量的 13.0%），但随着三峡工程

的建成运用，荆江三口洪道转为总体冲刷。"从冲刷到分布的时空看：松滋河和虎渡河 2003—2011 年持续冲刷；松虎洪道 2003—2009 年以冲为主，但冲刷强度呈不断减弱趋势，2009—2011 年总体为淤积；藕池河冲刷主要发生在 2003—2006 年，共冲刷了 0.31 亿立方米，2006—2011 年转为淤积，又淤积了 0.31 亿立方米"。三峡水库运行后，三口洪道总冲刷量为 6417 万立方米（2003—2011 年三口洪道总冲刷量为 2520 万立方米）。从沿时程来看，三峡水库运行后第 1~4 年（2003—2006 年）发生连续冲刷，4 年共冲刷 6552 万立方米，其中 2003—2005 年冲刷量最大，高达 5421 亿立方米；蓄水后的第 5~7 年（2007—2009 年）冲淤变化比较小，冲淤相抵微淤 135 万立方米，表明三口洪道展现微淤或冲淤平衡状态。三峡水库蓄水 8~9 年（2010—2011 年）三口洪道冲淤基本平衡，转为微冲状态，接近冲淤平衡。

松滋河冲刷主要集中在口门段及尾闾段，以冲刷为主，淤积主要发生在中段。2003—2009 年，松滋河冲刷 1009 万立方米，占三口洪道冲刷量的 17%。从沿时程来看，三峡水库运行后，松滋河水系冲刷较大，共计冲刷 2422 立方米。主要是口门段冲刷显著。高达 1264 万立方米，占松滋河冲刷的 52%。整个松滋河水系冲淤相抵，仍冲刷 2422 万立方米。虎渡河 2003—2011 年保持持续冲刷，冲刷主要集中在口门至南闸河段，南闸以下河段冲刷变化相对较小。2003—2009 年冲刷量为 935 万立方米，占三口河道冲刷量的 14%，松虎洪道冲刷量为 1332 万立方米，占总冲刷量的 21%。藕池河 2003—2009 年，总冲刷量为 3049 万立方米，占三口冲刷量的 48%。除了口门段，东支进口段略有冲刷外，其他大部分洪道均为明显淤积，冲淤相抵。累计淤积 1286 万立方米。

由于三口河道分流不断减少以及荆江干流水位不断降低，导致三口河道断流天数不断增多，详见表 4-1。

表 4-1 三口河道断流天数统计表 单位：d

时段	站 名				
	沙道观	新江口	弥陀寺	藕池（管）	藕池（康）
1956—1966 年	0	0	35	17	213
1967—1972 年	0	0	3	80	241
1973—1980 年	71	0	70	145	258
1981—1998 年	167	0	152	161	251
1999—2002 年	189	0	170	192	235

注 1. 2016 年和 2017 年新江口均有断流现象发生，时间很短。
　　2. 2011 年沙道观断流 224 天，2016 年弥陀寺断流 115 天，相应枝城流量 8600 立方米每秒；藕池河（管家铺）2016 年断流 178 天，相应枝城流量 10200 立方米每秒，康家岗 2011 年断流 321 天，相应枝城流量 19300 立方米每秒。

第四节 调弦口建闸的利弊分析

调弦河在西晋时成河，为漕运首开此河。当时从南到北只开到焦山，因为当时焦山以北便是长江主流和支汊洲滩地带，故名焦山河。到元大德七年（1303 年），焦山铺以北的洲滩淤堵，长江主泓开始北移，故议开调弦河北段，但兴工未竣工。明末清初，长江主泓完全移到调关以北。到了咸丰乙卯年（1855 年），制宪纳开通调弦口至焦山铺的河段，江水分流至洞庭湖，才使焦山河又与长江贯通。

调弦河的分流量 1937 年为 1460 立方米每秒，1954 年为 1440 立方米每秒，1958 年为 1540 立方米每秒。分流量只占枝城来量的 2％～3％。调弦河建闸前，多年平均流量为 379 立方米每秒，年均分流总量为 120 亿立方米。年分沙量最大为 1958 年的 1310 万吨，1954 年为 1060 万吨，多年平均为 1063 万吨，占四口入湖总沙量的 6.9％。

调弦口根据湖南、湖北两省协议，1958 年冬调弦河建闸控制。当监利水位达到 36.00 米，预计上游来水将超过 36.59 米时，扒口分洪。经过近 60 年的运用，总的讲是利大于弊。

当时认为"调弦口堵坝建闸，双方（湖南、湖北两省）有利，石首利大害小……通过堤防加固，防洪问题影响不大"。1959 年建成，3 孔，每孔宽 3 米，闸底高程 26.50 米，设计流量 60 立方米每秒。1969 年重建，改为箱涵，3 孔×3.5 米。外江运用水位控制在 36.00 米（调关设防水位）。湖南省在建调弦口闸的同时，在调弦河出口旗杆嘴堵口建闸，6 孔，每孔宽 3 米，共宽 18 米，闸底高程 25.10 米，设计流量 200 立方米每秒。平时调弦河上下封闭，成为排、蓄、航运综合运用的内河。

调弦河（华容境内称华容河）全长 60.21 千米（石首 12 千米，华容 37.2 千米，钱粮湖农场 11 千米），流域面积 1679.8 平方千米（石首 531 平方千米，华容 820 平方千米，钱粮湖农场 227.8 平方千米，君山区 101 平方千米）。沿河两岸共有电排站 28 处，装机容量 23730 千瓦，设计排水流量 221.3 立方米每秒，其中：石首 3 处，装机容量 9060 千瓦，排水流量 92.0 立方米每秒；华容（含钱粮湖农场）25 处，装机容量 14670 千瓦，排水流量 129.3 立方米每秒。排水闸 35 处，其中：石首 5 处，华容 30 处，设计排水流量 200 立方米每秒。

调弦口堵口 50 多年来，由于汛期开闸引水，一般引水流量 40 立方米每秒左右（时间 70～100 天），满足调弦河工农业生产和人民生活用水的需要。泥沙淤积严重，截至 2003 年，估计调弦河已淤积泥沙 1300 万立方米左右，年均淤积泥沙 25 万～39 万吨（华容县水利局资料，从 1958—1986 年止，计 28 年共淤积 700 万吨，年均淤积 25 万吨）。2003 年以后，进水含沙量减少，泥沙淤积量大幅度减少（每立方米水中含沙量仅为 0.22 千克左右）。闸内河道严重淤积河段有 17 千米，湘、鄂边界的蒋家冲较建闸时淤高了 2～3 米。华容县城关河段，由于泥沙淤积和其他原因（阻水建筑物），若维持 1954 年水位（35.85 米），只能通过流量 720 立方米每秒，其过流能力已衰减 50%。

（1）调弦河进出口建闸控制后，成为内河（平原水库），两岸长 130 千米的堤防不再担任防洪任务，节省了大量的人力、物力、财力、对沿河两岸经济发展有利。对石首大港口、上津湖泵站排涝有利。

（2）自从调弦河进出口控制以后，无论是下荆江还是东洞庭湖（出口六门闸距城陵矶只有 40 千米）的水位都升高了很多，特别是下荆江系统裁弯工程实施以后，调弦河的进出口水位在同流量情况下明显升高（三峡水库运用 10 年以后，这种情况会发生变化，下荆江河床冲深，同流量下水位下降），但原有的堤防并未相应地进行加高培厚。因此，如果是特大洪水需要运用调弦河分泄洪水时，难度很大，也许是不可能的。

（3）调弦河运用 50 多年，因灌溉引水淤积泥沙约 1300 万立方米。但是，如果不建闸控制，估计 50 多年进入调弦河的泥沙约有（从 1958—2003 年，共 44 年）4.6 亿吨，与建闸控制相比较，少淤积泥沙 0.47 亿吨（按 13% 淤积率），同其他三河相比较，泥沙淤积量是最少的，基本保留了一条调弦河，讲调弦口建闸利大于弊，就是这个意思。至于进口闸前引河淤积特别严重，几无河床形态，那是闸址选择不当，处在调关矶头上腮的回水区，有利于泥沙淤积，要是将闸址前移 500 米，淤积就好多了。

（4）调弦河自建闸以后，已成为一条内河，只负担排涝任务，用现有的河道作为调蓄水库已不能满足两岸排水的需要，当下游六门闸不能向洞庭湖自排时，内河所有电排站必须停机，排水失去出路，造成内涝。过去防洪的堤防现在变成了防渍的堤防，且防渍水的时间很长（要等到六门闸开闸自排，内河水位才能下降），水位也很高，影响沿河大堤的安全，2017 年汛期出现溃口事故，就说明堤防不堪重负。如果要把装在内河的渍水自排出去，或者加高堤防，或者在六门闸口兴建一定规模的外排电排站，二者必取其一。长此下去，难免不出问题。

第五节　四口水系区域治理

四口水系区域是指连接长江和洞庭湖的松滋河、虎渡河、藕池河及调弦河干支流的复杂水网体系,是连接长江与洞庭湖的纽带。四口水系分流长江洪水入洞庭湖调蓄,大大减轻了荆江河段的防洪压力,对长江中游地区的防洪起着十分重要的作用;四口水系是枯水期长江向洞庭湖补水的重要通道,是四口水系地区的灌溉、供水水源,对于保障区域供水安全、粮食安全和生态安全具有重要作用。三峡工程建成后,四口水系发生了很大变化。但四口水系地区存在的水资源、水生态环境、防洪等方面的问题需要进行综合整治。

四口泥沙淤积和分流减少,断流天数增多,带来了如下一系列复杂的问题。

(1)泥沙不断淤积,有的河流(藕池河)部分河段成为悬河,渍害低产田增加。

(2)泥沙淤积使河床抬高,水位也随之升高,内垸自排的能力降低。如遇洞庭湖区域性洪水或荆江出现较高水位,电力泵站的排水效力受到影响,有的自排闸需要重建。

(3)沿河依靠水运而兴盛起来的集镇,由于河道干枯,断流时间不断增多,处于非陆非水的状态,使经济的发展受到制约。要改变这种状况而适应新的发展形势,既需要时间又需要增加资金。

(4)人畜饮水日益困难。由于河流断流时间长,农药化肥污染、城镇工业用水、生活污染都没有足够的水量来冲淡,目前又没有能力将污水全部处理后排入河道,所以水质变坏,人畜饮水在冬春季节更为困难。

(5)由于四河河床淤高,进流时间推迟,断流时间提前,春秋季节灌溉用水困难,大面积的夏收作物的灌溉保证率下降。不重建或改造灌溉系统,农业生产便无法得到发展,而只能是"雨水农业",这是四河沿河人民面临的一个需要解决的大问题。

在自然演变和人类活动的影响下,江湖关系发生了显著变化,从水沙分配关系到水资源分配关系的转变。"枯水期河道断流、输水、引水、提水工程受到河道淤积、断流等影响难以发挥作用,区域内存在资源性、工程性、水质性缺水的严峻局面,缺水对经济社会可持续发展制约严重。水生态环境呈恶化态势,随着江湖关系进一步变化,四口分流进一步减少,水资源短缺和水生态环境恶化的影响将日趋严重。"

四水水系地区存在的水资源短缺、水环境恶化等方面问题十分突出,严重影响当地人民群众正常生产生活,制约区域经济社会发展,开展四口水系的综合整治十分紧迫。

四口水系综合整治的任务为:供水灌溉、防洪、水生态环境保护、兼顾改善航道水深条件。

四口水系地区包括湖南省岳阳市的华容县、君山区,益阳市的南县、大通湖区，沅江市的部分，常德市的安乡县、澧县、津市部分，湖北省荆州市的公安县、石首市（江南）部分、荆州区（弥市部分）、松滋市部分，总面积8489平方千米（其中湖南省面积5018平方千米，湖北省面积3471平方千米）。人口461.4万人，耕地575万亩。

2011年以后长江委提出洞庭湖区综合规划报告，对四口水系综合整治工程提出的治理工程项目如下。

（1）对松滋河、虎渡河、藕池河、华容河（调弦河）进行疏浚扩挖。扩挖工程的任务和原则是通过河道整治，保证四口水系骨干河道全年不断流，恢复四口水系枯水期过流能力，维护河道正常生态系统所需的生态流量，改善四口水系河道生态环境；增加河道过流能力，满足四口地区灌溉供水水量需求；增强四口水系分泄长江洪水能力，减轻荆江河段防洪压力。

（2）松滋口建闸。拟在松滋河大口处建闸，按100年一遇洪水标准。设计过闸流量10740立方米每秒。上游水位46.82米，校核水位47.32米。设计枯水期引水流量（3月）132立方米每秒，4月190立方米每秒。闸底板高程32.00米，闸室净宽228米。同时建通航船闸。

（3）松滋河近期整治方案。控制松滋东支，在东支的王守寺、小望角建闸，可满足东支两岸的灌溉、排涝要求。在已废弃永泰垸开一条引河将东支水导入西支，新引河长3430米。

（4）南闸增建深水闸工程。闸址拟定在南闸东侧，设计最大引流100立方米每秒（3月设计流量55立方米每秒；4月设计引水流量100立方米每秒）。闸底高程23.00米（相当于吴淞高程25.18米）。

（5）苏支河控制工程。苏支河旧名孙黄河，是连接西支与东支的一条支河，长10.5千米。20世纪60年代，松滋西支的流量经苏支河分流只有600立方米每秒流量进入东支，对松滋西、东支河水位、流量无明显影响，至20世纪80年代分流发生变化，1989年7月13日分流量达到2330立方米每秒，破坏了松滋河东、西两支原来的平衡关系。结果是西支在苏支河进口以下河段分流减少，河道过流能力萎缩，枯水季节断流，同流量下水位抬高，东支在苏支河出口以下河道过流量增加，沿线洪水抬高，发生局部冲刷，引发崩岸，以上则发生淤积。在中河口处东支又挤占虎渡河水道，因此，苏支河需要控制。拟定的苏支河控制工程位于苏支河与松滋河西支交汇处下游2.5千米的苏支河上。建潜水坝控制。河道设计最大过流量1800立方米每秒。苏支河控制工程的目的是在枯水期截断苏支河分流，结合松西河的扩挖，将新江口下泄水量导入松滋西支。洪水期控制苏支河分流，减轻苏支河防洪压力（坝顶高程30.60米）。

（6）藕池河西支（安乡河）上下建闸控制；中支（团山河）上下建闸控

制；主支鲇鱼须河上下建闸控制。控制闸的功能要求汛末蓄水（平原水库），为沿河村镇提供枯水季节灌溉用水，汛期开启行洪。

（7）调弦口闸拆除重建，设计引水流量 44 立方米每秒。

（8）三峡水库运用后，三口河道在枯水期分流减少，如对河道进行疏浚后，也会引起灌溉期水位降低。根据扩挖后水位情况，对沿岸涵闸、泵站进行改造。新建泵站 34 处（松滋 5 处，公安 12 处，石首 15 处，荆州区 2 处），设计流量 64.48 立方米每秒，改造泵站 21 处（松滋 4 处，公安 6 处，石首 11处），设计流量 154.6 立方米每秒。

规划中对四口水系水资源配置工程主要有三口提水泵站。松滋河、虎渡河、藕池河口引水流量分别不低于 60 立方米每秒、45 立方米每秒、30 立方米每秒。初步估算松滋口、虎渡口、藕池口泵站装机规模分别为 5×2300 千瓦、4×2300 千瓦、2×2300 千瓦。在满足水库原灌溉任务的前提下，计划涴水水库或北河水库作为供水水源。规划建设华容河（调弦河）长江引水工程、安乡县引水工程、澧县澹州引水工程、南县引水工程、松滋西水东调工程等区域引水工程。积极开展城陵矶出口枢纽工程前期工作。远期还可研究结合四口建闸控制增加枯水期三口水系流量，更大范围从长江和澧水引水等措施。

规划中还有堤防加固、护岸以及提高排涝标准等项目。

上述计划，尚未付诸实施。对于规划中的工程项目，还要充分论证。这是因为"四口分流减少加大了长江干流防洪压力、四口河道淤积、泄流不畅以及松澧洪水遭遇，松澧地区（指西洞庭湖）防洪能力不足等问题仍未彻底解决。"但是四口断流天数逐年增加，缺水问题已经成为四河水系地区一个十分紧迫的问题，必须尽快予以解决，即如何采取工程措施来缓解用水矛盾。实施这些项目有一定的难度。河道疏浚首先要解决泥沙堆场问题，因为四口河道中的泥沙颗粒较细，不适合做建筑材料，含泥量极少，不适合农作物生长。四河水系地区 1860 年和 1870 年两次特大洪水，淤积了大量泥沙，在地面高程 28.00～31.00 米有一层厚 1～2 米不等的细沙层，所以，四河堤防、涵闸、泵站大多数坐落在这层沙层之上，汛期容易发生管涌险情。洪水季节江水向堤内不断渗透，是深层承压水的主要补给源，到了枯水季节，堤内地下水又要向外江流动，平原水库如果蓄水水位与堤内地面齐平或高出堤内地面，堤内地下水向外排水受阻，地下水水位必然抬高，有可能对堤内 300～500米范围内的农田造成渍害威胁。而且退水太快，又可能产生外脱坡。

四河水系灌溉水源问题。除原来依靠长江取水的灌区外，凡依靠四河取水的灌区应从长江取水对四河进行补水，这样，原有的灌溉系统不会被打乱。因为四河水系的灌溉系统是以围垸为独立灌溉系统，或按地势高低划分灌溉系统。如果考虑四河疏浚困难，又不在河口建抽水泵站，直接从长江取水，那就必须长距离、跨垸、跨河调水，原有的水系将全部打乱，要重建新的灌溉系统，那将很困难，也许办不到。所以应在四河河口建取水泵站，引长江水入四河，供原有灌溉设施取水。

第六节 松滋口建闸

1997 年长江委编制了《洞庭湖区综合治理近期规划报告》。对于洞庭湖的治理，党和政府都十分重视，强调要尽快提出洞庭湖治理规划。洞庭湖区综合治理规划分近期规划（2005 年水平年）和远景规划（2020—2030 年水平年）两个水平年。

专题研究之一就是四口建闸控制研究。四口中调弦口于 1958 年已建闸，虎渡河已于 1952 年建南闸，主要研究目前分流分沙较大的松滋口、藕池口两口建闸控制问题，并重点研究了松滋口、藕池口单口建闸及松滋口、藕池口两口同时建闸三种方案。对于四口建闸的综合评价"在近期条件下实施四口建闸，一方面减少入湖水沙量，减少湖区泥沙淤积，降低西洞庭湖高洪水位，但另一方面，干流水沙量将相应增加，从总趋势上分析可能导致城陵矶—汉口河段的淤积增加，从而造成同流量情况下螺山水位相对抬高的不利影响"。以上是根据近期河道、水沙情况所研究成果。"三峡工程建成后，由于水库拦蓄了一部分泥沙，下泄水流含沙量大大减少，宜昌—汉口河段将发生冲刷，由于建闸而加重城陵矶—汉口河段淤积的问题将不存在。三峡工程建成后实施四口建闸，二者配合运用可实现澧水洪水与松滋河洪水错峰，降低西洞庭湖水位"。

1997 年 3 月 12 日，长江委召开湖南、湖北两省参加的讨论会议，并形成了《洞庭湖区综合治理近期规划简要报告（初稿）汇报讨论会会议纪要》。除湖南、湖北两省代表外，水利部规划计划司、水规总院的有关领导也出席了会议。

1996 年 6 月 25 日，湖北省水利学会荆南洞庭湖治理研究会召开，会议首先由长江委设计院简要介绍了目前洞庭湖区综合治理规划工作的进展情况，参加会议的有湖北省水利厅和荆州市水利局、荆江河道局等。关于四口建闸问题：与会专家一致认为由于三峡工程对荆江河床以及河势影响的研究还没有较确定的结论，因此在荆江河床冲刷未达到相对稳定之前，荆江三口不宜建闸控制。建闸后口门附近的淤积也是大问题，但目前进行研究是必要的。所以三峡工程建成以前，四口不能建闸。

2012 年 12 月，长江委编制了《长江流域综合规划 2012—2030 年》。关于洞庭湖的治理提出"按照控支强干的原则，在不影响河道行洪能力的前提下，对松滋、藕池等水系进行优化调整；松滋口具有实现长江与澧水洪水错峰的作用，应加强河道观测，进一步开展前期工作，条件允许则予相机实施。"这就是说，松滋口建闸不存在建与不建的问题，而是强调条件成熟。条件允许就建闸，不允许就等条件成熟。条件是指：荆江河床冲刷何时稳定，四口河道冲淤情况、闸址选择、闸底高程、规模大小、闸前淤积、生态影响、运用方式、管理方法等，都要一一弄清楚。

2012 年 12 月 26 日，国务院下发关于《长江流域综合规划（2012—2030年）》（国函〔2012〕220 号）的批复，批复指出，原则同意《长江流域综合规划（2012—2030 年）》，请认真组织实施。

2012 年 1 月 1 日至 2015 年 12 月 31 日，水利部组织长江勘测规划设计研究院、武汉大学、南京水利科学研究院、长江水利委员会长江科学院等四家单位，对三峡水库运用后江湖关系变化及其影响进行研究并提出了课题研究报告。其中明晰了松滋口建闸对江湖关系的影响。针对江湖关系变化造成四口水系地区存在的问题，分析了松滋口建闸的必要性，提出了松滋口建闸方案及调度方式。报告提出松滋口建闸的必要性、松滋口闸建设思路、松滋口闸工程布置、松滋口闸调度运用方式等四个方面。认为松滋口建闸是洞庭湖治理中的重大工程举措。报告对松滋口建闸的有关问题作了小结。

（1）针对松澧地区防洪问题及枯水期水资源短缺问题，松滋口建闸方案结合河道疏浚、枯水期自流引水增加枯水期进流量，洪水期实施错峰调度，保证松澧地区防洪调度安全。

松滋口建闸工程目的主要包括两个方面：一方面结合河道疏浚自流引水，增加枯水期进流量，在枯水期三峡水库下泄最小流量时，满足松滋河生态流量的要求，在灌溉供水需水时段满足松滋河水系生态流量和灌溉供水需求，改善江湖的连通性；控制分流量，避免枯水期分流过大影响干流水资源利用。另一方面，洪水期按照不影响长江干流的限制条件，对松滋口分流进行调控，实现松滋口分流洪水与澧水洪水的错峰，提高松澧地区防洪能力，在不需要松澧洪水错峰时，安全下泄经松滋口分流入洞庭湖的洪水。

（2）松滋口建闸通过松澧错峰调度，显著降低了松滋河系各站水位，提高了松澧地区防洪能力，同时对长江干流防洪基本无影响。

通过典型年的计算分析，当利用松滋口闸实施长江洪水与澧水洪峰的错峰调度，松滋河系其他各站水位均有下降，松澧地区防洪能力显著提高，长江干流防洪基本无影响。在澧水遭遇特大洪水（如 1935 年洪水），利用三峡水库与松滋口闸联合调度，松滋口闸减少的下泄量由三峡水库等量拦蓄，在保证荆江河段防洪安全前提下，兼顾保障松滋地区防洪安全。

（3）松滋河道通过疏浚，增加松滋口分流比，增加了枯水期的松滋河进水量，河道恢复常年通流，保证地区经济社会发展及生态的用水需求。

一、松滋口闸调度运用方式

松滋口建闸方案总体思路：由于松滋河洪水过程在七里湖与澧水洪水相汇，长江大水时，松滋河向澧水分流，顶托澧水出流，抬高上游津市、澧县水位。因澧水泄流不畅，造成泥沙淤积，河床抬高，反过来顶托松滋河出流，形成恶性循环，洪水频繁遭遇。松滋口建闸的主要目的是在长江洪水过程和澧水洪峰发生时对松滋口分流洪水进行调控，实现松澧洪水错峰，减轻松澧地区防洪压力，此外，考虑到三峡水库运行后，坝下河道长期持续冲刷，荆江河道中小水位降低，荆江三口分流比减少，进入四口河系的水量减少，导致四口河系的水资源量持续减少，进而影响四河水系地区水资源量供给及水环境恶化趋势。

松滋口闸常年开启，枯水期控制分流，当松澧洪水错峰需要时，控制下泄流量。错峰调度时需要考虑松澧地区和西洞庭湖地区防洪的需要，并以不影响干流防洪为前提，松滋口闸的调度方式如下。

（1）当预测松澧地区防洪形势紧张（安乡、石龟山、南嘴任一站点水位预报将超过保证水位）时，启动松滋口闸错峰调度。

（2）澧水发生大洪水时，联合调度松滋口闸和三峡水库控制沙市水位不超过 43.00m（警戒水位）。若澧水石门站与松滋口分流量之和超过 14000 立方米每秒时，松滋口闸控泄，闸的过流量为 14000 立方米每秒减去石门流量；松滋口闸减少下泄的洪量由三峡水库等量拦蓄。若澧水石门站来量大于 14000 立方米每秒时，松滋口闸按满足生态和洪水灌溉要求的最小流量下泄；松滋口闸减少下泄的洪量由三峡水库等量拦蓄。

（3）当澧水发生特大洪水（如 1935 年洪水），利用三峡水库与松滋口闸联合调度，松滋口闸减少的下泄流量由三峡水库等量拦蓄，在保证荆江河段防洪安全的前提下，兼顾保障松澧地区防洪安全。

拟在松滋河大口建闸，按 100 年一遇洪水标准。设计过闸流量 10740 立方米每秒。上游水位 46.82 米，校核水位 47.32 米。设计枯水期引水流量（3月）132 立方米每秒，4 月 190 立方米每秒。闸底高程 32.00 米。闸室净宽228 米。同时建通航船闸。

二、松滋口建闸是一种必然趋势

松滋口建闸的主要目的是实现松澧洪水错峰，提高西洞庭湖区的防洪能力，减轻洪涝灾害。三峡工程建成后，荆江河段的防洪压力有所缓解，对西洞庭湖的防洪压力也有所减轻，但西洞庭湖的防洪形势仍然是严峻的。主要原因是澧水的治理标准不高，当江垭、皂市、宜冲桥三个水库建成后，防洪总库容 17.7 亿立方米，才达到 20 年一遇的标准。只有在澧水再兴建一批水库，防洪总库容达到 25.66 亿立方米，才达到 50 年一遇的防御标准。如遇 1935 年类型洪水，经调蓄后，三江口的流量仍有 18100 立方米每秒，此时如江湖洪水遭遇，即使有三峡工程而无松滋口闸调控，西洞庭湖地区也难以安全度汛。只要松澧洪水在石龟山（澧水洪道）的合成流量达到或超过 14000 立方米每秒，西洞庭湖地区的防洪形势就会十分紧张，不但松滋、公安的堤垸安全受到威胁，而且也影响到沅水溢洪。有关方面称，要基本解决洞庭湖的防洪问题，湘、资、沅、澧共需水库调洪 100 亿立方米，现在只有 55 亿立方米，还差 45 亿立方米，这在短时间内难以办到。西洞庭湖是长江中游洪涝灾害最严重、频繁的地方。1998 年溃决大小堤垸 15 处，县城（部分）被淹，损失惨重。

松澧洪水是可以错峰的。例如，1998 年 7 月 23 日澧水三江口站出现最大洪峰流量 19900 立方米每秒（为 20 世纪第二位大洪水，相当于 20 年一遇），同日沙市水位 43.05 米，24 日宜昌洪峰流量 52000 立方米每秒。相应枝城流量 51500 立方米每秒，同日松滋河分流 6750 立方米每秒，虎渡河分流 1680 立方米每秒。江湖洪水遭遇，迫使公安港关水位上升至 43.18 米（1954 年最高水位 41.94 米）。西洞庭湖地区连溃数垸，防汛异常紧张。如果松滋口建了闸，松滋河减少 2000 立方米每秒流量入湖（沙市水位增加 0.16 米），那么，港关的水位可以降低 0.6～0.8 米，西洞庭湖特别是松滋、公安、安乡的防洪形势就会明显缓和，对沙市防洪也不会构成威胁，而且调控的时间也只有 2 天左右即可。

令人担心的是，松滋口建闸后，因调控入湖洪水会增加荆江河道的洪水量，引起沙市水位增高。由于荆江河床不断下切冲刷，同流量下水位降低，据实测资料，2013 年沙市流量为 5000 立方米每秒时，水位降低 1.04 米；流量为 10000 立方米每秒时，水位降低 0.75 米；流量为 20000 立方米每秒时，水位降低 0.55 米，随着时间的推移，荆江河床还会不断刷深，即使流量达到 4 万～5 万立方米每秒时水位也会降低。如前所述松滋口闸的主要作用是防洪，在江湖洪水发生严重遭遇时，在不影响荆江防洪安全的前提下，通过松滋口闸控制，减少进入松澧地区的流量，减轻那一地区的防洪压力，避免 1935 年、1998 年那样的悲剧发生，因减少松澧地区的那一部分水量有可能增加荆江干流水位时，三峡水库可以调节减少下泄水量进行平抑。使用松滋口闸进行洪水节制时，以保证荆江防洪安全为前提，条件许可就实行调节，不许可就不实行调节。当荆江防洪安全与松澧地区防洪安全发生矛盾时，松澧地区的防洪安全应服从荆江的防洪安全。保证荆江防洪安全，这是长江中游防洪的大局，这是明白无误的。现在三峡水库已运行多年，荆江大堤加固已经达标，荆江河段的防洪在国家规定的防御标准内，在防洪安全不受到威胁的情况时，应尽量发挥作用。何谓荆江防洪安全不受威胁？一是三峡水库有足够的调蓄库容，可以对荆江及城陵矶附近发挥作用；二是沙市站水位不会超过44.00米，不会威胁到荆江河段主要民垸的安全。

人们担心建闸后闸前淤积问题，也就是"拦门沙"问题。因为闸是常年运用的，不存在完全关闭的问题，因此也就不存在"拦门沙"的问题，例如荆江分洪区南闸，经多年运用并没有"拦门沙"。汉江杜家台分洪闸有"拦门沙"，是因为不分洪时关闸导致闸前发生泥沙淤积。但是松滋口建闸后，上游河宽800~1000米，水流在闸前过闸时收缩至200多米，闸前的水流速度变慢，一部分泥沙会沉淀下来，沉淀多少，哪种水位和流量是最不利的，可以通过计算或模型试验得出结论。闸的运用是否对松滋河分流的能力造成不利的影响，这个问题是可以解决的。

按现状，有三峡水库而无松滋口控制闸，如果发生了1998年类型的洪水或者发生了1935年类型的大洪水，西洞庭湖地区的防洪形势非常紧张，有可能遭受重大损失。

第五章 洞 庭 湖

　　洞庭湖位于长江中游荆江河段南岸，湖北省南部，湖南省北部，介于北纬 28°30′～29°37′、东经 110°40′～113°10′，为中国第二大淡水湖。其成因类型属构造湖，基于地壳升降，泥沙淤积，经历一个由小到大，又由大到小的演变过程，即由河网切割的平原地貌景观，沉沦扩展为周极八百里的湖沼，最后又淤塞为陆上三角洲占主体的平原——湖沼地貌景观。湖盆基底为元古界海相沉积变质页岩。中生代末燕山运动古陆断裂拗陷，原始湖盆形成。第四纪初，洞庭湖水系形成。以后湖泊、河道因湖区地壳的升降以及江河的冲积而历有变迁。先秦时期洞庭湖是一个河网切割的沼泽平原，洞庭湖是一个平浅型小湖，位于今岳阳市君山西南。湘、资、沅、澧四水在平原上交汇，分别流注长江，大范围水体尚未形成。宋代以后，荆江洪水位持续抬升，使魏晋时原"湖高江低、湖水入江"的江湖关系逐渐演变为"江高湖低、江水入湖"的格局。唐宋时期，荆江河段水位不断抬升，江水倒灌入洞庭湖，使洞庭湖南连青草，西吞赤沙，横亘七八百里，洞庭湖的扩展进入全盛时期，湖面广阔浩渺，洪水期面积达 6270 平方千米，成为我国第一大淡水湖。洞庭湖景色壮丽，"重岗迭阜，盘亘峻秀，河湖密布，碧波荡漾，平畴沃野，万紫千红。"明朝中叶，因长江北岸穴口堵塞，江水经虎渡、调弦两口南流入湖，开始干扰洞庭湖水系，但这一时期水沙量不多，故湖水深而清。清朝末年，经历 1860 年和 1870 年两次特大洪水，冲成藕池河和松滋河，四河（又称四口）向洞庭湖分流局面形成。为洞庭湖自先秦以来扩展的鼎盛时期。大量泥沙进入洞庭湖，淤积湖底，湖州扩大，人工围垦，堤垸增加，致使湖盆萎缩，湖面日窄。昔日号称"八百里洞庭"已被分割成东洞庭湖、南洞庭湖和西洞庭湖（目平湖、七里湖）。三湖之间通过河网湖沼和洪道联结。19 世纪中叶，洞庭湖开始由盛转衰，进入有史料记载以来演变最为剧烈的阶段。从 6000 平方千米的浩瀚大湖，萎缩到目前的 2691 平方千米的湖面。

　　洞庭湖南接湘、资、沅、澧四水，北纳松滋、虎渡、藕池、调弦（已于 1958 年建闸控制）四河，经洞庭湖调蓄后，再由城陵矶湖口汇入长江，是吞吐长江的洪道型湖泊，是长江中游防洪安全的重要保证。

第一节 洞 庭 湖 水 域

洞庭湖水域可分为西洞庭湖、南洞庭湖和东洞庭湖三区。

西洞庭湖指赤山以西湖区，西南与丘陵、山麓相接，东以赤山为屏障。区内现仅存目平湖与七里湖，主要水系为沅、澧二水尾闾，水涨时除与沅、澧二水互相顶托外，尚有松滋、太平、藕池等口江流混杂汇注。现有湖面 343 平方千米（目平湖 249 平方千米，七里湖 94 平方千米）。

南洞庭湖指赤山以东与磊石山以南一片，界于东、西洞庭湖之间，南接湘、资尾闾，是过水型湖泊，高水位时汪洋一片，中低水位则洲滩毕露，汊港分歧。南洞庭湖现存湖泊较大者有万子、横岭二湖，入流中最主要的为湘、资两水尾闾。现有湖面 920 平方千米。

东洞庭湖位于湖区东部，在木合铺、新洲、大东口与磊石山、鹿角之间。1958 年冬，调弦口建闸控制后，西有藕池河东支于新洲注入，南受西、南洞庭湖的转泄，并有湘江、汨罗江、新墙河等河流入汇，使东洞庭湖成为三口、四水的总汇合区；南由岳阳向东北流至城陵矶汇入长江。现有湖面 1328 平方千米。

洞庭湖水面面积经历了由小到大，又由大到小的演变过程。鼎盛时期清道光初年（1825 年）约 6000 平方千米，为当时全国第一大淡水湖，后因泥沙淤积及围垦，面积及容积逐渐缩小。洞庭湖水系复杂，河网密布，现水域范围包括东洞庭湖、南洞庭湖、西洞庭湖（目平湖和七里湖），总面积为 2691 平方千米（《长江志·水系》），容积为 167 亿立方米（1995 年），降为全国第二大淡水湖泊。洞庭湖湖泊面积及不同时代天然湖泊面积情况见表 5-1 和表 5-2。洞庭湖区除湖泊河网外，荆江四口与洞庭湖四水三角洲连成广阔的冲积平原，高程大多为 25.00～30.00 米（《长江志·水系》）。

表 5-1　　　　　　　　　　洞庭湖湖泊面积变化情况表

年 份	面积/km²	容积/亿 m³
1825	6000	
1896	5400	
1932	4700	
1949	4350	293
1954	3915	268
1958	3141	228
1971	2820	188

续表

年　份	面积/km²	容积/亿 m³
1978	2691	178
1995	2623	167

注　1. 数据来源于《长江志·水系》。

　　2. 此表根据石铭鼎等编著的《长江》及长江委水文局最新量算成果，相应水位为城陵矶
33.50 米。

　　3. 另据《中国湖泊名称代码》载，洞庭湖面积 2691 平方千米，1998 年 11 月中华人民共和国水
利部发布。

表 5 - 2　　　　　　　　　　洞庭湖不同时代天然湖泊面积表

年　代	天然湖泊面积
西汉以前	东洞庭湖区浅湖
北魏（6 世纪）	湖面 100 里
唐、宋时代（7—16 世纪）	湖面 700～800 里
明末清中时期（17 世纪）	湖面 800～900 里
1896 年	4700km²
1953 年	4350km²
1978 年	2820km²
1983 年	2691km²
1998 年	4091km²（包括洪道 1300km²）

注　1. 根据国家卫星气象中心成像反映，1998 年 6 月 19 日，城陵矶水位 29.31 米时，洞庭湖水面
面积 1600 平方千米。

　　2.1998 年 7 月 9 日，城陵矶水位 34.01 米时，洞庭湖水面面积 5366 平方千米。

　　3.1998 年 8 月 4 日，城陵矶水位 35.17 米时，洞庭湖水面面积 5440 平方千米。

　　4.1998 年洞庭湖区及公安县孟溪溃垸淹没面积 570 平方千米，天然湖泊和洪道约 4091 平方
千米。

第二节　洞庭湖来水、来沙

　　洞庭湖区北有松滋河、虎渡河、藕池河、调弦河（已于 1958 年冬建闸控
制）"四口"分泄长江来水；西、南面有湘、资、沅、澧"四水"入汇，还有
汨罗江、新墙河等湖区周边中、小河流直接入汇，经湖泊调蓄后，由城陵矶
入汇长江。洞庭湖集水面积 26 万平方千米（未含"四口"以上集水面积 104
万平方千米），湖区总面积 1.87 万平方千米，其中湖北省 3527 平方千米；天
然湖泊面积 1995 年为 2623 平方千米，皆在湖南省境内；洪道面积 1418 平方
千米，其中湖北省 405 平方千米，受堤防保护面积约 1.46 万平方千米，其中

湖北省 3500 平方千米 (《长江志·湖区开发治理》)。

洞庭湖区年平均降水量 1331 毫米, 湖区洪水组成很复杂, "四口""四水"自然地理条件各不相同, 洪水特征各异。"四口"洪水主要来自长江上游, 历时较长, 汛期为 5—10 月, 主汛期为 7—8 月; "四水"属山溪型河流, 峰型尖瘦, 历时较短, 汛期为 4—9 月, 主汛期为 5—7 月。

洞庭湖区径流量年内分配很不均匀, 据 1951—1991 年资料统计, 汛期 (5—10 月) 入湖水量多年平均值约 2240 亿立方米, 占全年径流量的 74.7%, 其中来自荆南四河约为 1040 亿立方米, 占 46.4%; 来自湘、资、沅、澧四水约 1060 亿立方米, 占 47.3%。造成洞庭湖区洪水的"四口"和"四水", 其汇流比例大体相当, 但其消长变化及调蓄动态关系均十分复杂。

洞庭湖自古即与荆江相通, 起着调蓄荆江洪水的作用。荆江"四口"形成前, 汛期大量洪水从洪山头以下漫流进入东洞庭湖。根据 2011 年《洞庭湖历史变迁地图集·元明时期洞庭湖》所示, 荆江洪水从洪山头分流经华容菱港入采桑湖 (今六门闸西北)。"四口"形成初期, 荆江分泄入湖水量巨大, 经调蓄后再由城陵矶湖口返注长江, 特别是在高水期对分泄荆江洪水, 削减洪峰, 效能尤巨。1954 年大水, 枝城最大流量为 71900 立方米每秒, 沙市站最大流量为 50000 立方米每秒, 荆江"四口"最大分流量为 29590 立方米每秒, 占枝城来量的 41.15%; 1981 年长江上游发生大洪水, 枝城最大流量为 71600 立方米每秒, 接近 1954 年最大流量, 其时由于长江下游洪水不大, 洞庭湖底水较低, 天然湖泊可供调蓄容积大, 削减洪峰流量达 38.4%, 使荆江安全度汛。1998 年大水, 枝城最大流量为 68800 立方米每秒, 沙市站最大流量为 53700 立方米每秒, "四口 (三口)"分流量为 19010 立方米每秒, 占枝城来量的 27.7%, 荆江防洪压力减轻。

"洞庭湖对减轻长江中游洪水的压力起着至关重要的调洪作用, 没有洞庭湖, 长江螺山以下各站洪水将变为涨落迅速的尖瘦型洪水, 这是中下游堤防无法防御的" (长江委水文局《1998 年长江洪水和水文监测报告》)。洞庭湖调峰作用统计见表 5-3。洞庭湖四口、四水实测最大入湖流量统计见表 5-4。

表 5-3　　　　　　　　　　洞庭湖调峰作用统计表

年　份	多年平均入湖洪峰流量/(m³/s)	多年平均出湖洪峰流量/(m³/s)	多年平均削减洪峰流量/(m³/s)	削减量占入湖量流量比例/%
1951—1960	41909.7	28180	13729.7	32.8
1961—1970	43020.7	29950	13070.7	30.4
1971—1980	36228.1	25300	10928.1	30.2
1981—1990	34879.4	24800	10079.4	28.9
1991—2000	46000	29520	16480	35.8

续表

年　份	多年平均入湖洪峰 流量/(m³/s)	多年平均出湖洪峰 流量/(m³/s)	多年平均削减洪峰 流量/(m³/s)	削减量占入湖量 流量比例/%
1951—2000	40408	27550	12857.5	31.8
1951—2008	38539	26843	11696	30.3

注　数据来源于《洞庭湖志》。

表 5-4　　　　　　　　**洞庭湖四口、四水实测最大入湖流量统计表**

名称	河名	站名	最大流量/(m³/s)	实测时间
四口	松滋河	新江口	7910	1981 年 7 月 19 日
			6400	1954 年 8 月 6 日
		沙道观	3120	1981 年 7 月 19 日
			3730	1954 年 8 月 6 日
	虎渡河	弥陀寺	3210	1962 年 7 月 10 日
	藕池河	管家铺	12800	1948 年 7 月 21 日
		康家岗	6810	1937 年 7 月 24 日
	调弦河		1958 年冬筑坝建闸控制	
四水	湘江	湘潭	20800	1994 年 6 月 18 日
	资水	桃江	15300	1955 年 8 月 27 日
	沅水	桃源	29300	1996 年 7 月 19 日
	澧水	石门	19900	1998 年 7 月 23 日

注　数据来源于《长江志·水系》。

　　据统计，1951—1955 年进入洞庭湖的年均输沙量为 27468 万吨，其中来自荆江四口 22578 万吨，占 82.2%；来自湘、资、沅、澧四水 4890 万吨。城陵矶七里山年均出湖泥沙量为 7400 万吨，洞庭湖淤积为 20068 万吨，淤积率为 73.1%。三峡工程运行后，2003—2008 年，三口年均输沙量 1353 万吨，占枝城输沙量的 18.1%，四水输沙量 995 万吨，洞庭湖年均淤积量 822 万吨，淤积率为 35%。清水下泄后，三口泥沙输入量大为减少，洞庭湖急剧萎缩之势得到缓解。洞庭湖各水文站各时段沙量统计见表 5-5，洞庭湖水系水域面积组成见表 5-6。

表 5-5　　　　　　　　**洞庭湖各水文站各时段沙量统计表**

时　段		新江口	沙道观	弥陀寺	康家岗	管家铺	调弦口	四口 合计	湘潭	桃江	桃源	石门	四水 合计	总入湖 沙量
1956—1966 年 （裁弯前）	1	3454	1898	2385	1072	10775	341	19925	885	251	1189	592	2917	22842
	2	15.1	8.3	10.4	4.7	47.3	1.5	87.3	3.8	1.1	5.2	2.6	12.7	100

续表

时　　段		新江口	沙道观	弥陀寺	康家岗	管家铺	调弦口	四口合计	湘潭	桃江	桃源	石门	四水合计	总入湖沙量
1967—1972 年（裁弯后）	1	3340	1514	2108	460	6785	0	14207	1121	260	1921	779	4081	18288
	2	18.3	8.3	11.5	2.5	37.1	0	77.7	6.1	1.4	10.5	4.3	22.3	100
1973—1980 年（葛洲坝蓄水前）	1	3423	1288	1953	215	4215	0	11094	1298	175	1474	718	3665	14759
	2	23.2	8.7	13.2	1.6	28.6	0	75.3	8.8	1.2	10	4.9	24.9	100.2
1981—2000 年（葛洲坝蓄水后）	1	3319	1036	1612	181	2977	0	9125	869	154	711	483	2217	11342
	2	29.3	9.1	14.2	1.6	26.2	0	80.4	7.7	1.4	6.3	4.3	19.7	99.8
2001—2002 年（三峡大坝蓄水前）	1	1695	429	707	67	1148	0	4046	827	100	193	152	1272	5318
	2	31.9	8.1	13.3	1.3	21.6	0	76.2	15.6	1.9	3.6	2.9	24	100.2

注　表中 1 表示入湖沙量，单位为万吨；2 表示占该时段总入湖沙量的百分数，％。

表 5－6　　　　　　　　洞庭湖水系水域面积组成表

水域名称		流域面积/km²	范围所跨省（自治区）、县（市）
四水水系	湘江	94660	广西、广东、江西、湖南等 4 省（自治区）69 县（市）
	资水	28142	广西、湖南 2 省（自治区）25 县（市）
	沅水	89647	贵州、广西、重庆、湖北、湖南 5 省（自治区、直辖市）
	澧水	18583	湖南、湖北 2 省 12 县（市）
洞庭湖湖区水系	东洞庭湖	12974	湖北、江西、湖南等 3 省 11 县（市）
	南洞庭湖	4410	湖南省沅江等 6 县（市）
	西洞庭湖	7628	湖南省澧县等 9 县（市）
四口水系		6756	湖北、湖南 2 省 13 县（市）
总计		262800	广西、广东、贵州、江西、湖北、湖南、重庆等 7 省（自治区、直辖市）183 县（市）

注　数据来源于《洞庭湖志》。

　　洞庭湖四水、三口 1956—2016 年多年平均入湖径流量约为 2463 亿立方米，多年平均出湖径流量约为 2761 亿立方米，其中来自三口的径流量为 808 亿立方米，占 29％；来自四水的径流量为 1655 亿立方米，占 60％，来自未控区间的径流量为 299 亿立方米，占 11％。

三峡工程蓄水运用后，四水、三口2003—2016年多年平均入湖径流量约为2075亿立方米，多年平均出湖径流量约为2402亿立方米，其中来自三口的径流量为482亿立方米，占20%，来自四水的径流量为1593亿立方米，占66%，未控区间的径流量为328亿立方米，占14%。洞庭湖区年均来水量统计见表5-7。

表5-7　　　　　　　　　　洞庭湖区年均来水量统计表　　　　　　　单位：亿 m³

年 份	入 湖 水 量		出湖水量
	三口	四水	
1956—1966	1332	1524	3126
1967—1972	1022	1729	2982
1973—1980	834	1699	2789
1981—1988	772	1545	2579
1989—1995	615	1778	2698
1996—2002	657	1874	2958
2003—2016	482	1593	2402
1956—2016	808	1655	2761

注　数据来源于长江委。

四水、三口进入洞庭湖的泥沙量，1956—2016年多年平均为1.209亿吨，其中三口来沙量0.9723亿吨，占入湖总沙量的80%；四水来沙量0.2367亿吨，占20%。经由城陵矶输出沙量为0.355亿吨，占来沙总量的29%。约有71%的来沙量沉积于湖区和三口河道内，年均淤积量达0.854亿吨（不含区间来沙量）。

三峡工程蓄水运用后，四水、三口进入洞庭湖多年平均泥沙量约为0.175亿吨，其中三口来沙量0.092亿吨，占入湖总沙量的52%；四水来沙量0.084亿吨，占48%。经由城陵矶输出沙量为0.196亿吨，占来沙总量的112%。湖区总体呈冲淤状态，多年平均冲刷量为0.021亿吨。洞庭湖区年均来沙量统计见表5-8。

表5-8　　　　　　　　　　洞庭湖区年均来沙量统计表　　　　　　　单位：亿 t

年 份	入 湖 沙 量		出湖沙量
	三口	四水	
1956—1966	19590	2920	5960
1967—1972	14190	4080	5250
1973—1980	11090	3650	3840

续表

年　份	入　湖　沙　量		出湖沙量
	三口	四水	
1981—1988	11570	2440	3270
1989—1995	7040	2330	2760
1996—2002	6960	1580	2250
2003—2016	917	836	1964
1956—2016	9723	2367	3549

注　数据来源于长江委。

第三节　洞庭湖的治理

三峡工程建成后，洞庭湖地区的防洪、排涝、灌溉均发生了明显的变化。特别是洞庭湖秋冬入湖水量减少80.5％，水体污染加剧。工程性缺水和水资源缺水同时存在。

（1）三口分流逐年减少，水资源短缺和水生态环境恶化日趋严重。洞庭湖四水、三口1956—2013年多年平均入湖流量约为2470亿立方米，多年平均出湖径流量约为2759亿 m^3，其中来自三口的径流量为825亿立方米，占30％；来自四水的径流量为1654亿立方米，占60％；来自未控区间的径流量为288亿立方米，占10％。三峡工程蓄水运用后2003—2016年多年平均入湖、出湖径流量有所减少，三口入湖年均水量为482亿立方米，四水入湖年均水量为1593亿立方米。由于三口分流大幅度减少，在枯水季节，三口河道存在大范围的断流现象。四水入湖水量也有逐年减少的趋势。1956—2016年多年平均入湖水量为1655亿立方米，2003—2016年多年平均入湖水量为1593亿立方米，同1956—2016年相比较，年均减少62亿立方米。入湖水量的减少及河湖淤积导致湖区水资源短缺，水环境污染和水生态退化等问题日趋严重，对水资源利用和水生态环境保护产生严重影响。三峡等长江上游干支流水库等运用后，长江中游将在较长时间内面临清水下泄的情况，三口分流会进一步减少，断流时间会进一步延长，洞庭湖的水资源和水环境问题将更趋严重。如何解决洞庭湖灌溉用水问题，将成为治理洞庭湖最为迫切的问题，可以说，这个问题不解决，洞庭湖的经济社会发展就会受到影响。

目前提出的解决灌溉用水方案主要有：三口口门建抽水泵站，取长江水入河入湖；疏浚河道，尽量减少断流天数；控支强干（并非堵支强干）；对东、南洞庭湖洪道及四水尾闾洪道进行整治；建设澧县涔洲引水工程、安乡西水东调工程、南县南水北调工程、华容县长江引水工程、松滋余渡橡胶坝、调整沧水水库或北河水库作为供水水源等。

（2）三峡工程建成后，洞庭湖地区的防洪形势获得了一定程度的改善。当遇到1998年和1996年类型的洪水，通过三峡水库调节，可以减少荆江进入洞庭湖的水量和对城陵矶实行补偿调度，减轻洞庭湖区的防洪压力，对洞庭湖的防洪是有利的。但是这种改善对东、南、西洞庭湖的情况是不一样的。从总体上讲，由于四水来水仍然偏多，湖区淤积和受城陵矶洪水顶托、四水控制，堤防标准低等因素，洞庭湖的防洪标准仍然偏低，与经济发展不相适应。

目前，洞庭湖防洪标准低主要在西洞庭湖地区。西洞庭湖地区的防洪涉及澧县、津市、安乡、公安、松滋等地。尽管1998年大水以后，西洞庭湖地区的防洪建设做了很多工作，防洪紧张的局面有所缓解，但防洪形势仍然是严峻的（澧水江垭、皂市水库分别于1999年、2008年建成，防洪库容分别为7.4亿立方米、7.8亿立方米，津市卡口扩宽工程完工，1120千米一线堤防大部分已达标）。但是西洞庭湖地区存在的几个大问题并未解决，一是泥沙淤积，西洞庭湖的泥沙主要来自松滋河。2003—2008年松滋河入湖沙量年均705万吨，同期来自澧水的泥沙有339万吨，两者合计有1044万吨，按西洞庭湖面积407平方千米平摊，年均淤高2厘米左右，若按天然湖泊（七里湖55.2平方千米，目平湖218平方千米，合计273.2平方千米）计，则年均淤高3.5厘米左右。2003年以前，西洞庭湖吞吐澧水、沅水以及松滋河和虎渡河的水沙，多年平均进入西洞庭湖的泥沙为6260万立方米，经由南嘴，小河嘴输出到南洞庭湖的泥沙约3300万立方米，沉积在西洞庭湖的泥沙为2960万立方米，占全洞庭湖泥沙沉积量的36.4%（按洞庭湖年均沉积量0.813亿立方米计），而西洞庭湖的面积只占洞庭湖面积（2625平方千米）的15.5%，容积占洞庭湖（167亿立方米）的19.0%。按西洞庭湖407平方千米平摊，年均淤高7.3厘米。从淤积速率上讲，西洞庭湖淤积速率是东、南洞庭湖的2.98倍。由于大量泥沙进入西洞庭湖，"澧水洪道三角洲水下天然堤的淤积速率为6.67厘米每年……20世纪50年代以来目平湖因三角洲发育而萎缩的速率为4平方千米每年。根据枯水季节测估，目平湖只剩南部大连障一带几块小水面，共有面积22.8平方千米，最大者为13平方千米。"二是水位不断抬高，迫使堤防不断加高，加高堤防速度赶不上洪水抬高速度，因而防汛紧张，津市过去是不设防的城市，现在修筑了5米多高的防洪墙，这正是西洞庭湖演变的最好的见证。

提高西洞庭湖的防洪标准，必须解决三个问题。

（1）提高澧水的防洪能力。干流源头至小渡口全长388千米。它在湘、资、沅、澧四水中是来水面积最小的一条河流，但它却是四水中最凶猛的一条河流。上游流经山区，两岸山峰海拔为 1000～2000 米，河床比降为 2.67‰；石门以下为下游，进入丘陵平原区，河床比降为 0.42‰。澧水至石门会溇水处称三江口，三江口至小渡口长 60 千米。由于上游山高坡陡，又属五峰暴雨区，每逢降雨，汇流极快，暴涨暴落（三江口现峰后，只要 10～15 个小时就会影响公安）。1935 年 7 月 5 日三江口最大流量 30300 立方米每秒（280 年一遇）与松滋河水遭遇，造成澧水尾闾泛滥成灾，沿河死亡 33154 人，1998 年 7 月 23 日，石门洪峰流量 19900 立方米每秒（20 年一遇），水位 62.66 米，江湖洪水遭遇［澧水洪道石龟山水位 41.89 米（流量 12300 立方米每秒）］，造成西洞庭湖地区防洪形势异常紧张，连溃数垸，安乡县城部分被淹，直接经济损失在百亿元以上，是长江中游受洪水灾害最严重的地方。

澧水按 50 年一遇的防洪标准，需建设防洪总库容 25.66 亿立方米，目前已建成江垭、皂市两个水库，库容 15.2 亿立方米，尚差库容 10.46 亿立方米。

（2）疏浚澧水洪道。澧水原来流到小渡口附近，汇合北支（1973 年堵塞）南行入洞庭湖。因泥沙淤积和围垦等方面的原因，1954 年对澧水的流路进行调整，破垸取直，这条线路称为澧水洪道。从小渡口至柳林嘴，全长 91.4 千米，也称澧水尾闾。在彭家港附近有松滋河西支入汇，并有五里河与松滋中支相通，至柳林嘴与松虎洪道汇合，同注目平湖，再经南嘴入南洞庭湖。当时的澧水的过流能力是按石龟山水位 38.14 米，安全泄量 9000 立方米每秒，沙河口以上河面宽 1200～1900 米，有 400 米宽的深水河槽；沙河口以下河面宽 1900～3000 米。系 1954 年整治洞庭湖时破垸成河，为宽浅式河槽，因上窄下宽，上深下浅，泥沙淤积严重，抬高了西洞庭湖地区的水位。据石龟山水文站实测主洪道最低高程，1968 年为 22.34 米，1978 年增至 25.97 米，10 年淤高 3.63 米。七里湖 1952 年湖底高程为 27.70 米，1978 年淤高至 35.00 米，淤高 7.3 米，调蓄水量由当时的 10 亿立方米减少到只有 3 亿～4 亿立方米。由于下游柳林嘴河段狭窄成为卡口，仅有约 90 米宽的主河槽，造成泄流困难。据石龟山水文站观测，水位在 39.50 米时，1958 年过流断面 9300 平方米，1978 年过流断面 7444 平方米。由于澧水洪道水流平缓，自 1954 年改道后，平均已淤高 2 米。泥沙淤积必然引起水位升高，以石龟山站卡口为例，若控制在 1954 年的洪水位，其过流能力衰减了 54.8%。

受澧水和松滋河分流下泄泥沙的影响，澧水洪道淤积严重，1956—2010 年，七里湖最大淤高 12.0 米，平均淤高 4.12 米；目平湖最大淤高 5.4 米，平均淤高 2.0 米。河道淤积的结果，一方面减少了调蓄洪水的能力；另一方面抬高了松澧地区的洪水位。1964 年 6 月 30 日，石龟山和安乡流量分别为

10600 立方米每秒、6120 立方米每秒，石龟山和安乡水位分别为 38.63 米、38.20 米；1983 年 7 月 8 日，石龟山和安乡流量分别为 10300 立方米每秒、6480 立方米每秒，石龟山和安乡水位分别为 40.43 米、39.38 米。与 1964 年相比，流量相等，水位却抬高了 1.80 米、1.18 米。1998 年 7 月 24 日，石龟山和安乡流量分别为 12300 立方米每秒、7270 立方米每秒，石龟山和安乡水位分别为 41.89 米、40.44 米，分别超出 1954 年水位 3.8 米、2.34 米。2003 年 7 月 10 日，石龟山和安乡流量分别为 10600 立方米每秒、6280 立方米每秒，石龟山和安乡水位分别为 40.94 米、39.04 米，同 1983 年比较，石龟山水位抬高了 0.51 米，安乡水位低了 0.34 米（松虎洪道 2003—2009 年以冲为主，但冲刷强度呈不断减弱趋势，2009—2011 年总体为淤积）。

（3）松滋口建控制闸。松滋口建闸工程的主要目的有两个方面，洪水期按照不影响长江干流的限制条件，对松滋口分流进行控制，实现松滋口分流洪水与澧水洪水错峰，提高松澧地区（西洞庭湖地区）防洪能力，即使澧水没有发生大的洪水，如湘、资、沅水水量较大时，在不影响荆江安全泄量的情况下，可控制分流，减轻西、南洞庭湖的防洪压力，控制分流量，避免枯水期分流入湖水量过多影响干流水资源利用。

根据松澧洪水遭遇的分析，澧水洪峰历时较短，峰型尖瘦，松滋河洪峰历时较长，峰型肥胖，松滋河、澧水洪峰遭遇概率较小，主要为澧水洪峰遭遇松滋口洪水过程，并在松澧地区造成严重洪水灾害。在澧水流域水库和三峡上游干支流水库发挥防洪作用后仍不能解决松澧地区防洪问题，不能使其达到 50 年一遇设计标准的情况下，七里湖和目平湖严重淤积，难以通过扩挖等措施增加松澧地区出口泄洪能力时，采取措施实现松滋口洪水与澧水洪水的错峰，提高松澧地区（西洞庭湖）的防洪能力，达到设计防洪标准，减轻洪水灾害是十分必要的。

一、治理洞庭湖要达到的目标

人们希望对洞庭湖的治理能够在比较长的时间内，比如 80 年或者 100 年，洞庭湖能保持比较稳定的调蓄库容，减轻洪涝灾害，满足人民生产生活用水的需要，改善和提高生态环境质量。根据长江委的规划，近期（2020 年前），巩固、完善现有防洪体系，达到防御 1954 年洪水标准，到 2030 年，进一步完善综合防洪减灾体系，进一步减少湖区的分洪量和分洪运用概率，提高湖区防洪减灾能力，在遭遇大洪水或特大洪水时，灾害损失明显减少。排涝目标、排田标准原则上为 10 年一遇，有条件的可适当提高。排湖标准为 10 年一遇。到 2020 年，小城市及县级城市供水水源保证率不低于 95%，城市自来水普及率达到 95% 以上，农村自来水普及率达到 80% 以上。农业灌溉方面，到 2020 年，规划通过续建配套、节水改造非工程措施，使现有灌溉区的有效灌溉面积达到设计标准，灌溉率为 100％。灌溉保证率由现状的 55％～70％提高到 85％（水田达到 90％）。

到 2020 年，洞庭湖区内水功能区主要控制指标率达到 80％，维持洞庭湖的合理水位。到 2030 年，洞庭湖区内所有水功能区主要指标控制率达到 95％以上，水功能区污染物入河量全部控制在功能区纳污能力范围内，水环境呈良性发展，系统结构全面改善。

根据 2008 年全国疫情资料统计，洞庭湖血吸虫病疫区的 30 个县（市、区）已全部达到了传播疫情控制标准，其中 24 个县（市、区）达到了疫情控制标准，14 个县（市、区）达到了控制标准。今后将继续通过工程措施和非工程措施，到 2020 年，均要求达到血吸虫病传播控制标准，血吸虫病疫情不出现回升。

尽管这个规划的治理目标并不是很高，但要达到这个目标却是很不容易的，有大量的工作要做。首先要求两湖人民要齐心协力，团结拼搏。再就是从长远的观点看问题，洞庭湖缺水会成为主要问题之一，既要解决水资源短缺的问题，又要解决洞庭湖如何能把水蓄住的问题。这个问题不解决，其他事情就难办。

洞庭湖需要治理。三峡工程的建成为治理洞庭湖创造了条件。通过治理，人们希望一个"水旱从人，人水和谐"的新洞庭湖将会展现在我们面前，这是湖区千百万人民生存发展的大事。

洞庭湖如何治理，人们提出了很多建议。洞庭湖区演变到今天这种状况，不仅要求水利上要标本兼治，同时要求人口、资源、环境与经济和社会发展相协调。

迄今为止，治理洞庭湖的方案归纳起来就是：加固堤防，改造闸站，疏浚河道，退田还湖，湖垸互换，堵支并流（控支强干），四口建闸，变湖为库等。有的正在实施，有的准备实施，有的还在研究。在实施这些方案的过程中，人们最关心的是洞庭湖的萎缩问题，如果没有一个相对稳定的洞庭湖，已经实施的治理措施的效果就会受到影响。

洞庭湖经历了由小到大，又由大到小的转变过程，即由河网切割的平原地貌景观，沉沦扩展为周极八百里的湖沼，最后又淤塞为陆上三角洲占主体的平原——湖沼地貌景观。先秦时期洞庭湖区是一个河网切割的沼泽平原，洞庭湖只是一个平浅型小湖，位于岳阳市君山西南，方圆二百六十里。湘、资、沅、澧四水在平原上交汇，分别流注长江，大范围水体尚未形成。三国、晋、南北朝时期，由于湖区下沉，湖面扩大。明朝嘉靖年间（1542 年）堵塞郝穴口以后，荆江两岸大部分穴口堵塞，荆江水位不断抬升，荆江洪水从现在的洪山头以下倒灌入东洞庭湖，1860年和1870年两次特大洪水，荆南四口向洞庭湖分流形成，洞庭湖的面积达到6250平方千米，容积估计在400亿立方米以上。四口分流形成以后，大量泥沙进入洞庭湖。据1934年的资料，四口及湖南四水入湖泥沙为2.86亿立方米，其中四口占2.62亿立方米，而由城陵矶流入长江的泥沙，只有0.44亿立方米，留在湖内的泥沙还有2.42亿立方米。大量泥沙淤积的结果，导致湖面缩小，蓄洪容积减少，洪涝灾害频繁。1949年湖面减少为4350平方千米，相应容积293亿立方米。从1860年至2007年的148年间，洞庭湖共淤积泥沙267亿立方米，年均淤积泥沙1.8亿立方米。这还不包括8%的区间来沙和长江倒灌入洞庭湖的泥沙（有一部分泥沙淤积在洪道内）。1995年实测，洞庭湖的面积只有2625平方千米，相应容积176亿立方米（另有洪道面积1013平方千米），同1949年相比，面积减少了1725平方千米，容积减少了126亿立方米。1949年以来，淤积最严重的地区是西洞庭湖（七里湖和目平湖）、南洞庭湖的北部、东洞庭湖的西北部等地区。

南洞庭湖南部平均淤高1米，北部淤高2米（主要淤积在共双茶垸的南部）。东洞庭湖平均淤高0.96米，最大淤高的地方有8米。根据1977年2月12日卫星照片量算，洞庭湖枯水面积只有645平方千米，已经是一个夏水冬陆的季节性湖泊，洪水一大片，枯水几条线。30多年过去了，如今的枯水水面更小了。

尽管泥沙淤积是造成洞庭湖萎缩的主要原因，倘若没有人类不合理的生产行为和盲目围垦，情况也不会像今天这么糟糕。1949—1975年洞庭湖损失容积126亿立方米，其中因泥沙淤积损失容积47.6亿立方米，占37.0%；围垦损失容积78.4亿立方米，占63%。

2003年三峡工程开始试蓄水，荆江进入洞庭湖的沙量逐年减少。根据统计资料，从1995—2009年洞庭湖的泥沙淤积量为11.38亿立方米，2009—2019年（预测）淤积量为3.43亿立方米，有效湖容还有152.2亿立方米。从1995—2069年（三峡水库运用50年），预测洞庭湖的泥沙淤积总量为18.41亿立方米（有的资料预测淤积值为25亿立方米左右），有效湖容还有148.59亿立方米。可见，有了三峡工程洞庭湖的萎缩进程将会放慢。

三峡工程蓄水运用后，四水、三口进入洞庭湖多年平均泥沙量（2003—2016年）为1780万吨。其中三口泥沙量917万吨，占52%，四水泥沙量836万吨，占47%，经由城陵矶输出沙量为1960万吨，占来沙总量的112%，湖区整体呈冲淤状态，多年平均冲刷量为210万吨。

洞庭湖淤积明显减缓。

三峡水库蓄水前 1995—2003 年，洞庭湖以淤积为主，整个湖区的泥沙淤积厚度为 3.7 厘米每年；三峡工程蓄水后 2003—2011 年，洞庭湖区由淤转冲，少量淤积主要发生在南洞庭湖和东洞庭湖的南部，湖区的泥沙平均冲刷厚度为 10.9 厘米，其中洞庭湖泥沙平均冲刷厚度最大，为 19 厘米。

从长远讲，保持洞庭湖具有一定的调蓄能力，对于长江中游（特别是荆江）的防洪具有十分重要的意义。有了三峡工程，洞庭湖调蓄长江洪水作用的地位是不可动摇的。荆江河段的洪水如果没有三口分流入洞庭湖调蓄，全由荆江河道下泄，将是灾难性的。不要说遇到 1860 年或 1870 年那样的特大洪水可能造成毁灭性的灾害，就是遇到 1954 年那种类型的洪水也难以安全度汛。沙市河段每增加 1000 个流量，水位就抬高 0.07～0.10 米。

二、关于变湖为库的设想

洞庭湖对长江中游洪水的调节作用是十分显著的。尽管因泥沙淤积和围垦湖面使湖容萎缩了，调蓄洪水的功能降低，迄今为止，湖容仍有 167 亿立方米，是三峡水库防洪库容的 75％。如果将水位提高 0.5 米，可以增加容积 13 亿～15 亿立方米。但是这种调蓄完全是在自然状态下进行的，进湖多少水量，出湖多少水量，留在湖内多少水量，没法控制。当遇较大洪水需要调节的时候，因部分湖容已被先期洪水所占据，使调蓄的效能大大降低。因此，有人提出使江湖分开，将洞庭湖建成水库的设想，即采取工程措施，将洞庭湖实行控制，变成水库。变湖为库是怎么一个变法呢？"用大堤将洞庭湖与长江、湖南四水分开，大堤上设双向进水闸，互相连通。枯水期时开闸将湖内水位降至岳阳枯水期水位，关闸挡汛期，湖水是高水位。"当长江中下游水位较低时，如湖南四水出现洪水（一般年份，湖南四水的雨季比川水要早 1 个月左右），让它尽快泄到长江，不入湖调蓄；反之，开闸调蓄，这个办法"洞庭湖改造成水库可蓄洪水量百个亿"。

变湖为库的具体措施：荆南四口建闸控制，湘、资、沅、澧四水尾闾与洞庭湖用大堤分开，尾闾渠化，大堤上设双向进水闸；四水尾闾引洪河道结合大堤修建进行渠化，把渠道设计成不冲、不淤的行洪断面。变湖为库只是一种设想，但要实施却是很不容易的，几乎是不可能的。如何将四水尾闾延伸与湖分开，难度极大，将带来一系列复杂的问题。

还有一种设想就是在洞庭湖的出口（七里山附近）建闸控制。

由于长江经荆南三口分流入洞庭湖的水量逐年减少，而且湖南四水的来水也有减少的趋势。而城陵矶附近的长江河道在不断刷深，经过三峡工程运用后 30～50 年的冲刷，河床有可能冲深 5 米左右，洞庭湖入长江的水道比降加大，出流加快，洞庭湖特别是东洞庭湖（每年 9 月以后至来年的 5 月）水位降低很明显，造成湖区用水困难，对工农业生产、人民群众生活以及生态环境都产生不利影响。另外，由于进入洞庭湖的水沙比以前少多了，泥沙淤积不再是洞庭湖萎缩的主要原因。人们担心进入洞庭湖的水少了，洞庭湖会不会退化？会不会沼泽化？如果能在洞庭湖的出口（七里山附近）建闸，每年可视来水情况进行短期控制，拦蓄部分水量，抬高东洞庭湖水位（面积1313平方千米，枯水时大部分水深不足 2 米）和南洞庭湖（905 平方千米）水位是完全可能的。例如，2011 年 5 月 5 日，正是抗旱紧张的时候，城陵矶湖口出流量 3710 立方米每秒，如果建了控制闸，拦蓄 2000 立方米每秒，一天一夜可拦蓄水量 1.73 亿立方米，15 天的时间可拦蓄水量 26 亿立方米，东洞庭湖平均水位可抬高 2 米左右，可以大大缓解湖区用水困难，当洞庭湖来水多了，可以开闸泄水。这个方案实施起来并不困难。当然，控制洞庭湖出口，关系到长江防洪生态环境、航运的大事，要从全局权衡利弊得失。但是问题很清楚，等到城陵矶附近的长江冲深以后，必然会导致同流量下水位下降，东洞庭湖出口坡降变陡，流速加快，秋、冬、春三季东洞庭湖要存多少水就很困难。这个大的趋势是很清楚的，如不采取工程措施进行控制，任其发展下去，洞庭湖变成洞庭河就是不可避免的。除开大水年份，一般洪水年份，洞庭湖就会变成网状切割的湖沼地貌景观，这并非耸人听闻！

到那时，君临岳阳楼，极目远望，昔日浩浩荡荡，横无际涯的壮观景象而今安在哉！湖乎？河乎？沼泽乎？洞庭湖如何治理，是治理长江最困难的一个问题。

三、洞庭湖的未来

（1）湖南有关方面宣布，要将洞庭湖的面积通过退田还湖达到 1949 年的水平（1949 年湖面面积 4350 平方千米，容积 293 亿立方米），需要退田还湖的面积有 1659 平方千米，容积 126 亿立方米。虽然经过努力可达到 1949 年的湖泊面积，但容积是无法达到了（还原部分容积）。

（2）从现在起到 2069 年的 50 年时间内，进入洞庭湖的沙量很少，每年只有 0.2 亿立方米左右，甚至更少，保持洞庭湖的容积在 150 亿立方米左右是完全可能的（考虑退田还湖因素）。

（3）有的学者认为洞庭湖在扩大，"如果将所有的人工围垸打开，还其本来面目，洞庭湖不是缩小了，而是扩大了。半个世纪以来洞庭湖构造沉降总量实际上大于泥沙淤积总量。如果洞庭湖构造沉降继续以目前速度进行，而淤积速率又随三峡工程等因素进一步减少，那么若干年后，我们的后代面临的将是洞庭湖不断扩大导致的种种生态环境问题。"也有人不同意这个看法。但是，许多资料表明，洞庭湖确实在下沉。当然，地质构造沉降是地壳运动中一个长期缓慢的过程，其绝对值非常小，需要长期监测才能把握其实质性变化。

一旦进入洞庭湖的泥沙减少，淤积速度赶不上沉降的速度，而围垦又已停止，并且有一部分已经退田还湖，那么，洞庭湖的容积就会慢慢扩大。

所以，我们对于洞庭湖的前途不应悲观！

第六章 防 汛 抢 险

　　荆州地处长江、汉水由山地进入平原过渡地带的首端。"江出西陵，始得平地，其流奔放势大；然南合湘、沅，北合汉沔，其势益张"。境内地势低洼，汛期洪水常常高出堤内地面七八米至十多米，两岸人民生命财产依靠堤防保护，人民依堤为命。境内荆江和汉江都存在上游洪水来量大，自身河段安全泄量小，来量与泄量不相适应的矛盾。超额洪水与安全泄量之间的矛盾始终是困扰荆江和汉江防洪的历史性难题。

　　长江的洪患主要在中游，中游又主要在荆江。荆江河段是长江防洪最关键的地区。荆江洪水灾害发生次数最多，影响范围最大，损失也最严重。荆江的洪水灾害直接影响到两湖平原的生存和发展，因而受到党中央、国务院的高度重视。

　　荆江防守的重点是确保荆江大堤的安全，特别是沙市至郝穴这段荆江大堤的安全，一旦有失，荆北平原尽成泽国，直接威胁武汉市的安全，造成大量人口死亡和财产损失，长江有可能改道，这是荆州市防洪的重中之重；江湖地区每遇大洪水或较大洪水，受灾最严重的是西洞庭湖地区，如公安和松滋。西洞庭湖地区泥沙淤积特别严重，江湖洪水遭遇频繁，成为江湖地区防洪的难点；遇大洪水年，超额洪水必须在城陵矶附近处理好，江湖防洪矛盾表现突出，成为人们关注的焦点。三峡工程建成后，提高了荆江河段的防洪标准，防洪严峻形势得到缓解，但来量与泄量之间不平衡的矛盾依然存在。荆江河段防洪的基本格局短时期内不会发生大的变化。

　　确保荆江大堤和武汉市的安全，这是荆州防汛抗洪的总任务。悠悠万事，唯此唯大。

　　在江汉洪水发生的同时，又是荆州市暴雨的发生期，雨洪同步，外洪内涝同时发生。也有部分年份因降雨偏少或降雨时空分布不均而出现干旱。

　　三峡工程建成后，荆江河段的防洪形势趋向缓和，但绝不是荆江防洪的终结，认为有了三峡工程，荆江防洪就太平无事了，不要防汛了，这种想法是对三峡工程的误解，这是人们的一种善良愿望罢了。当然，有了三峡水库的调节，荆江河段防御高水位、大洪水的概率就减少了，由于三峡水库的库容相对于长江中下游巨大的超额洪量，防洪库容仍显不足，还要特别警惕长江流域部分地区极端水文气候事件发生；宜昌以下，城陵矶以上有 30 万平方千米的面积，并未得到完全有效的控制，却又相对属于多雨区，足以产生威胁荆江特别是威胁荆南四河安全的洪水（即通常所说的区域性洪水）。长江宜昌以上的承雨面积有 102 万平方千米，设想将所产生的洪水全部拦蓄在上游，减轻或者免除中下游的洪水灾害，这既不可能做到，也是不应该的。这将严重破坏长江的生态环境。只能通过部分控制性工程，将洪水化大（洪水）为小（洪水），化整为零（散），错峰下泄。

因此，防洪仍然是荆州天大的事，只要有荆江存在就有荆江防洪问题的存在。我们的责任是通过工程措施和非工程措施把洪水可能造成的损失减小到最低的程度。

第一节 防汛方针和任务

新中国建立后，各级人民政府非常重视以防洪为重点的防汛抗灾工作，视防汛为天大的事。始终树立"立足抗灾夺丰收"，预防为主，有备无患的指导思想。根据各个时期的水、雨、工程情况制定指导防汛斗争方针。

防汛工作必须强调以防为主的指导思想。局部利益必须服从全局利益。强调服从命令，听从指挥。每年汛期按可能出现的较大洪水，甚至是特大洪水做好预案，做好各项准备工作。

1951 年政务院发布的《关于加强防汛工作的指示》中指出，防汛工作要提高预见性，防止麻痹思想；对异常洪水要预筹应急措施。同时，湖北省人民政府发出指示，强调以江汉防汛为重点，提出"依靠群众、统一领导、重点防守、全面照顾、分段负责、谁修谁防"的方针。1972 年湖北省防汛指挥部提出"以防为主、防重于抢、全面防守、重点加强、水涨堤（坝）高、人在堤（坝）在、严防死守"的方针。1988 年《中华人民共和国防洪法》颁布，这是我国防治自然灾害的第一部重要法律。用法律形式规范防治洪水，依法防洪、防御和减轻洪水灾害，对保障人民生命财产安全和经济建设的顺利发展具有重大而深远的意义。规定"防洪工作实行全面规划，统筹兼顾，预防为主，综合治理，局部利益服从全局利益"的原则。又规定：任何单位和个人都有保护防洪设施和依法参加防汛抗洪的义务。全社会都有责任参与承担防洪工作。还规定，防汛抗洪工作实现各级人民政府行政首长负责制，分级分部门负责。

1991 年《中华人民共和国防汛条例》颁布，明确规定，防汛工作实行"安全第一、常备不懈、以防为主、全力抢险"的方针。遵循团结协作和局部利益服从全局利益的原则。这个方针成为全国统一的防汛工作方针。

荆州堤防的防汛任务是根据长江干堤特别是荆江大堤和重要支堤在不同

历史时期建设标准提高和抗洪能力的增强而提出来的。

1954年大水后，全省防汛会议提出的任务："一般要求江汉干堤和主要支堤保证水位应比1955年提高0.5米；长江干堤争取1954年当地最高水位不溃口；荆江大堤，荆江分洪区南线大堤保证任何情况下不溃口。"

1980年，长江中下游防洪座谈会明确提出：长江中游近期防洪任务是遭遇1954年同样洪水，要确保重点堤防安全，努力减少淹没损失。

1985年，国务院批复《长江防御特大洪水方案》，提出遇到1954年同样严重洪水，要确保重点堤防安全，努力减少淹没损失；对于比1954年更大的洪水，仍需依靠临时扒口，努力减轻灾害。长江委确定长江中下游防汛任务是：遇1954年同样严重的大洪水，通过运用已建水库和已安排的分洪区调蓄洪水，以确保荆江大堤、南线大堤（荆江分洪区）等重点堤防及武汉市等重要城市安全，努力保护重要江堤及重点堤垸安全；遇超过1954年洪水，也要全力抗洪，力争减少中下游平原洪灾损失；对常遇洪水，应保证安全度汛。

2011年国家防总批准的《长江洪水调度方案》中指出：长江中下游干流堤防设计洪水位分别为沙市45.00米、城陵矶（莲花塘）34.40米、汉口29.73米、湖口22.50米。荆江大堤、南线大堤为Ⅰ级堤防。松滋江堤、荆南长江干堤、洪湖监利江堤等为Ⅱ级堤防。荆江分洪区、洪湖东分块为重要蓄滞洪区；涴市扩大分洪区、人民大垸分洪区、虎西备蓄区、洪湖西分块为蓄滞保留区。

荆江河段的防洪标准以防御枝城100年一遇洪水洪峰流量为目标，同时对遭遇1870年同大洪水应有可靠的措施，保证荆江两岸干堤不发生漫溃，防止发生毁灭性灾害。城陵矶及以下平原河段总体防洪标准为防御新中国成立以来发生的最大洪水，即1954年洪水。

三峡工程建成后，湖北省防办规定，全省江河防汛特征水位设置警戒水位和保证水位两级，原设置的设防水位由各地防汛部门内部掌握使用，不再作为一级特征水位上报。特征水位见表6-1。

表6-1　　　　　　　　　　特征水位表（2018年）

河名	站名	设防水位/m	警戒水位/m	保证水位/m	备　注
长江	枝城	48.00	49.00	—	
	沙市	42.00	43.00	45.00	历史最高水位45.22m（1998年8月17日）
	石首	37.50	38.50	40.38	历史最高水位40.97m（1998年8月17日）
	监利	34.50	35.50	37.23	历史最高水位38.31m（1998年8月17日）
	螺山	31.00	32.00	34.01	历史最高水位34.95m（1998年8月20日）
	汉口	25.00	27.30	29.73	历史最高水位29.43m（1998年8月17日）

续表

河名	站名	设防水位/m	警戒水位/m	保证水位/m	备　注
松西河	新江口	43.00	44.00	45.77	历史最高水位46.18m（1998年8月17日）
松东河	沙道观	43.00	44.00	45.21	历史最高水位45.51m（1998年8月17日）
虎渡河	弥陀寺	42.00	43.00	44.15	历史最高水位44.49m（1998年8月17日）
藕池河	管家铺	—	38.50	39.50	历史最高水位40.28m（1998年8月17日）
	康家岗	—	38.50	39.87	
洞庭湖	湘潭	—	28.00	41.26	
	桃江	—	39.20	42.80	
	桃源	—	42.50	45.40	
	石门	—	58.50	61.00	
	七里山	—	32.50	34.55	
东荆河	陶朱埠	38.40	40.00	42.30	
	新沟嘴	35.70	37.00	39.04	
	民生闸	28.00	29.00	31.48	
湖泊	长湖	31.50	32.50	33.00	历史最高水位33.45m（2016年7月23日）
	洪湖	24.50	26.20	26.97	历史最高水位27.19m（1996年7月）

第二节　险　情　抢　护

　　荆州境内堤防普遍建筑在第四纪冲积层之上，建筑历史悠久，系多年加培而成。堤身土质结构复杂，隐患多，低矮单薄。堤基上部一般为黏土、亚黏土，土层薄，下层多粉细沙，再下面为砂砾层和卵石层，透水性极强。汛期容易出现管涌险情。许多堤段堤外无滩或滩岸很窄。崩岸险情严重，堤防溃口频繁。新中国建立后，对堤防虽经大力整治，抗洪标准不断提高，但因堤线长，险段多，整治工程量大，还存在一些薄弱环节，尤其是民垸堤抗洪标准仍然偏低。汛期堤防及其他水利工程曾多次出现各种重大险情，有的险情经过抢护转危为安，有的险情由于抢护不及时或抢护方法错误而造成溃口。1954年以后，荆江两岸共发生堤防溃口9处（长江干堤1处，支民堤8处）。因管涌险情造成溃口7处，漏洞险情2处。这9处溃口是可以防止的，是不应该发生的。主要教训是：未能及时发现和消除各种不利于工程安全的隐患，疏于防范，管理工作依然是薄弱环节，险情发生后，未能迅速采取正确的抢护方法，因而造成溃口。

1998年大水后，国家把堤防加固作为江湖治理工作的重点，针对堤防存在的基础渗透、堤身多隐患以及崩岸等问题，投入巨资，对堤防进行全面培修，重点做好基础防渗和清除堤身隐患，堤顶欠高和断面单薄堤段一律加高培厚。同时采用新技术、新材料、新工艺，增强堤防抗洪能力，荆州境内主要堤防已经达到或基本达到设计标准。

荆州市的干支堤防经过加高加固以后，再遇大洪水或较大洪水，还会不会发生险情？当然还会。但是决不会像1998年那样发生那么多的险情。这是因为堤防不同于水库的大坝。大坝的基础是不透水的。坝身是一次性填筑的。堤防是建筑在冲积的土层上，相对不透水层薄，土层结构复杂，不连续的粉细沙层、淤泥层随机分布，有的堤基沙层深厚。要想全部弄清楚堤基土层结构分布情况，难度很大，几乎是不可能的。这就存在"一寸不牢、万丈无用"的问题。先天不足，底子不清这两个问题长期存在。认为堤防加固了，管涌险情也就消除了，事实并不是这样。荆江两岸的堤防，由于透水层深厚，采用加大堤身内外水平铺盖（覆盖层）可部分阻止外江水向地基渗透之外，没有别的办法可完全阻止外江水向堤基渗透。对堤身进行加高培厚，并不能解决地基的管涌问题，或者说加固堤身与解决管涌险情无关。想根本解决大多数堤段管涌问题是不可能的。现在所采取的措施（包括防渗墙）就是防止管涌险情不在堤后50～100米的范围内发生。还有对堤身内外覆盖层的破坏时有发生。如挖渠道、挖鱼池、打井、爆破、修穿堤建筑物不做地基防渗处理等，也会诱发管涌险情发生，称之为"人造险情"。管涌险情将长期存在下去。堤身隐患经过除险加固，已经大大减少，总体来讲还有隐患，但是不多了。隐患主要有两个方面：一方面是历史遗留下来的，是"死"的隐患，清一处，少一处；另一方面是白蚁、狗獾的危害，是"活"的隐患，清除了还会发生，要常抓常治，千万不可松懈。

随着堤防的抗灾能力正在不断改善加强，总体上讲，汛期出险的概率是少了。因此，必须反复宣传，使大家建立起一种信心，即在大多数情况下，溃口事故是可以防止的。但是又必须明白，这并不是说所有水利工程（包括堤防）经过加固之后，就万无一失了，不会出问题了。就堤防而言，堤基渗透、堤身隐患、人为破坏（人造险情），这些都是堤防安全的薄弱环节，将长期伴随堤防的存在而存在。因此，汛期出险是难以避免的。只要有水利工程存在，只要有堤防存在，发生险情的可能性总是存在的。没有一劳永逸的水利工程。原有的险情处理了，新的险情还会出现。总结历史上水利工程失事的教训，不外乎存在以下四个方面的原因。

（1）工程修建时，不注意质量，留下隐患，难以根治。例如，堤防、水库（特别是小水库）、涵闸、泵站的地基是一个十分复杂的问题。有的暗险

（隐患）是一般查治方法不能发现的。要把荆州境内所有水利工程的暗险都查清楚几乎是不可能的。水利工程管理者的责任就在于善于发现险情并及时处置。

（2）忽视对工程的运用管理，甚至遭到人为破坏，如破坏堤身内外覆盖层，没有及时采取补救措施，及至汛期，小险变成大事，甚至失事。

（3）工程出险之后，决策失误，采取的抢护措施不得力。

（4）遇到不可抗御的灾害（地震、特大洪水和大量超额洪水）。

历史已经证明，出险不等于就会溃口，但是处理不好就会溃口。这里的关键就是要加强对水利工程的管理。平时加强对工程的管理和维护，把险情处理在萌芽状态，汛期就可能少出险或不出险。切不可把汛期对险情抢护的能力估计得过高，抢险是带有很大风险的。只有大力加强水利工程建设，才能不断提高抗御灾害的能力，也只有加强管理，水利工程的抗灾能力才能得以维持。认为水利工程加固了，就不需要加强管理了，这是错误的观点。加固不能代替管理。

总结过去特别是新中国建立之后 60 多年防汛斗争的经验教训证明：小心谨慎、认真负责，大水也可以安全度汛；麻痹大意，小水也可能出事。这是用无数生命和财产损失换来的教训。尽管三峡工程已经建成，荆江的防洪形势发生了很大变化，但是，只要有防洪问题存在，这条启示仍是金科玉律。

积防汛抢险之经验教训，对于堤防出现的各类险情（不含崩岸）的抢护方法，可以概括为："堤身出险做外帮，堤内出险做围井。"就多数险情而言，都必须这样处理。如果险情一经发现就采取这样的措施，不会带来风险，不会使险情恶化。但是，险情的性质千差万别，具体险情应具体对待，不可能都是一成不变的抢护方法。虽说做外邦、做围井只有好处没有坏处，但是是不是需要采取这种方法，要仔细斟酌，以免浪费人力、物力。不过在险情发现之后，在现场没有技术人员指导的情况下，采取这样的措施是一种应急的办法。汛期抢护险情必须坚持三条原则和抓住五个环节。

（1）三条原则如下。

1）抢护险情的速度要快，以快制险，慢了就会使险情恶化。

2）处理险情要高标准、严要求。要从难、从严，开始处理就马虎，后患无穷。

3）控制（观察）险情要坚持到汛期结束。

（2）五个环节是：查险——→定性——→决策——→抢护——→观察。

1）首先是查险。这是处理险情的关键，出险并不可怕，就怕有了险不能及时查出来，不知道，任其发展，等到再查出来，险情已经扩大恶化，增加了处理险情的难度，甚至造成溃口。这是最危险的。所以在汛期尽管工作千头万绪，第一位的贯穿汛期始终的就是组织好巡堤查险，要紧紧抓住不放，涨水是这样抓，退水也是这样抓，一点也不能马虎。对于查险人员的职责必须交代清楚，并形成制度。并经常进行检查（领班、查险堤段、交接时间、报告制度、雨具、照明、通信）督促，特别是防止走马观花，流于形式。这个环节抓住了，就是抓住了防汛工作的纲。许多溃口事例证明，发现险情太迟，以致抢险被动而造成溃口。看一个指挥部（县以下）及其指挥人员是不是麻痹大意，主要就看查险这个环节落实了没有，抓住了没有。哪怕工作搞得很好，只要这一条没有抓住，就可能出事。一着不慎，满盘皆输。

2）确定险情的性质。险情查出来了，要迅速判断清楚是什么险情，如果险情的性质定不下来，或者定得不准确，就会给抢护带来困难，甚至延误时间，致使险情恶化。险情的性质搞错了，就可能导致抢护方法发生错误。要特别防止在险情性质上争论不休，延误时机。

3）决策。险情性质确定之后，应当如何抢险，采用哪种方法，先干什么，后干什么，要迅速作出决断，提出明确的具体抢护方案，分工执行。还要准备可能发生的意外事情及其应急措施。

4）抢护。要把决策迅速变为具体行动。按照抢护的方法，在统一指挥下，组织劳力，器材以及运输工具、照明设备、通信设施高质量、高速度完成任务，控制险情发展。抢险的速度一定要快，决不可拖拖拉拉。方法虽然正确，但抢护的速度太慢，还有可能出事。凡重大险情在抢护过程中必注意两点：一是指挥人员必须顾及各个方面，协调一致，防止顾此失彼；二是细心观察抢护过程中险情的变化是否与预先设想的抢护方案一致。如有变化，要及时调整抢护方法。

5）加强对险情的观察监护。险情处理之后，不等于太平无事了，只是控制了险情的发展，并没有消除险情，险情依然存在。尤其是管涌险情，要派专人观察守护，看有什么变化，特别是重大险情处理之后，更要注意观察它的变化，随时准备进行第二次抢护。任何险情都会随着水位的升降和持续的时间以及气象等因素的影响而发生变化。不要用静止的观点去看待险情，或者变好，或者变坏，总之是在不断变化。险情已经稳定，是指险情没有继续恶化或扩大。如果没有专人观察，险情变化了却不知道，未能采取调整措施，任其恶化，甚至溃口。所以，凡是险情都应有人看护观察，直至汛期结束。

虽说抢护险情的五个环节是相互联系的，但最关键的是查险，许多溃口事例证明，险情发现太迟，无法组织起有效的抢护而造成溃口。所以，在汛期务必把查险工作当做是关系到能否安全度汛的头等大事来对待。因此，从这个意义上讲，能否安全度汛，就看是否抓住了巡堤查险这一环节。这是用无数生命和财产损失换来的教训，我们千万不可忘记。

防汛斗争的实践证明，防汛斗争的指挥者，特别是在处理重大事件时（分洪、抢险、堵口）不但需要勇气，更需要智慧。勇气来源于对防洪事业的忠诚和对人民生命财产安全的高度责任感；智慧是从实践和对防汛斗争的经验教训的不断观察、判断、分析、总结、思考的过程中形成和积累起来的。

防止水利工程失事，在现阶段乃至今后一个很长时期，指挥者的作用仍然是非常重要的。必须审时度势，随机应变。汛前不可能把汛期可能发生的事情都预料到，因此要准备应付各种突发事件。应尽可能把"预案"做细，迄今为止，没有哪一条大江大河的防洪斗争是可以坐在办公室去完成的，必须广泛动员各方面的力量，统一指挥才能取得胜利，把损失减少到最低的程度。所以指挥者的经验和胆略是非常重要的。一位将军曾说过：在高科技时代，记住这一点十分重要，某些永恒的原则仍然指导着战争过程，其中首要是战争对意志最终的考验。防洪斗争也是这样。

不论科学技术多么发达，凡是由人去操作的事情，弄不好总会有失手的时候。防洪斗争的成败关系千家万户的安全，唯有小心谨慎。古人云："凡百事之成也，必在敬之；其败也，必在慢之。"谨慎小心事业才能成功；怠慢、疏忽就会误事。从事防洪斗争的人们，要善于学习，不断研究新情况，解决新问题，勤于观察，勤于思考，不心存侥幸，充分准备，不麻痹大意，就能正确处理防洪斗争中可能出现的各种复杂情况和困难局面，夺取防洪斗争的胜利。

管涌险情抢护方法要点如下。

管涌险情是堤防各类险情中对堤防安全威胁最大的险情。从理论上讲，管涌险情距堤身愈近愈危险。根据所抢护管涌险情的经验教训，距堤脚 30 米以内称为特大溃口性险情；50 米以内为溃口性险情；100 米以内为重大险情；150 米以内为重要险情。这种以距堤脚远近的分类方法并不是国家规定的标准，只是按管涌险情的危险程度进行分类。根据江汉平原的地质情况，凡距堤脚 500 米以内的管涌险情都应及时妥善处理。

管涌并不等于管涌破坏，不是一发生管涌险情就会溃口。关键是要能及时发现险情并迅速采取正确的抢护措施，并切实加强观测，三者缺一不可。

抢护管涌险情的指导思想：采取措施消减水头，降低渗透水在地基运动过程中的流速，达到出清水不带泥沙冒出地面。

抢护管涌险情的指导原则：外截内导，切忌采取堵塞的错误方法。

抢护管涌险情的主要方法："围井导滤"和"蓄水反压"。

控制管涌险情的标志：出清水不带泥沙。

对于抢护重大管涌险情要"高埂、深水、多层、大范围"。

防止管涌的措施，总的原则是阻渗与排渗相结合。

防止管涌发生的具体方法：采取综合措施，以填内平台增加覆盖层（压重）的厚度为主，辅以其他方法。只要内平台覆盖层厚度与内外水头差之比达到 1：1 时，就是比较安全的。

防止管涌发生的措施，要因地制宜，安全可靠，经济可行。

在当前，人为破坏覆盖层诱发管涌险情（人造险情）比自然因素出现管涌险情的可能性更大，更危险。

第七章 洪、涝、旱灾害

长江的洪患主要在中游，中游又以荆江最为严重。荆江河道上游来量大，河道自身安全泄量小，来量与泄量不相适应，多余的洪水（超额洪水）要找出路，或者主动分洪，或者堤防漫溃，这是荆江洪水灾害严重而又频繁的根本原因。

由于荆州所处的特殊地理位置，水旱灾害的特点是：水灾多于旱灾，洪灾多于涝灾；丘陵山区易旱，平原湖区易涝；水旱灾害同时或交替发生。

晚清和民国时期的百余年时间，是荆州洪涝灾害最为严重而又频繁的时期，洪水灾害所造成的范围越来越大，损失越来越严重。从 1931—1949 年的 19 年中，荆州境内有 16 年遭受洪涝灾害，几乎到了年年淹水的地步！晚清和民国时期，人们把洪水灾害同战乱、瘟疫相提并论，成为民不聊生的三大祸害。

新中国建立后，国家始终把治理长江和汉江水患放在十分重要的位置。经过几十年的不懈努力，在国家的大力支持下，上下游、左右岸的人们团结治水，取得了巨大成就。先后战胜了 1954 年、1964 年、1983 年和 1998 年几次大洪水，保证了荆江大堤、汉江遥堤和长江、汉江干堤的安全，结束了千百年来人们在洪水面前处于被动的历史。

三峡工程于 2009 年建成。由于有了三峡工程，荆江河段防洪形势有了根本改善。荆江的防洪形势由严峻趋于缓和。防洪、排涝、抗旱将会发生深刻的变化，从此，荆江将进入一个新的历史发展时期。

第一节 1935 年大水

1935 年大水是一次区域性特大洪水，它所造成的损失，是长江中游和汉江中下游 20 世纪最严重的一次。当年汛期鄂西、五峰、兴山一带和汉江的堵河、丹江流域均发生集中性特大暴雨，其中尤以五峰降雨量 1281.8 毫米（7月 3—7 日）为最大，是我国历史上著名的 35·7（1935 年 7 月）型暴雨中心。这次洪水虽是区域性暴雨所致，但它对部分地区所造成的灾害损失特别严重。

1935 年洪水主要发生在澧水、清江、沮漳河、汉江等河流。暴雨位置稳定，持续时间长，强度大而且集中，是西南低涡活动造成的。7 月 3—7 日，湘、鄂、豫三省约 12 万平方千米的范围，5 天降雨量 600 毫米，为长江流域的最高纪录。有两个暴雨中心，一个在澧水与清江分水岭的南侧地带，雨量实测，五峰为 1281.8 毫米（其中 7 月 3 日降雨量 422.9 毫米）；另一个是兴山，中心点的雨量 1084.0 毫米，宜昌 7 月 4—7 日 4 天降雨量 940.7 毫米（其中 7 月 5 日降雨量 385.5 毫米）。

7 月 5 日，澧水三江口最大洪峰流量 30300 立方米每秒（280 年一遇），沿河死亡 33154 人。

7 月 7 日，清江搬鱼嘴洪峰流量 15000 立方米每秒，洗荡了长阳县城一条街。枝城洪峰流量高达 75200 立方米每秒，沙市水位由 7 月 3 日的 42.09 米陡涨至 43.97 米。与此同时，沮漳河山洪暴发，7 日沮漳河两河口水位 49.87 米，流量 5530 立方米每秒（7 月 6 日，沮河猴子岩流量 8500 立方米每秒，漳河马头砦流量 5100 立方米每秒。1977 年，江河防洪丛书《长江》卷载：1935 年沮漳河河溶站洪峰流量 7000 立方米每秒，淹死数千人，大片民垸溃决）。沮漳河洪水水势汹涌，7 月 4 日下午破众志垸，阴湘城外的吴家大堤和内堤同日相继溃决；7 月 5 日深夜，荆江大堤谢家倒口堤溃，口门宽 600 米；横店子溃口，口门宽 300 余米；阴湘城堤也于 6 日凌晨溃，口门宽 1000 余米。三处洪水汇合，一泻千里，直冲江汉平原。6 日拂晓前，荆州城已陷于滔滔洪水围困之中，广大灾民栖身于城墙之上，日晒雨淋。沙市市区除中山路一线外均遭淹。草市则全境灭顶，人民淹死者几达 2/3。据《荆州水灾写真》记述："其幸免者或攀树巅，或骑屋顶，或立高埠，鹄立水中延颈待食，不死于水者，悉死于饥，竟见有剖人而食者。"民国二十五年（1936 年）出版的《沙市市政月刊》写道："一日之间，四野旧庐，倾成泽国，牲畜禾黍，尽付东流。"洪水横扫荆北平原，灾民不下百余万人。〔注：1935 年洪水，荆州城被洪水围困，形如岛屿，但荆州城未被洪水淹没。当洪水来袭时，荆州城六门（西门、南门、公安门、东门、大北门、小北门）下闸填土，将洪水挡在城外。"荆州城西门水齐城墙垛口，大小北门淹及城门 3/4，南门上了两块半闸板，东门、公安门淹及城门边缘。"据此推算，西门至大小北门的水位为 39.0～38.0 米。6 日晚间，小北门附近排水涵管未及时封堵，被洪水涌入，经军民奋力抢救，化险为夷。城市社会秩序稳定。1935 年大水，导致荆江大堤得胜寺段漫溃的主要是沮漳河洪水，洪水洪峰尖瘦，水量不大。荆州城外高水位维持时间短，至 8 日，洪水开始消退。〕

7 日，荆江大堤麻布拐堤又溃，口门宽 1200 米。此时，潜江东荆河堤亦溃，沔阳的叶家边堤溃，江汉洪水同时进入荆北地区，江陵、监利、潜江、沔阳（今洪湖市）全部被淹。

7月4—7日，松滋长江干堤罗家潭溃，口门宽740米，全县有30多个民垸相继溃口，淹田34.85万亩，死亡1200人，倒塌房屋1.7万栋。公安县从6月30日起，连降大雨七昼夜，长江干堤范家潭溃，口门宽300余米；支河堤防多处相继溃决，全县4/5的地区被淹，受灾20余万人。石首长江水位超过1931年0.7～1.3米，二圣寺堤溃，口门宽200余米，7月1日，罗城、横堤、陈公东、陈公西堤均溃，茅草岭溃口口门宽250米，来家铺溃口口门宽90米，江左各垸于7月3—4日尽溃。7日，罗城、横堤陈公东西干堤与民堤同时溃决。8日，大兴、天兴两干堤又溃，石首全县各堤垸冲毁淹没干堤6处，民垸7处，受灾人口20.25万人，占总人口的83%，受灾面积1500平方千米，占总面积的90.6%，淹田44.7万亩，占84.3%，死亡2940人。1935年荆江、汉江两岸降雨见表7-1。

表7-1　　　　　　　　1935年荆江、汉江两岸降雨情况　　　　　　　单位：mm

单位	全年降雨量	1月	2月	3月	4月	5月	6月	7月	8月	9月	10月	11月	12月	6—8月
江陵	1125.9	25.2	88.3	29.9	25.2	233.3	170.8	292.0	17.5	37.5	93.5	111.7	2.0	480.3
公安	946.1	19.0	42.8	42.8	93.9	116.4	120.2	222.0	33.5	52.7	99.8	91.0	12.0	375.7
监利	1245.1	52.5	109.4	90.4	95.6	143.6	190.0	116.1	139.4	124.1	96.7	91.0	4.5	445.5
松滋	1058.0	18.0	46.1	53.0	49.6	78.5	337.6	331.7	16.5	52.9	105.0	67.8	1.3	685.8
石首	1374.0	40.1	114.0	107.8	96.0	142.6	194.0	235.6	56.0	71.7	124.0	108.9	15.9	486.0
调弦口	1373.0	45.0	102.5	89.0	97.0	199.0	278.0	145.0	37.0	77.0	148.0	130.0	25.6	460.0
洪湖	1299.1	30.0	106.0	110.0	115.0	174.7	256.1	60.7	70.6	72.4	115.6	153.5	34.5	387.4
沔阳	1170.0	27.1	107.8	71.8	60.8	195.7	315.1	63.0	47.8	23.8	143.8	87.9	35.2	425.9
钟祥	823.6	1.8	38.6	28.9	32.5	57.8	198.0	254.6	47.5	39.0	65.8	57.4	1.7	500.1
京山	873.2	28.5	57.0	68.0	44.5	69.0	189.0	103.3	58.4	101.0	77.0	75.5	1.5	350.7

同时，汉江也出现百年罕见大洪水。入夏以来，汉江上自陕、豫南，下至襄樊及鄂西部分地区，7月3—8日的雨量，大都超过了平均年雨量的50%，山洪暴发，上中游干支流洪水猛涨。7日，钟祥碾盘山站7天总来水量193亿立方米（丹江口以上7天来量122亿立方米，丹江口至碾盘山区间来量71亿立方米）。7月6日，襄阳站最大洪峰流量高达52400立方米每秒，7月7日，碾盘山洪峰流量53000立方米每秒（估算碾盘山洪峰流量高达57000立方米每秒），最高水位61.14米，7月8日，皇庄水位52.34米，7月7日，沙洋水位42.74米（新城水位42.90米），7月8日岳口水位37.35米、泽口水位39.16米、陶朱埠水位38.86米。

由于中游来水峰高量大，河道无法承受。7月7日，汉江中游河道水位陡涨 4 米，7 月 6 日，钟祥邢公祠堤首先溃口，洪水涌入县城，深数丈。深夜 11 时，皇庄护城堤溃，淹死 8000 多人。7 日，城南汉江堤一工至十一工段，共溃口 30 余处，总溃口宽 6957 米，尤以三、四工溃口宽达 3500 米（属改道性溃口），洪水横扫汉北，直抵武汉张公堤，灾及十县（钟祥、京山、天门、潜江、沔阳、汉川、云梦、应城、孝感、黄陂）和武汉市。洪水以排山倒海之势，半天之内将京山县第四区（今京山永隆镇）、第五区（今天门市多宝、拖市）全部淹没，"9 日上午天门护城堤溃口达 24 处，城墙上、堤街上皆可行船，城中房屋倒塌，人口淹死无数，呼救声夜以继日，"天门县境 90.8％的面积被淹，冲毁房屋 25300 栋，根据统计资料，此次洪水，汉江中下游受灾农田 640 万亩，受灾人口 370 万人，淹死 8 万多人。尸漂于洪水之上，或掩埋于泥沙之下，无贵无贱，同为枯骨。天门岳口附近的张截湾连日捞尸 1.4 万余具，惨不忍睹，实为近百年未有之浩劫。

7 月 5 日，潜江东荆河右岸汪家刬溃口，左岸李家拐、新潭口、丁秦月相继溃口。

7 月 7 日，新城水位 42.90 米，汉江右岸沙洋堤溃口 4 处，左岸亦溃口 3 处。

7 月 12 日，沔阳县境江堤（今洪湖市长江干堤）叶家边溃，17 日，宏恩矶江堤大木林复溃，沔南被淹，倒灌之水冲淹东荆河下游的乾兴等 15 垸，天门彭市河溃决，沔北 72 垸全部被淹。

8 月，汉江发生秋汛，因溃口未堵，复水为灾。如潜江张截港等地，六次"复水"，加重了灾情。

1935 年的洪水灾害是天灾加人祸造成的。

当洪水来袭时，由于当局没有认真做好防御大洪水的准备工作，更没有组织群众疏散，玩忽职守，防守不力，视人命如儿戏。7 月 5 日，荆江大堤得胜寺处于危险之时，荆江大堤万城堤工局负责人吴锦堂，借祭关公为名临阵脱逃，仅留一职员杨玉农在万城发洋 60 元，希图应付群众，至于防汛抢险材料，一无所有。参加抢险的民工，见吴锦堂已逃，又没有抢险器材，便各自散去。当天夜晚，荆江大堤谢家倒口，得胜台、横店子相继溃决，身为七区专员兼江陵县县长的雷啸岑得知阴湘城堤溃口后，竟然不知道溃口处是其管辖范围，乃临时遍查卷宗，查卷宗不得，认为是当阳县的属地。荆江堤工局局长徐国瑞，7 月 6 日上午去万城视察溃口情况，下午 4 时返回沙市，竟备办三牲，在沙市大湾堤摆设香案，将大筐的食品倒入江中，祭奠江神，乞神退水，沙市驻军首脑及各机关、商会头目均前往祭拜，并由公安局布告，全市禁屠三日。当年大水之后，雷啸岑、徐国瑞二人，相互攻讦，推诿罪过，直到 1938 年，国民政府才给予徐国瑞降两级的处分，对吴锦堂和阴湘城堤防主任李润芝给予"永不录用"的处置。对在这场重大灾害中失职人员的处置就这样不了了之。

1935 年大水，荆州地区淹没面积 19180 平方千米，受灾农田 667.72 万亩，受灾人口 328.3591 万人，死亡 71287 人。1935 年水灾损失统计见表 7 - 2。

表 7 - 2　　　　　　　　　1935 年水灾损失统计表

县别	受灾人口/人	占总人口比例/%	死亡人口/人	受灾面积/km²	占总面积比例/%	受灾农田面积/万亩	占总耕地面积比例/%	备　注
天门	808760	28.5	13819	2261	90.8	132.6	70.0	冲毁房屋 23500 栋
沔阳	314040	40.5	330	3268	70.0	93.8	25.0	
钟祥	318320	59.4	48000	3805	69.2	66.3	31.3	
京山	180982	37.4	1737	1797	46.0	31.65	11.7	
潜江	230000	61.6	100	1113	76.3	57.15	61.5	
江陵	516747	76.3	564	2811	79.6	160.08	67.8	
荆门	76332	14.8	271	586	13.5	25.6	17.8	
松滋	200740	44.9	1215	752	31.9	23.14	25.2	
石首	202494	81.9	2900	1500	90.6	44.7	84.3	
公安	183421	52.6	2351			32.5	45.8	
监利	251755	51.5		1287	49.6			
合计	3283591		71287	19180		667.72		

注：关于 1935 年洪灾造成的损失，各种志书记载不一。根据民国时期《湖北省自然灾害历史资料》载：钟祥死亡人数 48000 人，应城 11 人，汉川 5000 人，云梦 117 人，黄陂 100 人，汉口 24 人，因钟祥汉堤溃口所造成的死亡人数为 61383 人（含钟祥、京山、天门、潜江、沔阳）。

陶述曾在《对长江流域规划的几点意见》一文中指出："汉江洪水威胁汉北平原。1935 年钟祥三、四工溃口，汉水沿天门河流域泛滥到汉口下游入江，灾区分布十县一市，淹死近 8 万人，受灾人口 290 万人，淹没耕地 530 万亩。受灾严重地区的农田被沙压盖，水道紊乱，长期难以整治复原……"

第二节　1954 年抗洪纪实

1954 年长江发生 20 世纪以来最大一次全流域性特大洪水。当年汛期，气候反常，长江流域连续发生暴雨，洪水峰高量大，持续时间长。5月、6月暴雨中心分布于长江中游湖南、湖北地区，致荆江下段江湖水位均高。7月中旬，中游地区降雨未停，而上游地区又连降大雨，不仅雨区广、强度大，而且持续时间长，7月下旬至8月下旬，上游洪峰又接踵而至，而中游江湖满盈未及宣泄，以致荆江形成特大洪水，长江干流自沙市以下全线突破历史最高洪水位0.18~1.66米。

7月5日，上游出现第一次洪峰，下荆江监利河段已超过保证水位，湖北省政府下达"关于防汛抢险的紧急命令"。8日，沙市首次洪峰水位达43.89米，荆江大堤全线进入抗洪紧张阶段，地、市、县动员13.58万人上堤防汛，各级党、政主要负责人奔赴前线坐镇指挥，并抽调大批干部上堤加强防守，层层划分责任堤段，定点定人，专人负责。

1954年汛期，雨量大、汛期长、水位高、险情多，先涝后洪，洪水持续时间之长，洪涝灾害之严重，受灾范围之广，堤防险情之多，为荆江汉江防洪史所罕见。当年汛期，一方面要集中主要力量防汛抢险；另一方面要组织转移受灾群众，同时在两条战线进行斗争，克服前所未有的艰难险阻。

江汉洪水同步，增加了防汛抗灾的难度。一般年份汉江洪水（包括东荆河）多发生在8月底至10月初。1954年7月底、8月初汉江即出现了较大洪水，江汉洪水遭遇，汉江下游东荆河下游长期持续高水位，防洪形势异常严峻。

1954年抗洪斗争，是新中国建立后中国共产党领导广大人民群众在极其困难的条件下同洪水灾害进行的史无前例的较量，是一场没有硝烟的战争，是对新生政权的一次重大考验。时值新中国建立初期，荆江大堤、汉江遥堤、长江干堤、汉江干堤、东荆河堤及荆南四河堤防堤身单薄，隐患众多，抗洪能力较差，所有堤防均面临高洪水位严峻考验。面对特大洪水，在党中央的领导下，各级党委和政府紧急行动，全体干部群众投入抗洪抢险，最多时上堤干部群众43万人〔长江24万人（其中沙市7976人），汉江11.2万人，东荆河7.8万人〕。有计划、有步骤地运用刚建成的荆江分洪工程（包括扒口），妥善处理超额洪水，避免了洪水泛滥溃口造成重大人员和财产损失的悲剧发生。在全国各地的大力支援下，经过100多个日夜的艰苦奋战，终于战胜了特大洪水，保住了荆江大堤、汉江遥堤和武汉市的安全，取得了抗洪斗争的伟大胜利，开创了荆州防汛抗洪的新纪元。

一、雨情

6—7月，雨带长期徘徊于长江流域，入夏，乌拉尔山和鄂霍茨克海维持强大的阻塞高压达两个月之久，太平洋副高压带较常年偏南而持久，雨带长期徘徊于长江流域。5月、6月，雨区先集中在长江中下游的江西、湖南和湖北东南一带。5月大部分地区雨量一般为 400～600 毫米，为历年同期雨量的 2～3 倍。1954 年的"梅雨"期较常年延长了 1 个月左右，长达 60 多天。形成暴雨次数多、强度大、历时长、范围广的特大洪水。6 月，长江中下游几乎是无日不雨，其中发生三次较大暴雨，中旬一次暴雨历时 9 天之久，下旬暴雨强度更大。6 月 24 日，江南地区暴雨（日雨量大于 50 毫米）面积为 20 万平方千米，25 日为 24.5 万平方千米。7 月暴雨和 6 月相似，具有强度大、面积广、持续时间长等特点，流域内每天均有暴雨出现，且形成南北拉锯局面。8 月上半月，暴雨主要在川西及江汉上中游。整个暴雨过程约为三个阶段：汛初至 5 月底，5 月至 8 月初，8 月初至汛期结束。

荆州地区长江和汉江两岸各县普降大到暴雨，年雨量超过正常年年雨量的 80%，有的超过 1 倍以上，一年降雨等于正常年景两年的降雨量。降雨主要集中在 5—7 月，松滋、江陵、公安、石首、监利、洪湖、天门、沔阳、潜江、京山等县 5—7 月的降雨量达到和超过全年平均降雨量，钟祥 5—7 月降雨量占多年年平均降雨量的 94%；荆门 5—7 月的降雨量占多年平均降雨量的 66%。见表 7-3 和表 7-4。这样大范围的强降雨实属罕见，荆江及汉江沿岸各县平原湖区遭受了严重的内涝灾害。5 月底至 6 月初先涝后洪局面已经形成。

表 7-3　　　　　　1954 年荆江两岸降雨情况表　　　　单位：mm

地区	全年	1月	2月	3月	4月	5月	6月	7月	8月	9月	10月	11月	12月	5—7月
宜昌	1631.0	55.4	49.0	27.5	143.4	192.9	158.0	328.2	371.2	131.4	64.5	49.8	59.7	679.1
河溶	1400.1	45.3	62.7	30.1	168.1	249.3	152.1	350.1	155.5	28.3	57.2	48.3	53.1	751.5
枝江	2282.6	86.4	86.9	29.1	186.3	335.3	326.0	571.9	413.5	42.1	86.7	48.1	70.3	1233.2
松滋	2197.0	106.9	115.9	31.0	208.6	365.5	423.8	486.7	215.7	25.4	78.4	68.0	71.1	1276.0
沙市	2012.0	95.0	121.1	27.1	191.4	278.5	468.3	397.8	199.0	22.3	71.8	69.2	70.9	1144.6
江陵	1853.5	66.9	94.8	27.3	183.1	249.4	416.3	409.5	173.1	21.1	72.5	62.3	77.2	1075.2
公安	2017.8	91.9	94.4	37.8	182.4	398.6	474.3	466.1	72.1	36.1	48.6	51.4	63.6	1339.0
石首	2044.4	128.7	102.1	48.8	194.1	382.5	577.9	348.2	92.1	43.3	31.9	41.2	53.6	1308.6
监利	2301.7	115.3	102.5	53.9	212.6	597.3	628.0	369.0	51.8	44.5	24.1	33.5	69.2	1594.3
城陵矶	2262.4	114.6	89.6	63.7	216.4	392.9	895.7	313.0	22.5	14.8	22.1	33.4	83.6	1601.6
洪湖	2318.4	101.6	60.5	48.6	193.9	510.1	789.3	421.7	25.7	26.6	21.7	31.0	87.7	1721.1
岳阳	1499.83				219.2	33.63	796.4	378.1	30.6	10.4	31.5			1208.13

地区	全年	1月	2月	3月	4月	5月	6月	7月	8月	9月	10月	11月	12月	5—7月
京山	1724.3	62.7	87.4	18.4	120.5	246.9	313.3	522.2	138.6	39.9	50.8	56.4	67.2	1082.4
钟祥	1449.2	58.8	67.8	28.8	90.5	166.2	199.3	516.0	142.0	32.4	48.4	41.6	57.4	881.5
天门	1862.5	96.2	96.5	29.9	180.5	304.9	400.6	444.2	48.3	37.5	77.8	50.2	95.9	1149.7
沔阳	2335.5	103.0	120.0	32.3	196.5	395.6	642.0	668.2	21.8	30.4	38.4	33.7	53.6	1705.8
潜江	2069.9	121.3	101.5	27.8	203.3	339.2	490.6	437.0	96.9	32.9	64.2	55.9	99.3	1266.8
荆门	1227.6	62.1	57.7	22.1	114.2	128.4	163.0	372.8	154.2	40.3	53.6	40.2	19.0	664.2

表 7 - 4　　　　　　　　1954 年汉江、东荆河两岸降雨情况　　　　　　　单位：mm

荆江两岸从 5 月 1 日至 8 月 14 日的 106 天中，降雨天占 60%，晴天只占 12.3%，其他为半阴半晴天。汉江天门城关，5—7 月，雨日 62 天，岳口雨日 59 天，仙桃雨日 61 天。

二、长江防汛

（一）水情

1. 洪水形成

1954 年长江中下游地区雨季提前到来，洪水发生比一般年份早。洞庭湖水系 4 月即进入汛期。5 月，湖北西部及湖南洞庭湖区出现大雨和暴雨，下旬，上游乌江、嘉陵江、岷江相继出现洪峰；城陵矶以下水位迅速上涨。6 月长江上游金沙江、岷江、乌江连续出现洪峰，同时洞庭湖水系洪水频频发生，入江水量剧增，上、中游洪水发生遭遇。长江中下游经历 5 月、6 月连续降雨之后，江湖水量均已盈满，而 7 月又迭次出现大面积暴雨。上游嘉陵江 7 月下旬水位创全年最高峰；乌江 7 月 27 日出现 16000 立方米每秒洪峰，超过实测记录；金沙江、岷江 7 月水位数次上涨。长江干流及各支流连续出现洪峰：7 月 22 日寸滩站出现 182.57 米洪峰水位；宜昌水位 54.04 米，30 日水位达 54.77 米，洪峰流量 62600 立方米每秒。洪峰沿程增加，荆江河段出现严重汛情。沙市站自 5 月 28 日出现首次洪峰水位 40.77 米起，水位持续上涨，6 月 30 日洪峰水位 41.83 米，7 月 22 日洪峰水位 44.38 米。7 月底至 8 月上中旬上游金沙江、岷江、嘉陵江、乌江等地区接连出现大范围降雨，长江上游连续出现洪峰，加上三峡区间和清江暴雨，长江全流域洪水达到最高峰。宜昌站 8 月 7 日水位达 55.73 米，为 1877 年以来第二高水位，洪峰流量 66800 立方米每秒。三次运用荆江分洪工程后，沙市站 8 月 7 日最高水位仍达 44.67 米，相应流量 50000 立方米每秒。监利以下因受沿江堤防溃决影响，最高水位出现时间分别为 7 月中旬至 8 月中旬。汉口站 8 月 18 日最高水位达 29.73

米，超过 1931 年最高水位 1.45 米，为 1865 年有实测记录以来最高值。1954 年长江及洞庭湖主要站最高水位、最大流量统计见表 7-5。

表 7-5　　　1954 年长江及洞庭湖主要站最高水位、最大流量统计表

流域	站名	最 高 水 位			最 大 流 量		
		日期	水位/m	相应流量/(m³/s)	日期	相应流量/(m³/s)	水位/m
长江	宜昌	8月7日9时	55.73	66600	8月7日5时	66800	55.64
	枝城	8月7日9时	50.61	69900	8月7日5时	71900	50.54
	沙市	8月7日17时	44.67	50000	8月7日	50000	44.67
	石首	8月7日24时	39.89				
	监利	8月8日5时	36.57	35600	8月7日	35600	36.57
	螺山	8月8日16时	33.17	76600	8月7日24时	78800	33.15
	汉口	8月8日15时	29.73	67800	8月1日24时	76100	29.58
松滋河	新江口	8月7日18时	45.77	5950	8月6日12时	6400	45.57
	沙道观	8月7日18时	45.21	3730	8月6日12时	3780	44.99
藕池河	管家铺	8月8日3时	39.50	11500	7月22日	11900	
	康家岗	8月5日5时	39.87	2740	7月22日11时	2890	39.54
虎渡河	弥陀寺	8月2日16时	44.15	2970	8月2日16时	2970	44.15
调弦河	桂家铺	8月7日21时	38.07	1650	8月7日21时	1650	38.07
湘水	湘潭	6月30日3时	40.73	19100	6月30日3时	19100	10.73
资水	桃江	7月25日16时	42.91	10900	7月25日15时	11000	42.89
沅水	桃源	7月30日23时	44.39	23900	7月30日23时	23900	44.39
澧水	三江口	6月25日20时	67.85	14500	6月25日20时	14500	67.85
洞庭湖	七里山	8月8日12时	34.55	40100	8月1日18时	43400	34.42
沮漳河	河溶	7月7日22时	49.40	2050	8月7日16时	2120	49.26

注　数据来源于长江委水文局《长江防汛水情手册》，2000 年。

2. 洪水过程

自 4 月开始，洞庭湖水系降雨极为丰沛，各支河洪水频发，湖区水位节节上升，湖容满盈；5—6 月长江上游出现几次洪峰，助长干流中下游各站水位涨势。受洞庭湖涨水影响，6 月上旬江湖已成满槽之势。6 月 16 日，洪湖新堤水位上涨至 29.04 米，率先超设防水位，20 日，上涨至 30.04 米，超警戒 0.04 米；6 月 17 日，监利进入设防水位，29 日 14 时超过警戒水位（34.00 米），7 月 7 日水位 35.70 米，超过保证水位（35.69 米）。6—7 月全流域连续大范围的暴雨致使长江水位持续上涨。由于长江上中游汛情变化，

荆州河段共出现 6 次洪峰。

第一次洪峰（7 月 5—8 日）：沙市 7 月 1 日进入设防。7 月 5 日，上游出现第一次洪峰，与支流洪水汇合而下，荆江水位迅速上涨，沙市水位 5 日达到 42.70 米，8 日达到 43.89 米，荆江两岸进入全面防汛阶段。

第二次洪峰（7 月 20—23 日）：由于长江上中游连续降雨，荆江水位迅速上涨，7 月 20 日沙市水位回涨至 43.00 米。第二次洪峰出现时，如不运用荆江分洪工程分泄荆江洪水，预计沙市洪峰流量将达 47880 立方米每秒，洪峰水位将达 44.85 米，荆江大堤可能漫溃。经中央批准，7 月 22 日 2 时 20 分开启北闸分洪。分洪后，沙市站 22 日维持最高水位 44.38 米，23 日回落至 44.08 米。

第三次和第四次洪峰（7 月 24—31 日）：7 月 24 日沙市水位 43.96 米，27 日回落至 43.12 米，28 日回涨至 43.72 米，30 日上涨至 44.40 米，31 日水位回落至 44.20 米。8 月 1—4 日为一般洪水，8 月 1 日沙市水位 44.04 米，4 日回涨至 44.39 米。

第五次洪峰（8 月 5—10 日）：8 月 5 日沙市水位 44.43 米，7 日 17 时沙市最高水位达到 44.67 米，为 1954 年汛期最高水位，8 日回落至 44.58 米。7 月 24 日，螺山站出现当年最大流量 78800 立方米每秒，洪峰水位 33.17 米（8 日 16 时）。8 月 16—26 日由于长江流域天气开始好转，干支流降雨偏少，荆江各站水位逐渐回落。

从第二次洪峰至第五次洪峰（7 月 20 日至 8 月 10 日）的 21 天时间内，是荆江防汛极为紧张、艰难的时期，大量险情发生，尤其是荆江大堤不断发生溃口性险情。分洪、溃口转移灾民等主要集中在这一时期。

第六次洪峰（8 月 27 日至 9 月 1 日）：因上游降雨，荆江各站水位略有回涨，8 月 30 日沙市水位 43.18 米，监利 9 月 1 日水位 34.61 米，至 9 月 2 日全线回落。

第六次洪峰过后，9 月、10 月长江中游各站先后退出设防水位，荆江地区防汛抗洪结束。

沙市：从 7 月 1 日进入设防至 9 月 4 日退出，历时 65 天，其中水位超过 43.00 米以上的有 34 天，超过 44.00 米以上的有 15 天。最高水位 44.67 米，最大流量 50000 立方米每秒。

石首：6 月 29 日进入设防（北门口水位 37.00 米），9 月 12 日退出设防，历时 76 天，其中超警戒水位（38.00 米）的有 61 天，超保证水位（39.39 米）的有 17 天，最高水位 39.89 米。

监利：从 6 月 17 日进入设防至 10 月 2 日退出，历时 108 天，其中超过警戒水位的有 58 天；从 7 月 2 日至 8 月 16 日水位在 35.00 米以上的有 46 天，其中超保证水位（35.69 米）的有 32 天。最高水位 36.57 米，最大流量 35600 立方米每秒。

洪湖：6 月 16 日进入设防（29.00 米），6 月 20 日超过警戒水位（30.00 米），7 月 2 日达到保证水位（31.85 米），8 月 11 日达到最高水位 32.75 米（新堤），10 月 7 日退至设防水位，历时 109 天，其中超警戒水位的有 72 天，超保证水位的有 56 天。螺山站最大流量 78800 立方米每秒。长江及洞庭湖主要站最高水位、最大流量见表 7-5。

1954 年长江全流域性特大洪水，与 1931 年洪水相似而远大于 1931 年，宜昌站 30 天洪量 1386 亿立方米，约为 80 年一遇，在城陵矶为 180 年一遇，在汉口及湖口地区约为 200 年一遇，属稀遇洪水。由于长江上游干流洪水与中游众多支流洪水相遇，超过上荆江河道安全泄量 1 万余立方米每秒。上游洪水首先与清江 4800～7800 立方米每秒两次洪峰遭遇，抵达枝城时最大洪峰流量 71900 立方米每秒，对荆江大堤造成极大威胁，迫使荆江分洪工程三次开闸运用，并在上百里洲、腊林洲扒口扩大分洪量。由于下荆江过洪能力不足，沿江洲滩民垸几乎全部决堤行洪；监利水位超过堤顶，靠子堤挡水，最终被迫于长江干堤上车湾扒口分洪。除洞庭湖区分洪外，沿江还有多处湖区分洪，城陵矶以下洪湖蒋家码头扒口分洪，还在西凉湖潘家湾扒口分洪。1954 年大水，除宜昌站居历史实测水位第二位外，其他各站均为有水文记录以来历史最高水位。

3. 洪水组成

从洪水组成来看，宜昌站 6 月 25 日至 9 月 6 日约两个半月洪水量总计达 2795 亿立方米（其中最大 60 天洪峰流量 2448 亿立方米），占年径流量的 48.6%，其中以金沙江屏山站洪水量 899 亿立方米所占比例最大，为 32.2%；岷江高场站 502 亿立方米，占 17.9%；屏山至寸滩区间占 15.2%；乌江武隆站 390 亿立方米，占 14.0%；嘉陵江北碚站 331 亿立方米，占 11.9%；寸滩至宜昌区间占 8.8%。宜昌站全年径流总量 5751 亿立方米，4—10 月、7—9 月洪水量分别占当年总量的 86.6%、56.6%，8 月占 23%。螺山站洪水组成除干流为主外，还有清江、沮漳河、洞庭湖四水等，8 月 7 日出现全年江湖最大容蓄量 573 亿立方米（螺山以上 4—7 月），其中 354 亿立方米为洞庭湖 4—7 月总容蓄量，但洞庭湖蓄量 4—6 月已达 265 亿立方米，至 7 月所余蓄量仅约 89 亿立方米。1954 年 8 月 7 日，枝城站洪峰流量 71900 立方米每秒，相应洪水位 50.54 米，荆南四口分流量 29590 立方米每秒，占枝城来量的 41.15%，见表 7-6。但此时已是江湖满盈，削减最高洪峰作用已不大，以致造成两岸水位抬高、堤防分洪溃口和荆江大堤险情频现的严峻局面。

表 7-6   1954 年荆南四口分流情况表

河流	站名	最大分流量 /(m³/s)	最高水位 /m	备 注
松滋河	新江口	6400	45.77	松滋河合计最大流量 10180m³/s
	沙道观	3780	45.21	
虎渡河	弥陀寺	2970	44.15	
藕池河	管家铺	11900	39.50	7 月 22 日，管家铺河底高程 23.78m，最大水深 15.72m，横断面面积 5690m²；康家岗河面宽 282m，横断面面积 1710m²。藕池河合计最大分流量 14790m³/s
	康家岗	2890	39.87	
调弦河	桂家铺	1650	38.07	

4. 洪水特点

洪水总量大。洞庭湖水系等重要长江支流、湖泊的洪水量几乎全部超过或接近各水系历史大洪水年份，监利、螺山、汉口最大流量均突破历年实测记录。宜昌、沙市、螺山等主要站汛期（5—10 月）洪水总量频率均相当于 100～200 年一遇。

峰型肥大、洪水历时长。长江上游金沙江及岷江、嘉陵江、乌江等主要支流汇入干流后，在宜昌形成"肥胖"洪峰，全年流量超过 4 万立方米每秒的持续时间达 45 天，为有记载以来持续时间较长的一年。洪水流经枝城后，汇集洞庭湖洪水，经沿江湖泊洼地天然调蓄与分洪溃口等影响，洪水过程线总体呈现为馒头状肥大峰型，几乎完全超出各大水年洪水过程线，成为历年的"外包线。"

上、中下游洪水发生遭遇。长江中下游洪水推迟至 7 月，较一般年份约推迟近 1 个月，上游洪水又提前发生，上中游洪水遭遇，致使全江各河段干支流洪水过程叠加，互相影响，形成流域性洪水。

中游地区成灾洪量巨大。实际分洪量、溃口水量达 1023 亿立方米，其中荆江地区 62 亿立方米，洞庭湖地区 254 亿立方米，洪湖地区 196 亿立方米，武汉附近地区 344 亿立方米，湖口地区 167 亿立方米。

荆州境内分洪、溃口水量占 1/4（沙市最高水位 44.67 米，城陵矶最高水位 33.95 米，汉口最高水位 29.23 米，湖口最高水位 21.68 米）。

1954 年，沙市市所辖堤段上自狗头湾下迄孙家河，全长 7.826 千米（桩号 761+500～753+674）。6 月 14 日，沙市成立防汛指挥部，全市工作以防汛为中心，整个防汛期间，先后上堤 32632 人。其中，工人 7202 人，干部 5242 人，教师和学生 4489 人，市民 15699 人。8 月 2 日，荆州市委、市防汛指挥部发出《关于确保荆江大堤战胜第五次洪峰的紧急指示》，全市投入决战的总人数达 7976 人（8 月 2 日防守堤段平均每米 1 人）。其中市民 3181 人，工人 2759 人，干部 1222 人，学生 814 人。

汛期共发现各类险情 162 处。其中浑水漏洞 2 个，清水漏洞 116 个，管涌 1 处，散浸 28 处（长 3339 米），浪坎 2 处（长 713 米），裂缝 8 处（长 255 米），脱坡 4 处，石坦下挫 1 处。加筑子埂堤 1470 米，挑预备土 1547 立方米，以及整坦、勾缝等工程，共计完成土方 19845 立方米。消耗主要器材有麻袋 1709 条、草包 5512 条、砂 158 立方米、芦柴 96 捆。

汛期，沙市市派出干部、工人参加荆江分洪北闸的抢修和启闭工作。湖北省内河船运管理局沙市办事处在洪峰期暂停航运业务，集中 29 艘拖驳船，在宜昌至岳阳段内，不分昼夜运送防汛器材以及转移分洪区内的灾民和救济物资，计抢运防汛器材 4000 多吨，运送民工 2 万多人，耕牛 1.2 万头。

在 1954 年的防洪斗争中，有 21 位同志为了抢护险情而壮烈牺牲。

（二）分洪

1954 年洪水总量大，高洪水位历时长，为保卫荆江大堤和武汉市安全，经中央批准，先后三次运用荆江分洪工程，并先后在洪湖蒋家码头、虎东干堤肖家嘴、虎西山岗堤、北闸腊林洲、枝江上百里洲、监利上车湾等处扒口分洪。分洪后，荆江汛情缓解，特别是 8 月 8 日上车湾分洪后，荆江河段水位迅速回落，沙市 8 月 15 日回落至 42.46 米。8 月 27 日以后因上游降雨水位回涨，8 月 30 日 18 时水位 43.15 米，随后回落。上车湾分洪收到了显著的效果。

1. 第一次分洪

7 月 8 日长江首次洪峰抵达荆江，沙市水位达 43.89 米，荆江分洪工程处于紧急临战状态。7 月 21 日，宜昌洪峰流量 56000 立方米每秒，与清江 3360 立方米每秒流量相遇。由于长江上游金沙江、岷江、嘉陵江、三峡地区和清江流域连续暴雨，预计 7 月 22 日沙市洪峰水位将超过 44.85 米，沙市、郝穴一线均将超过保证水位，且水位仍将上涨，严重危及荆江大堤安全。此时荆江大堤发生多处重大险情，荆江到了最危急时刻，政务院总理周恩来十分关注。为解除洪水威胁，7 月 21 日下午，国家防总指示，7 月 22 日 2 时 20 分，开启荆江分洪工程北闸（进洪闸）分洪。开启顺序，先单号孔，后双号孔；开启高度，以 0.25 米为一格，每小时应开格数，按荆江防汛分洪总部电话通知执行。至 8 时 22 分，54 孔闸门全部开启，最大进洪流量 6700 立方米每秒。27 日 13 时 10 分全部关闸。分洪后维持沙市最高水位 44.38 米、黄天湖水位 38.10 米。此次分洪进洪总量 23.53 亿立方米，总蓄水量约 31.7 亿立方米，减少泄入洞庭湖水量 7.27 亿立方米。据推算，如不分洪，沙市水位将达 44.85 米，超过防御标准 0.36 米，洪峰流量将达 47880 立方米每秒。开闸分洪后，沙市水位骤降，太平口水位直落 1.3 米，荆江大堤险情得以缓解。

2. 第二次分洪

7 月 27 日关闸后，长江上游水位一再上涨，加之三峡区间又普遍降雨，预报枝城站 29 日流量将达到或接近 63000 立方米每秒，清江流量 2820 立方米每秒，且将继续上涨，31 日枝城将超过 65000 立方米每秒。7 月 29 日 6 时，沙市水位再度升至 44.24 米，预计 7 月 30 日沙市水位将达 45.03 米。中央决定第二次开启北闸分洪，29 日 6 时 15 分，开启进洪闸 40 孔，至 30 日 54 孔全部开启，进洪流量由 5500 立方米每秒逐步增加到 6900 立方米每秒，8 月 1 日 15 时 55 分关闭，分洪总量 17.17 亿立方米，蓄洪总量达 47.2 亿立方米，分洪区蓄洪水位 40.32 米。分洪后，维持沙市最高水位 44.39 米，郝穴最高水位仅超过保证水位 0.10 米，争取了汛期整险的可能。据推算，如不分洪，沙市水位将达到 45.03 米，超保证 0.54 米。此次分洪降低沙市预计最高洪峰水位 0.64 米，减少入湖水量 3.79 亿立方米。

7 月 27 日，螺山水位 32.94 米，新堤水位 32.43 米，汉口水位 28.40 米。为确保武汉防汛安全，危急关头，中南区防总决定在洪湖分洪，以削减洪峰，降低汉口水位。27 日 5 时，新堤上游蒋家码头堤段扒口分洪（分洪口门宽 150 米，7 月 30 日，扩大至 900 米。8 月 8 日，口门达 1003 米，口门内外水头差仅 1.1 米），致使洪湖县一片汪洋，房屋大部倒塌，造成洪湖先涝，后决堤，再分洪的特大洪灾。石首人民大垸鲁家台 7 月 29 日决口，扩大进洪：东堤三户街相继溃口，向尚未建成的下人民大垸区（滩地）吐洪，下荆江河曲带形成一片宽达 20 千米"行洪区"，监利一带江堤告急，临时加筑子堤挡水。

3. 第三次分洪

在第二次分洪的同时，长江上游金沙江、岷江、嘉陵江、乌江又先后连降大雨，在清溪场以下汇集成巨大洪峰，加之三峡区间、清江又降暴雨，刚刚消退的水位又直线上升，预计沙市水位将涨至 45.63 米，洪水将普遍漫溢荆江大堤。由于沙市水位长时间维持在 44.00 米以上，荆江大堤重大险情不断发生。为减轻荆江干流压力，紧急关头，中央指示在沙市水位 44.35 米时第三次开启北闸分洪。8 月 1 日 21 时 40 分开闸，先开启 20 孔，3 日零时增开至 40 孔，其后开启孔数多次变动，至 7 日零时 54 孔全部开启。7 日枝城最大洪峰流量高达 71900 立方米每秒，加上沮漳河流量 1500 立方米每秒，还有区间 600 余立方米每秒，荆江防洪形势极度紧张。

此时分洪区经过前两次蓄洪，所剩容积仅约 7 亿立方米，如维持沙市水位 44.30 米，尚需进洪 10 余亿立方米。8 月 4 日 8 时黄天湖水位达 41.27 米，如继续进洪，则黄天湖水位将超过 42.00 米，危及南线大堤安全。至 8 月 4 日，分洪区蓄洪水位已达 41.00 米（当时设计蓄水位），但为保证荆江大堤安全，必须继续分洪；而为保证分洪区南线大堤安全又不能过量超蓄，更不宜在荆江右岸再增辟临时分洪区。经过中央充分权衡，决定开启南闸，扒开虎东堤及虎西山岗堤，让分洪区超额洪水进入洞庭湖和虎西备蓄区，进洪与吐洪同时进行。遵照中央指示，荆江防汛分洪总部 8 月 4 日在虎渡河东堤肖家嘴（即荆江分洪区西堤）扒口，口门宽初为 300 米，后扩展至 1436 米，吐洪流量 4490 立方米每秒。8 月 6 日扒开虎西备蓄区堤，口门宽 565 米，但进流效果较差，以致虎渡河南闸上游水位抬高。南闸加大泄量至 6790 立方米每秒（8 月 4 日 21 时 40 分），大大超过闸下游河道安全泄量。8 月 6 日，荆江分洪区水位继续上涨，分洪区黄天湖闸水位急剧上升至 42.08 米，超过原控制水位 1.08 米。由于进洪量远远大于下泄量，8 月 6 日 24 时，分洪区长江干堤郭家窑因堤顶高程欠高而漫溃，溃口宽 1480 米，分洪区内洪水回泄入江，最大吐洪量达 5160 立方米每秒，下荆江防洪负担骤然加重。此时，长江上游复降大雨，荆江分洪区又处于泄蓄超饱和状态。8 月 7 日 8 时宜昌达到最高水位 55.73 米，洪峰流量 66800 立方米每秒，加上清江来量 7190 立方米每秒，荆江大堤有漫溢危险。为减轻大堤压力，被迫于 8 月 7 日 22 时在上百里洲堤八亩滩（开口处位于上百里洲埝下游）扒口分洪，估算最大分洪流量 3150 立方米每秒，分洪总量 1.76 亿立方米。

经过一系列分洪措施，至 8 月 7 日下午沙市仍出现有水文记录以来最高水位 44.67 米，最大流量 50000 立方米每秒。8 月 8 日，又在腊林洲破堤进洪，口门宽 250 米，最大进洪流量 1800 立方米每秒，分洪总量 17 亿立方米，荆江水位缓慢下降，至 8 月 22 日，沙市水位落至 42.70 米时关闭进洪闸。据估算，如不分洪，沙市洪峰水位将达 45.63 米，多处分洪降低沙市水位 0.96 米，荆江大堤溃决之灾得以避免。第三次开闸分洪计 20 天又 10 小时，最大进洪流量 7700 立方米每秒，分洪量 81.9 亿立方米，减少入湖水量 43.16 亿立方米。1954 年荆江分洪工程分洪后对洞庭湖的影响见表 7 - 7。

表 7 - 7 　　　　　1954 年荆江分洪工程分洪后对洞庭湖的影响　　　　　单位：亿 m³

分洪次数	分洪起讫时间	松滋口	太平口	调弦口	藕池口	四口合计	虎东扒口增加入湖水量	减少入湖净水量累计
第一次	7 月 22 日 2 时 20 分至 27 日 13 时 10 分	2.200	1.170	0.195	3.702	7.267		7.267
第二次	7 月 29 日 6 时 15 分至 8 月 1 日 15 时 55 分	0.658	0.729	0.120	2.287	3.794		11.061
第三次	8 月 1 日 21 时 40 分至 8 月 22 日 7 时 50 分	10.672	6.651	1.544	24.201	43.158	−47.649	6.557
合　计		13.530	8.550	1.859	30.190	54.219	−47.649	

注　1. 减少入湖净水量的最大累积量为 14.315 亿立方米，发生于 8 月 5 日 2 时。

　　2. "—"表示增加入湖流量。

　　3. 资料来源于 1954 年《长江防汛资料汇编》。

（三）上车湾扒口行洪

荆江分洪工程经过三次分洪运用后（三次分洪总量122.6亿立方米），荆江河段、城陵矶以下河段水位仍居高不下，汉口水位继续上涨，两岸堤防险情不断增多。随着郭家窑吐洪，下荆江负担骤然加重，加之江陵董家拐、监利杨家湾发生特大脱坡险情正在抢护，荆江大堤岌岌可危。鉴于当时严峻的防洪形势，为确保荆江大堤和武汉市安全，中南区防总请示中央要求在监利长江干堤扒口分洪。8月5日前后，国家防总三次电话询问监利县防指，荆江大堤江陵县董家拐险情十分严重，且监利杨家湾险情也很严重，上游还在降雨，荆江分洪区已无再调蓄余地，为避免荆江大堤溃口造成重大损失，国家防总准备在杨家湾以上堤段扒口分洪。监利县防指根据国家防总意见，进行反复讨论，认为荆江超额洪水必须尽快寻找出路，避免洪水泛滥，特别是荆江大堤一旦溃决将造成重大损失。如在杨家湾以上堤段扒口分洪，势必淹没监利县城，而县城当时还有约2平方千米的土地未被淹，还有一道长2千米南门土城墙，已有数万灾民转移至此，其又是监利县防汛救灾指挥中心，因此建议将长江分洪口门改在监利县城以下。国家防总同意监利县防指意见，决定在监利长江干堤上车湾扒口分洪（桩号617＋930～619＋100）。8月7日，省防指副指挥长夏世厚带领工兵连，乘炮艇到现场，经短暂动员和疏散沿堤灾民，于8日0时30分在上车湾大月堤扒口分洪。分洪口门最宽达1030米，最大分洪流量9160立方米每秒，进洪总量291亿立方米（10月24日堵口断流）。由于上车湾分洪流量大，荆江河段水位迅速回落。8月8日监利城南最高水位36.57米，9日回落至36.10米，15日回落至35.15米；沙市8日水位回落至44.47米，10日回落至44.03米，15日回落至42.46米；城陵矶8日最高水位33.95米（莲花塘），9日回落至33.90米，13日回落至33.88米，15日回落至33.62米。上车湾分洪收到了显著的效果。

三、汉江防汛

（一）水雨情

1954年5月、6月雨区先集中在长江中下游，垫高了长江中下游的水位。汉江因受长江洪水顶托，回水竟抵达仙桃。7月、8月雨区由东转西，推进至汉江中下游。白河站7月7—21日连续出现3次洪峰，水位均在180.00米以上，加上支流丹江、南河、唐白河洪峰迭现，对中下游河段造成严重威胁。汉江沿岸的钟祥、天门、沔阳、荆门、潜江等县5—7月普降大到暴雨。7月、8月汉江上中游各站降雨均在400.0毫米以上，新城站降雨量483.3毫米。新城以下大暴雨集中在5—7三个月，天门岳口站总雨量1111.0毫米，天门城关站总雨量1149.7毫米，仙桃站总雨量1707.2毫米。

汉江流域接连降雨,白河站 7 月 7—21 日连续出现 3 次洪峰,水位均在 180.00 米以上,支流丹江、南河、唐白河洪峰迭现,碾盘山站 7 天洪量 94.6 亿立方米,最大洪峰流量 18500 立方米每秒。上游洪水来量大,下游长江水位居高不下(汉口水位从 6 月 25 日 14 时超过警戒水位,至 10 月 3 日降到 25.25 米,在警戒水位以上时间持续 100 天,其中超历史最高水位 28.28 米的时间为 52 天),以致汉江新城站自 7 月 19 日出现洪峰 40.13 米,持续上涨至 8 月 11 日 3 时,最高洪峰水位 42.89 米,相应流量 16400 立方米每秒。泽口站 8 月 10 日 18 时最高洪峰水位 40.69 米,仙桃站 8 月 10 日 24 时最高水位 34.60 米,相应流量 8470 立方米每秒。1954 年荆州地区汉江辖区主要站洪峰水位见表 7-8。

表 7-8　　　　　　　1954 年荆州地区汉江辖区主要站洪峰水位表

站别	水尺桩号	水尺堤顶高程/m	1954 年保证水位与最高水位				历年最高水位	
			保证水位/m	最高水位/m	日期	相应流量/(m³/s)	日期	水位/m
大王庙	294+500	46.548	44.93	45.16			1948 年	45.93
沙洋	273+000	44.609	43.06	43.33	8 月 11 日	16400	1937 年	43.52
陶朱埠	3+500	40.640	39.55	40.22	8 月 10 日	3200		
泽口	217+000	40.600	39.91	40.69	8 月 10 日			
岳口	189+000	39.738	38.64	38.97	8 月 10 日	8580	1949 年 9 月 17 日	38.64
仙桃	133+300	36.276	35.82	34.60	8 月 10 日	8470		35.82

(二)分洪与溃口

7 月 17 日,汉江上游出现第三次洪峰,汉口站 7 月 18 日水位 28.24 米,已接近 1931 年最高水位 28.28 米,仍趋涨势,严重威胁汉江遥堤和武汉市的安全。湖北省委决定采取紧急分洪措施,于 7 月 19 日 7 时(仙桃水位 34.21 米)在沔阳县禹王宫汉江右岸干堤开口分洪,口门宽 410 米,分洪流量 5580 立方米每秒,分洪总量 84.6 亿立方米,分洪后,汉川新沟嘴水位由 29.84 米降到 28.83 米。天门、沔阳等站洪峰水位均未超过警戒水位。分洪淹没农田 193.54 万亩,受灾 63.8 万人,冲毁房屋 47744 栋,大牲畜死亡 3100 头。8 月 9 日,汉口水位高达 29.30 米,仍呈涨势。汉江下游自 8 月 4 日起,由于流域上游的雨量集中,水位高,持续时间长,下游沿岸各县连降暴雨,水位持续上涨,10 日,第四次洪峰出现。长江委 8 月 9 日 16 时 15 分预报新城 8 月 10 日 20 时水位 42.55 米;荆州地区汉江防指推算 8 月 10 日沙洋水位要超过 43.00 米,向湖北省反映要求于 8 月 10 日 12 时前在泽口以下分洪。经湖北省防指研究决定,8 月 10 日 19 时 30 分在汉江右岸潜江县五支角扒口分洪。实际洪峰水位:沙洋 10 日 11 时水位 43.01 米,19 时水位 43.18 米,泽口 10 日 18 时水位 40.69 米,陶朱埠 10 日 21 时水位 40.22 米。荆州地区汉江指挥部决定提前于 10 日 15—17 时扒口。因分洪区内群众转移工作量大，推迟至 17—20 时完成分洪任务。分洪口共开 6 个口子，口门长 732 米，每口深 0.7～1.0 米，宽 5～10 米。由于外滩地势高，滩岸宽 300～400 米，至 24 时才冲开进洪，口门最大宽度 814 米，最大进洪流量 6000 立方米每秒，相当新城来量的 36.6%，对确保汉江左岸堤防，特别是武汉市的安全，起到了决定性的作用（8 月 9 日仙桃站流量 8720 立方米每秒，8 月 10 日水位 34.60 米，均为 1954 年最高值）。分洪后，淹没面积 240 平方千米，受灾农田 26.2 万亩，受灾 12.3 万人。

8 月 10 日 20 时许，潜江县汉江干堤右岸饶家月堤（桩号 232＋750～234＋400）溃口，口门宽 525 米。溃口时，泽口站水位 40.69 米，超保证水位 0.58 米。由于洪峰水位高，堤身单薄低矮，饶家月堤有 3200 米堤段水漫堤顶 0.3 米以上，因子堤土质松软，不能挡水而漫溃，受灾面积 10 万亩，受灾 4.4 万人。由于溃口前内垸受渍严重，底水很高，溃口洪水很快冲垮内垸民堤，导致下游的浩口区黄庄土地民垸溃决，熊口全区被淹，受灾农田 16 万亩，受灾 4.6 万人。灾及潜江、荆门、江陵三县部分地区，并与长江监利上车湾江堤的扒口（8 月 18 日 0 时分洪）洪水遭遇，江汉滨湖一带尽成泽国。

四、东荆河防汛

由于长江洪水倒灌，汉江来水宣泄受阻，7 月上旬至 8 月中旬，东荆河先后出现 6 次洪峰，防汛历时 50 天。

汛前，荆州行署成立东荆河防指，副专员饶民太任指挥长。当时按保证水位计算，尚有低矮堤段 44 处，长 29754 米，有 7 处重大隐患，17 处重点险工，27 处迎流顶冲和滩岸崩坍，不能确保安全度汛。

5 月下旬至 6 月初，东荆河沿岸各县对汛前准备工作作了具体部署。7 月 10 日，陶朱埠首次出现洪峰水位 37.50 米，7 月 20 日、24 日陶朱埠先后出现两次洪峰，水位分别为 37.57 米和 38.48 米。东荆河上游堤段各种险情不断发生。7 月 27 日，由于洪湖长江干堤蒋家码头分洪，28 日，杨林尾水位 30.28 米。8 月上旬，汉江上中游又普降暴雨，导致东荆河水位不断上涨。堤内倒灌水（内涝加长江、汉江分洪，溃口洪水）已抵右岸监利新沟嘴，致使洪湖县全部，沔阳县、监利县大部分堤内民垸被淹，堤防抢险已无土可取，防守更加困难。根据水情形势，东荆河防指决定：右岸堤防从监利北口以上确保，北口以下至朱新场争取防守，朱新场以下全部放弃；左岸堤防从沔阳潘家坝以上确保，潘家坝以下至宋新场争取防守，宋新场以下全部放弃。

7 月 9 日，沔阳兰家桥发生脱坡漫溢险情，立即组织民工在险段采取打透水土撑，开沟导渗等措施进行抢护，13 日，脱坡距堤顶仅 1.5～2.5 米，下陷

0.5 米，漏洞口径大的有 0.1～0.2 米。同日，兰家桥一带水位已超过 1952 年最高水位 0.8 米，全靠子埝挡水，子埝挡水高度达 1.8 米，由于外洪内涝，无土可取，又有风浪，防守十分困难。26 日晚，风雨交加，27 日晨风浪更大，此时水位已超过 1952 年最高水位 1.5 米，遂放弃防守，28 日 8 时漫溃，当时口门宽 260 米。

8 月 8 日，长江干堤在监利上车湾分洪。10 日，汉江潜江五支角分洪，同时潜江右岸干堤饶家月堤亦溃。在此情况下，东荆河上游民工相继撤退。8 月 10 日 17 时 30 分，东荆河左岸杨家月堤溃口；18 时 30 分，马家月堤溃口。洪水汇合后，将两溃口冲成一个大口，宽 415 米。溃口时陶朱埠水位 40.17 米，流量 3350 立方米每秒，受灾农田 159428 亩，受灾 604467 人。

8 月 10 日 21 时，陶朱埠洪峰水位 40.22 米，上游堤顶已大部分漫水，全堤漫溢长 87320 米，其中洪湖黄新场至卡子湾长 1537 米，沔阳杨林尾至太阳垴长 10500 米，内外水面相连，堤顶淹没最大水深 2.58 米。至此，东荆河南北两岸堤内除少数几个高垸外，已全部被淹。据测，监利新沟嘴堤内水位 32.11 米，朱新场堤内水位 32.09 米。

汛期共发生各类险情 516 处，因风浪侵袭，堤面冲毁 64 处，其中溃口 15 处，浪坎最大的宽 7.5 米，深 2.8 米，共长 2800 米。上堤最多劳动力达 78026 人，完成加高加固及抢险土方 38.65 万立方米，消耗杉木 977 根、铅丝 2283 市斤、草包 11.1 万条、麻袋 11987 条、块石 1071 立方米。

五、灾情

经历了 100 多个日日夜夜的艰苦斗争，堤防经受了最严峻的考验，终于保住荆江大堤、汉江遥堤和武汉市的安全，取得了防洪斗争的伟大胜利。

由于降雨强度大、持续时间长，1—5 月，全区大部分的降雨量为 800～1000 毫米，5 月江河水位已高于垸内河湖水位，内垸渍水已完全失去自排能力。6 月，全区平原湖区已渍涝成灾，低洼地方的群众已开始向外地转移。7 月至 8 月初，部分堤段溃口、有计划地实施分洪，大量洪水进入内垸，内垸水位迅速抬高，灾情扩大。有的地方如公安分洪区、洪湖、监利、江陵、沔阳、天门、潜江的平原湖区水深有 5～6 米，洪水浸泡的时间长达 4～5 个月，许多村庄的房屋被风浪反复冲击，全部倒塌，片瓦无存，人民群众生命财产遭受了重大损失。

分洪口门因是扒口分洪，分洪量无法控制，加之口门断流时间太迟，有相当一部分洪量属于"无效洪量"，不仅抬高了内垸水位，还增加了淹没范围。上车湾分洪后，四湖地区水位普遍上涨，一直影响到长湖，8 月 17 日，资市水位 32.10 米，8 月 18 日，滩桥水位 32.02 米，岑河水位 32.09 米。江陵县普济区孟家垸（面积 29280 亩）因荆江大堤抢险取土需要确保未淹，其余民垸全部溃淹。荆州城 10 月初小北门水位 33.34 米，城内低处（今荆北路一带）水深 0.7 米左右。上车湾堵口工程于 10 月 24 日才合龙断流。荆江分洪区 10 月水位仍有 36.65 米，积水还有 8 亿立方米，退出的农田仅 18 万亩，11 月 13—16 日又扒开黄天湖南线大堤泄洪。潜江五支角堵口 10 月 18 日开工，11 月 9 日完工。沔阳禹王宫堵口，11 月 1 日开工，19 日完工。由于堵口断流的时间太迟，影响灾民返回家园，也推迟了冬播和恢复家园的工作。洪湖挖沟嘴 10 月的水位还有 28.93 米，11 月水位还有 27.39 米。大多数灾民在 11 月中旬才开始陆续返家。因时已初冬，由于洪区倒塌的房屋短时期无法修复，只能靠门板、芦席、草袋等搭盖临时住房，难以御寒。大多数灾民由于居住条件差，汛期日晒夜露，风吹雨淋，冬天受冻，一热一冷，许多人（主要是老人和小孩）因此病死。

是年冬天，气候特别寒冷。从 12 月 12 日至次年 1 月 12 日，普降大雪，部分地方积雪深达 1 米以上，气温陡降至 -9.9～-17.2℃，人出门呵气成霜。荆州地区除长江外，大小河流、湖泊全部封冻。汉江、东荆河、洪湖、长湖等河湖面均可行人、推车，冰冻近两个月之久。

由于严重的洪涝灾害，粮、棉、油大减产。粮食总产量 20.70 亿斤，比 1953 年减产 51.8%；棉花总产量 18.92 万担，比 1953 年减产 84.8%；油料总产量 45.80 万担，比 1953 年减产 68.6%。

据长江委《1954 年长江防汛资料汇编·险情灾情总结》第四集载：1954 年大洪水荆州地区（该资料不包括沙市市、京山县）受灾人口 387.3 万人（当年总人口 543.31 万人），受灾农田 1170 万亩（1953 年耕地 1558.51 万亩，其中水田 757.79 万亩，旱田 800.72 万亩），死亡 2.56 万人，倒塌房屋 64.15 万间，具体见表 7-9。

表 7-9　　　　1954 年荆州地区各县受灾情况统计表

县别	合计		分洪		溃口		渍水		山洪		死伤人口/人	倒塌房屋/间
	受灾人口/人	受灾田亩/亩	受灾人口/人	受灾田亩/亩	受灾人口/人	受灾田亩/亩	受灾人口/人	受灾田亩/亩	受灾人口/人	受灾田亩/亩		
江陵	234338	937353	192794	771176	—	—	41544	166177	—	—	101	1511
沔阳	755820	2060416	678848	1772000	62500	228680	14472	59729	—	—	13335	350624
天门	430619	1164526	—	—	—	—	430619	1164526	—	—	140	7667
监利	649062	2435245	619062	2435245	—	—	—	—	—	—	7055	76266
松滋	215914	555677	—	—	6000	11647	188151	512185	21763	31872	18	11220

县别	合计		分洪		溃口		渍水		山洪		死伤人口/人	倒塌房屋/间
	受灾人口/人	受灾田亩/亩	受灾人口/人	受灾田亩/亩	受灾人口/人	受灾田亩/亩	受灾人口/人	受灾田亩/亩	受灾人口/人	受灾田亩/亩		
荆门	58105	208038	—	—	—	—	58105	208038	—	—	24	—
钟祥	227270	549860	—	—	—	—	212770	521385	14500	28475	32	1021
公安	189908	396775	—	—	45887	76523	144021	320252	—	—	50	18162
潜江	343637	1070376	122268	261797	58099	203763	163270	604816	—	—	64	4186
洪湖	342990	978644	342990	978644	—	—	—	—	—	—	4599	168000
石首	245591	685621	—	—	121712	322565	—	—	—	—	163	2637
荆江	220081	657753	220081	657753	—	—	—	—	—	—	5	240
合计	3913335	11700284	2176043	6876615	294198	843178	1252952	3557108	36263	60347	25586	641534

注 资料来源于长江委《1954年险情灾情总结》。

沙市市：8月以前主要是内涝灾害，8月8日上车湾分洪后，受灾面积扩大，受灾人数1773人，占郊区总人口的50％多，淹没农田3679亩，淹没房屋1667栋。

京山县：从春到夏，降雨连绵不绝。全年降雨量1719.8毫米，其中7月雨量522.2毫米，山洪暴发，挡坝倒塌多处，庄稼禾苗受到损失，全县11个区渍水成灾的水田62201亩，旱田受灾39997亩，冲倒中小堰、塘、坝670处，房屋112栋，368间，死1人，受伤7人。受灾人口18695人（注：京山县原有汉江堤防已于1949年5月全部划出，1954年长委会洪灾统计资料不包括京山县）。

1954年的防洪斗争自始至终得到全国各地的帮助和支援。从四川、广西等外省运来大米7.5亿千克；从东北、广州、广西运来蒲包588810条、麻袋69万条、抽水机102台、登陆艇和拖轮28艘、帆船1500只（3万吨，船工8000人）、汽车17辆、马车26辆。8月12日，汉江遥堤陈洪口新老堤发生管涌险情，中央军委派飞机空投麻袋7497条，保证了抢险的需要。宜昌支援1000名工人，蛮石2.3万立方米、麻袋9万条。

因溃口和分洪影响，6月和7月已有部分地方灾民开始向外地转移，到8月中旬，外转灾民已有94.64万人（沔阳25万人、洪湖25万人、监利36.9万人、江陵6.33万人，荆江1.41万人），外转至荆门、京山、钟祥和嘉鱼、蒲圻、临湘、华容等地。为迅速妥善安置转移百万灾民，政府动员各方面力量予以支持，做到无微不至的关怀。凡是需要转移的群众，都派干部带队护送到指定的地点，转移 15 千米以上者，政府发给灾民每人每天口粮补助费 1 角。转移途中设有流动和固定的医疗站。非灾区沿途还设有茶水站，灾民治病一律免费。接受安置灾民的地方有专门的接待班子，按一户增住一户腾出房子或临时搭棚子居住。灾民安居后，即组织互助生产，组织灾民砍柴、捕鱼、运输以及干农活等。各区、乡灾民返乡时还有安全委员会和灾民接待站接送。国家给荆州灾民发放救济款 370 多亿元（旧币），发放寒衣 50 多万件，种子 4500 万千克。支持灾区恢复生产、重建家园。同时，抽调医务人员 2755 人，组成多个医疗队到灾区巡回诊疗。江陵、松滋、荆门等地还成立支援蓄洪委员会，帮助分洪区安置耕牛 1.5 万头。汛后，各地灾区都组织灾民进行以工代赈，每一标工发给半斤粮、二角钱或半斤粮、六角钱，既帮助灾民度过了灾荒，又使水毁工程大部分很快得到恢复。灾区人心稳定，大力开展重建家园，很快就恢复了生产。

第三节　1998 年抗洪纪实

1998 年长江发生居 20 世纪第二位的全流域性大洪水，洪量仅次于 1954 年，中下游河段水位居历史记录首位。长江干流沙市站最高洪峰水位 45.22 米，超过 1954 年最高洪水位 0.55 米，刷新有记录以来长江历史最高洪水位。

5 月下旬开始，长江流域先后出现三次持续大范围降雨过程。6 月 12—27 日，江南大部暴雨频繁，湖南等地区降雨比常年汛期多 1 倍以上；7 月 4—25 日，长江三峡区间、湘西北及沿江地区降雨量比常年同期偏多 1～2 倍；7 月末至 8 月底，长江上游、汉江上游、四川东部、重庆、湖北西南部、湖南西北部降雨量较常年偏多 2～3 倍。长江中上游 6—8 月，反复发生强降雨，导致江河水位猛涨，洪峰接连发生，洞庭湖出流与江水形成顶托。汛期，雨带在长江流域西升东抬，致使上游三峡地区、清江流域、湘西北连续降雨，四川、重庆发生强降雨，岷江、沱江、嘉陵江、乌江、澧水、沅江出现多年未有的大洪水。川水和南水在长江中下游严重遭遇，导致长江先后出现八次洪峰，峰高量大，峰连峰，高水位持续时间长，形成了继 1954 年之后的又一次全流域性大洪水。

汛期，长江洪水分为 3 个阶段。第一阶段：6 月中旬至 7 月上旬，洞庭湖尤其是鄱阳湖水系发生大洪水，鄱阳湖基本爆满，长江中下游水位迅速抬高，中下游干流相继超过警戒水位，7 月 4 日监利站超过历史最高水位。第二阶段：7 月初至 8 月上旬，洞庭湖及沿江两岸发生洪水，特别是洞庭湖、澧水、沅水发生特大洪水，洞庭湖迅速蓄满，湖水位超过历史纪录，干流水位进一步抬高。第三阶段：8月上旬至8月底，在长江中下游水位居高不下的情况下，长江上游又接连出现6次洪峰，使长江中游水位不断攀升。8月16日宜昌洪峰流量63300立方米每秒。由于洪峰大，且沿途与清江、沮漳河、洞庭湖洪水遭遇，致使长江干流沙市至汉口河段相继出现入汛以来最高洪水位。沙市、监利、螺山站最高洪水位分别为45.22米、38.31米和34.95米，分别超过有水位记录的最高水位0.55米、1.25米、0.78米。

洪水到来时，荆州市长江干流、荆南三河全线超过历史最高水位，其水位之高、持续时间之长、洪峰次数之多，均为历史罕见。这次大洪水的特点是：汛期来得早，洪水来势猛，洪峰水位高，径流量大，持续时间长，干支流洪峰叠加，洪水组合复杂。长江干流先后出现8次洪峰，8月17日沙市第六次洪峰流量53700立方米每秒，为入汛以后最大流量。

整个汛期，荆州市长江干支流堤防共发生管涌、清水漏洞、散浸、崩岸、裂缝、跌窝、浪坎等险情2041处（长江1770处、东荆河271处），其中重大险情77处（溃口性险情25处）。尤其是监利、洪湖长江干堤由于堤身断面小，堤质差，高度不够，溃口性险情较多。面对持续高水位的袭击，在党中央、国务院，湖北省委、省政府直接指挥下，在荆州市委、市政府的坚强领导下，在人民解放军、武警官兵和全国人民的大力支援下，荆州人民大力弘扬抗洪精神，与洪水展开殊死搏斗，奋力实现了"确保长江大堤安全，确保重要城市安全、确保人民生命财产安全"的伟大抗洪目标，夺取了1998年防汛抗灾斗争的伟大胜利。

对于1998年汛期旱涝趋势预报，各方面专家意见高度一致。中国气象局、华中区域汛期旱涝预测研究会、武汉中心气象台、荆州市气象台等单位，都得出了高度一致的结论，今年（1998年）梅雨期、盛夏、汛期长江中下游的降雨偏多，水位偏高，要防御1954年型洪水。根据这个预报，各级防指提前召开防汛工作会议，作出全面部署。荆州市委、市政府1月初即召开防洪保安现场会，要求高度警惕，未雨绸缪，按照"安全第一，常备不懈，以防为主，全力抢险"的防汛方针，"更早、更紧、更实"防1954年型洪水的要求，狠抓各项汛前准备工作。

一、雨情及汛情

1998年入汛以来，长江流域气候异常，1—3月江南降雨偏多。1—3月本是长江流域的枯季，而洞庭湖、鄱阳湖地区出现了持续时间长的强降雨。进入4月以后，降雨趋势发生了变化，降雨北多南少，5月长江干流以北的嘉陵江、汉江地区分别偏多5成和8成。这种异常的雨带分布正好与季节雨季分布情况相反。特别是6月11日中下游进入梅雨季节以后，长江流域暴雨频繁，暴雨笼罩面积大、范围广。主要雨带长时间徘徊于长江流域，南北拉锯、上下游摆动、暴雨强度大、雨量集中，致使长江上、中、下游地区相继发生大洪水，并发生较为恶劣的遭遇，形成了全流域性的大洪水。

（一）雨情

长江流域自6月起，出现三次大范围强降水过程。第一次是6月12—27日，江南大部分地区暴雨频繁，江西、湖南、安徽等地降雨量比常年汛期多1倍以上，江西北部多2倍以上。湖南省的湘水、资水下游和沅水、澧水流域部分地区连降大暴雨和特大暴雨，全省平均次降雨量310毫米，暴雨中心位于湘水下游和资水柘益区间，汨罗江平均降雨量639毫米，岳阳市403毫米，均比历年同期多3～4倍。荆江各地6月平均降雨量200毫米，比多年平均值（189毫米）多11.0毫米。第二次是7月4—25日，长江三峡地区、江西北部、湖南北部降雨量比常年同期多1～2倍，尤其是7月20—25日，湖南西北部地区连降暴雨，局部地区连降大暴雨，其中澧水流域平均降雨量346毫米，澧水上游中心点（桑植凉水口）最大雨量675毫米，龙山水田655毫米次之（龙山水田站最大6小时雨量239.6毫米，重现期1000年一遇，最大12小时雨量359.3毫米，最大24小时雨量413毫米，最大48小时雨量621.6毫米，重现期均达到2000年一遇；桑植凉水口最大6小时雨量243毫米，重现期2000年一遇，24小时雨量430毫米，重现期1000年一遇）。以上资料见水利部水文局、长江委水文局《1998年长江暴雨洪水》。第三次是8月1—28日，长江上游、澧水、汉水流域降雨偏多。其中嘉陵江、三峡区间和清江、汉江流域的降雨量比常年同期偏多2～7成。8月，上游和中游干流降雨偏多，上游干流区偏多1倍多（8月降雨340毫米，历年均值149.8毫米），中游干流区偏多近1倍（8月降雨283.4毫米，历年均值149.3毫米），清江长阳站8月降雨量471.1毫米。导致江河水位迅涨，洪峰接连发生。

荆江各地7月平均降雨量318毫米，比多年同期平均（150毫米）多168毫米，7月监利降雨436毫米为最大。8月平均降雨138毫米，比多年同期平均值126毫米偏多12毫米。8月以松滋降雨229毫米为最大。

1. 气候特点

汛期，长江流域降雨强度大、范围广，持续时间长，暴雨发生频率高，这种异常现象是在一定气候背景和环流异常的情况下出现的。根据长江委水文局的分析资料，造成1998年长江流域大范围强降雨的主要因素有以下几个方面。

1997年5月至1998年5月，发生了近50年以来最强的厄尔尼诺事件。统计资料表明，每次厄尔尼诺事件发生的第二年，我国夏季多出现南北两条雨带。研究资料表明，厄尔尼诺现象对西北太平洋副热带高压有 3～5 个月的影响效应。1998 年 1—4 月西北太平洋副高出现创纪录强度，进一步导致汛期副高活动异常，都与这次极强厄尔尼诺事件有关。这次异常偏强的厄尔尼诺事件，是造成长江流域多雨的主要原因之一。

1997 年秋至 1998 年春季，青藏高原积雪异常增多，到了夏季，受太阳辐射后融雪影响，大气对流层内水气量极为丰富，是影响 1998 年夏季长江流域降雨偏多的一个重要原因。

1998 年西太平洋副高脊线（115°～120°E）持续偏南，强度偏强，强度是近 40 多年最强的年份之一。根据气候规律，副高的季节性变化较明显，一般在 6 月中旬副高出现第一次北抬，在 7 月中旬出现第二次北抬。而 1998 年副高没有出现典型的季节性北跳。6 月 11 日入梅后副热带高压持续偏南，一直在 16°～20°N 摆动。主要降雨带一直在洞庭湖、鄱阳湖地区徘徊。6 月底至 7 月初，副高位置比常年偏北（24°～25°N）。此时，雨带也从长江中下游两湖地区移至长江上游及汉江中下游地区。7 月中旬开始，副高突然南撤至 19°～23°N。也比常年位置偏南，长江中游再度进入梅雨期（二度梅），出现了持续的强降雨天气，二度梅持续到 7 月底才结束。8 月副高西伸脊点偏西，有利于水气向大陆输送，长江上游地区一直处于西南气流与冷空气交汇处，暴雨天气频繁出现。

1998 年西太平洋副高强度偏强，且南北摆动，是造成长江流域降雨偏多，暴雨洪水频繁遭遇的最重要原因。

1998 年台风生成数少，生成时间晚，第一号台风于 7 月 9 日才生成，到 9 月底只出现 8 个热带风暴。由于台风生成少而且时间又晚，副热带高压受不到强大北上气流的推动，长期徘徊于偏南位置，致使雨带长期在长江流域停留。

1998 年汛期，高空大气经向环流盛行，中高纬地区出现了较长时期的双阻形势，尤其是鄂霍茨克海阻塞高压稳定少动，冷空气频繁南下，造成长江流域持续多雨。

1998 年荆州天气异常的主要表现为：①气温明显偏高。1—9 月气温较常年平均偏高 1.36℃，年平均气温突破最高值。2 月 12 日最高气温达 24.3℃，为历史所罕见。4 月中下旬平均气温分别高出常年 5.1℃，也是荆州有资料记录以来不曾有过的现象。②春季冷空气活动频繁，气温变化剧烈。3 月中下旬受强冷空气影响，全市普遍降温 13℃以上，荆州市区日平均气温连续 8 天低于 10℃，最低气温为 1.3℃，并出现大风及雨雪天气过程。全市发生多年来极少见的春季强寒潮灾害天气。③局部地区强对流灾害天气活动频繁，风灾、雹灾、强降雨不断发生。

2. 汛期降水

1998 年长江流域平均年降雨量 1216 毫米，比常年偏多 11.0%。6—8 月，长江流域平均降雨量为 670 毫米，比多年同期平均值多 183 毫米，偏多近 4 成，仅比 1954 年同期少 36 毫米，为 20 世纪第三位。

（1）第一阶段为 6 月 11 日至 7 月 3 日（中下游第一度梅雨）。前期强降雨带呈东西向维持在洞庭湖、鄱阳湖两大水系。此时期降雨量超过 300 毫米的笼罩面积约 19 万平方千米，中心最大值为 1115 毫米。后期（6 月 27 日至 7 月 3 日）降雨带移到长江上中游干流附近，暴雨中心在三峡区间。尤其是 6 月 28 日区间大暴雨超过 100 毫米的笼罩面积达 2.1 万平方千米。6 月 11—26 日洞庭湖区经历 5 次暴雨过程，洞庭湖水系各支流洪水频发，城陵矶水位壅高。6 月 27 日至 7 月 3 日，雨带移至长江上游地区。

（2）第二阶段为 7 月 4—15 日（上游第一次集中降雨期）。随着首度梅雨结束，长江中游出现降雨间歇期；主雨带呈东北—西南向分布，主要集中在长江上游和汉江上游地区，嘉陵江、岷江、沱江、金沙江、汉江上游交替出现大范围暴雨和大暴雨。致使宜昌站于 7 月 17 日形成第二次洪峰，洪峰流量为 56400 立方米每秒，7 月 18 日 8 时到达沙市站时，最大流量为 46100 立方米每秒，洪峰水位为 44.00 米。

（3）第三阶段为 7 月 16—31 日（中下游第二度梅雨）。东西向雨带再度稳定在长江中游干流及江南地区，乌江、沅江、澧水、资水局部、汉江下游等地区相继出现大暴雨。强降雨中心位置在洞庭湖的沅江、澧水地区，降雨量超过 300 毫米的笼罩范围约 17 万平方千米，中心最大值为 1001 毫米。洞庭湖区又一次大面积暴雨，城陵矶以下水位出现新一轮上涨。

（4）第四阶段为 8 月 1—29 日（上游第二次集中降雨期）。8 月 1 日以后暴雨带北抬，主要集中在长江上游和汉江流域。1—15 日，岷江、乌江、清江、三峡区间、汉江中下游先后出现暴雨，主要降雨区集中在三峡以上地区和汉江流域。16—18 日，雨区扩展到长江中下游及江南地区。19—25 日，雨区复回到嘉陵江、岷江、汉江流域。26—29 日，雨区再度影响到长江中下游和江南地区。主雨带呈东北—西南向。29 日雨量大于 300 毫米的区域分布较广，包括三峡区间、清江流域、乌江下游、沅江和澧水上游、汉江中下游、嘉陵江和岷江流域部分地区。

汛期，荆州市共发生 9 次明显的降雨天气过程。其中 6 月 3 次，7 月 3 次，8 月 2 次。最大日降雨量为监利周沟 190 毫米（5 月 21 日）；最大三日降雨量为石首横沟市 261 毫米（7 月 21—23 日）。6—8 月荆州市全市平均降雨量 870.33 毫米，见表 7-10。较常年偏多 4～5 成。其中监利 6—8 月降雨量 1028.0 毫米，居全市最高，与 1954 年接近。

表 7 - 10　　　　1998 年荆江主要站降雨量与 1996 年、1954 年比较表　　　单位：mm

站名	全年降雨量	1998 年 6—8 月降雨量	1996 年 6—8 月降雨量	1954 年 6—8 月降雨量	备　注
松滋	1478.7	986.0	728.0	1331.2	1954 年采用杨家垱站
公安	1068.1	605.0	896.0	1061.6	1954 年采用杨厂站
石首	1406.0	866.0	982.0	1402.7	
荆州	1184.8	742.0	723.0	1161.9	1954 年沙市站为 1218.6
监利	1628.4	1028.0	1072.0	1646.1	
洪湖	1678.2	995.0	1323.0	2007.9	1954 年采用螺山站

注　1998 年长湖习家口 8 月 5 日最高水位 31.87 米，洪湖挖沟嘴 8 月 2 日最高水位 26.54 米。

新滩口闸 6 月 19 日关闸，9 月 30 日开闸排水。

高潭口泵站 5 月 22 日开机排水（洪湖水位 25.25 米）。

福田寺防洪闸 5 月最大（年最大）入湖流量 607 立方米每秒。

1998 年新滩口泵站排水量 7.1 亿立方米；高潭口泵站排水量 8.9 亿立方米；螺山泵站排水量 4.39 亿立方米；南套沟泵站排水量 0.8 亿立方米；杨林山泵站排水量 3.16 亿立方米；半路堤泵站排水量 0.99 亿立方米；新沟泵站排水量 0.51 亿立方米。

（二）汛情

1. 长江干流汛情

天气异常导致长江流域汛情异常。3 月上旬，湘江出现 17500 立方米每秒的年最大洪峰流量，为历史罕见。6 月中旬后，长江中游各支流先后发生暴雨洪水，致使江湖水位在底水位较高情况下迅速上涨，干流宜昌站先后出现 8 次大于 50000 立方米每秒的洪峰，沙市至螺山河段及洞庭湖水位多次超历史最高水位。

第一次洪峰：6 月中旬至 7 月初，洞庭湖地区持续长时间的强降雨过程，致使江湖水位迅速上涨。洞庭湖水系资水桃江站、沅江桃源站、湘江湘潭站先后超警戒水位。在洞庭湖出流的作用下，长江中游干流各站水位急剧上涨。26 日，洞庭湖出湖流量 24800 立方米每秒，监利水位达 33.31 米，日涨 1 米以上，超设防水位 0.08 米，洪湖螺山、新堤分别超过 30.00 米、29.50 米的设防水位。28 日，监利水位上涨至 34.54 米，超警戒水位 0.04 米，螺山水位上涨至 31.50 米的警戒水位。28—29 日，三峡区间亦出现暴雨；7 月 1 日再次出现大暴雨，致使宜昌站 7 月 2 日 23 时出现第一次洪峰，最大流量 54500 立方米每秒，3 日 0 时，洪峰水位 52.91 米（《中国·98 大洪水》《长江志》数据分别为 53500 立方米每秒、52600 立方米每秒）。7 月 3 日 5 时，沙市站洪峰水位 43.97 米，最大流量 49200 立方米每秒，超警戒水位 0.97 米。宜昌以下各站全线超警戒水位，其中监利站超历史最高水位。3—6日，石首至洪湖江段超保证水位。6日，第一次洪峰与洞庭湖出水汇流通过洪湖，5时螺山水位33.51米，流量60800立方米每秒。

第二次洪峰：7月5—15日，雨区向上游推移，降雨范围与强度尚属一般，各支流洪峰到达时间错开，受金沙江、岷江和嘉陵江降雨影响，长江上游形成第二次洪峰。7月18日，宜昌出现第二次洪峰，流量55900立方米每秒，致使中游干流水位在第一次洪峰缓退后返涨，并再次全线超警戒水位。当时，沙市水位44.00米，流量45700立方米每秒；石首水位39.79米，超警戒水位1.79米；监利水位36.89米，超保证水位0.32米，持续长达40小时。21日，第二次洪峰与洞庭湖出流遭遇，14时螺山最大流量56700立方米每秒，水位32.90米，超警戒水位1.40米；新堤水位32.27米，超警戒水位1.27米。

第三次洪峰：7月22日后，长江流域主要雨带再度南压，长江中游大面积降雨，且波及长江上游。洞庭湖澧水石门站出现19900立方米每秒的洪峰流量（20年一遇），为20世纪第二次大洪水；沅江洪水经五强溪水库调蓄削峰后，桃源站仍出现少见的25000立方米每秒的洪峰流量。由于洞庭湖入流增量较大，加上宜昌以上来水，使干流中游各站水位涨势加快。宜昌7月24日7时出现第三次洪峰，流量51700立方米每秒，西洞庭湖出现超历史纪录的洪水位。上游洪峰与洞庭湖水系洪水遭遇于长江中游，受下游鄱阳湖洪水出流顶托影响，进一步抬高中游干流洪峰水位，导致石首、城陵矶、螺山站再次超历史最高水位；汉口水位则仅低于1954年，居历史第二位。25日，沙市流量46900立方米每秒，水位43.85米，超警戒水位0.85米；26日17时，监利流量36400立方米每秒，水位37.55米，超保证水位0.98米，超历史水位0.49米。27日4时，螺山水位34.45米，超过1996年历史最高水位0.28米，流量67800立方米每秒，为入汛后最大流量。

洈水水库，汛期上游"坨子雨"不断，致使库水位长期居高不下。7月16日至8月31日，水库库区共降雨716毫米，来水总量为5.65亿立方米。在此期间，水库主动承担风险，共拦蓄洪水1.49亿立方米，采取早、小、勤的调度方式，避开江河洪峰，适时小流量泄洪，8次泄洪2.08亿立方米，发电、灌溉调度2.13亿立方米，但水库超汛限水位运行202小时，为确保下游河道堤防安全作出了巨大贡献。7月24日，松西河受澧水洪峰顶托，14时洈水河法华寺水位突破43.40米，超历史最高水位0.44米，洪水距堤面仅0.82米，下游公安南平大垸靠子堤拦水，如果洈水泄洪，开一孔将抬高下游水位0.5米，开2孔将抬高下游河道水位1米左右，势必造成堤防溃决。此时，荆州市防指报省批准将洈水水库汛限水位恢复到93.00米，并要求超汛限运行，暂停泄洪，拦洪错峰。到 28 日水库承担巨大风险拦蓄 72 小时后，待下游防洪形势有所缓解，才小流量下泄，为公安县南平保卫战取得决定性胜利作出贡献。

第四次洪峰：8 月初，长江中游水位居高不下，雨带迅速上移到长江上游，8 月 4 日寸滩出现洪峰，与岷江、嘉陵江、乌江洪水汇合后恰遇三峡区间发生大暴雨，致使洪水叠加，宜昌站于 8 月 7 日 21 时出现第四次洪峰，流量 63200 立方米每秒。此次洪峰在向下游推进过程中又遭遇清江流域大暴雨，使隔河岩水库水位大大超过正常高水位而不得不下泄 3570 立方米每秒，使荆江河段沙市、石首水位超历史最高水位。8 月 8 日，洪峰通过沙市时流量达49000 立方米每秒，水位 44.95 米，超过 1954 年最高水位 0.28 米；洪峰通过松西河新江口，水位 45.86 米，流量 6000 立方米每秒；21 时洪峰通过石首，水位 40.72 米，超历史最高水位 0.83 米。9 日，洪峰通过监利、洪湖江段。凌晨 2 时，监利流量 39600 立方米每秒，水位 38.16 米，超历史最高水位 1.10 米；15 时，螺山流量 64300 立方米每秒，水位 34.62 米，超历史最高水位 0.44 米。

第五次洪峰：受长江上游干流区间及嘉陵江暴雨和乌江的影响，同时又遭遇三峡区间洪水，宜昌站 8 月 12 日 14 时出现第五次洪峰，最大流量 62600立方米每秒，洪峰水位 54.03 米。但经葛洲坝、隔河岩等水利枢纽错峰调度，使增量来水有限，并经河道、湖泊调蓄后，仅造成沙市至监利河段水位有所回涨。12 日 21 时，洪峰通过沙市，流量 48400 立方米每秒，水位由 11 日的44.40 米复涨至 44.84 米，超历史最高水位 0.17 米。

第六次洪峰：此次洪峰是当年汛期最大的一次洪峰。由于金沙江、嘉陵江来水加大，8 月 14 日寸滩站再次出现洪峰，并受三峡区间两次暴雨洪水叠加影响，宜昌站出现第六次洪峰，16 日洪峰流量 63300 立方米每秒，是该站1998 年最大值。这次洪峰在向中游推进过程中，与清江、洞庭湖以及汉江洪水遭遇，荆江各站水位出现最高水位。8 月 17 日，沙市水位创历史新纪录，达 45.22 米，超 1954 年历史最高水位 0.55 米，流量 53700 立方米每秒。同日，11 时石首水位 40.94 米，超历史最高水位 1.05 米；22 时监利水位 38.31米，超历史最高水位 1.25 米，流量 46300 立方米每秒。城陵矶（莲花塘）、城陵矶（七里山）20 日相继出现年最高水位 35.80 米、35.94 米。20 日，螺山流量 64100 立方米每秒，水位 34.95 米，超 1954 年水位 1.78 米，超 1996年历史最高水位 0.77 米；新堤水位 34.35 米，超历史最高水位 0.78 米。此次洪峰来势凶猛，持续时间长，沙市水位从 16 日 21 时 45.01 米至 18 日 10 时退出 45.00 米以上水位，历时 38 小时。

第七次洪峰：此次洪水主要受岷江、沱江、嘉陵江洪峰影响，三峡区间增量不大，加之隔河岩、葛洲坝水库蓄洪错峰，8月25日7时宜昌洪峰流量56100立方米每秒，监利以上水位有所回涨。26日，第七次洪峰通过荆江河段，1时沙市水位44.39米，比前一日回涨0.03米，流量44700立方米每秒。

第八次洪峰：8月26日，长江上游出现较大范围降水，但三峡区间无明显降水，加上葛洲坝水利枢纽拦蓄并经河道调蓄，使宜昌站30日23时洪峰流量削减为56800立方米每秒。31日，第八次洪峰通过沙市，沙市水位44.43米，比第七次洪峰高0.04米，流量46100立方米每秒。

9月2日后，长江中下游干流水位开始缓慢回落，监利至螺山6—8日先后退落至保证水位以下，10日沙市首先退出设防水位。22日，随着螺山退出设防水位，荆州市长达3个月的高洪水位紧张局势逐渐缓解。

长江中游及洞庭湖主要站最高水位、最大流量，以及各站8次洪峰发生的时间见表7-11和表7-12。

表7-11 　　　　　　1998年长江中游及洞庭湖各站水位流量表

流域	站名	最高水位/m	日　期	最大流量/(m³/s)	日　期
长江	宜昌	54.50	8月17日	63300	8月16日
	枝城	50.62	8月17日	68800	8月17日
	沙市	45.22	8月17日	53700	8月17日
	石首	40.94	8月17日		
	监利	38.31	8月17日	46300	8月17日
	城陵矶	35.80	8月20日		
洞庭湖	七里山	35.94	8月20日	35900	8月16日
长江	螺山	34.95	8月20日	67800	7月26日
	新堤	34.35	8月20日	67800	7月26日
	汉口	29.43	8月20日	71100	8月19日
松西河	新江口	46.18	8月17日	6540	8月17日
松东河	沙道观	45.52	8月17日	2670	8月17日
虎渡河	弥陀寺	44.90	8月17日	3040	8月17日
藕池河	管家铺	40.28	8月17日	6170	8月17日
安乡河	康家岗	40.44	8月17日	590	8月17日
湘江	湘潭	40.98	6月27日	17500	3月10日
资水	桃江	43.98	6月14日	10100	6月14日
沅水	桃源	46.03	7月24日	25000	7月24日
澧水	石门	62.66	7月23日	19900	7月23日

续表

流域	站名	最高水位/m	日　期	最大流量/(m³/s)	日　期
澧水	津市	45.01	7月24日	15900	7月24日
澧水洪道	石龟山	41.89	7月24日	12300	7月24日
松虎洪道	安乡	40.44	7月24日	7270	7月24日
洞庭湖	南嘴	37.21	7月25日	18000	7月24日
洞庭湖	小河嘴	27.03	7月25日	22500	7月24日
沮漳河	河溶	49.07		1520	7月3日
清江	长阳	81.97	7月2日	8860	7月2日

注　数据来源于水利部《中国·98大洪水》，水利部水文局、长江委水文局《1998年长江暴雨洪水》和长江委水文局《长江防汛水情手册》。

表 7-12　　　　　　　　长江中游主要站 8 次洪峰一览表

峰次		站　名										
		宜昌	枝江	沙市	石首	监利	城陵矶	螺山	新江口	郑公渡	黄四嘴	闸口
1	水位/m	52.91	49.33	43.97	37.09	34.52	33.51	45.22	41.81	41.00	40.11	41.63
1	流量/(m³/s)	53000	58200	49200		38600	26200	59400	6500			
1	日期	7月3日	7月3日	7月3日	7月3日	7月4日	7月6日	7月6日	7月3日	7月4日	7月5日	7月4日
2	水位/m	53.0	49.23	44.00	39.79	36.89	33.86	32.86	45.23	41.43	39.41	41.47
2	流量/(m³/s)	56400	56000	46100		43500	20600	56700	6000			
2	日期	7月18日	7月18日	7月18日	7月18日	7月18日	7月20日	7月21日	7月18日	7月19日	7月18日	7月18日
3	水位/m	52.45	48.87	43.85	39.91	37.55	35.53	34.52	45.28	42.43	41.93	42.48
3	流量/(m³/s)	52000	51500	46900		34600	36800	61000	4900			
3	日期	7月24日	7月25日	7月25日	7月25日	7月26日	8月1日	8月1日	8月1日	7月24日	7月24日	7月25日
4	水位/m	53.91	50.13	44.95	40.72	38.16	35.57	34.62	45.84	42.43	40.64	42.38
4	流量/(m³/s)	61500	59800	49000		40100	26200	64300	5900			
4	日期	8月7日	8月8日	8月8日	8月8日	8月9日	8月9日	8月9日	8月8日	8月6日	8月6日	8月6日
5	水位/m	54.03	49.98	44.84	44.67	38.09	35.37	34.44	45.70	41.93		41.33
5	流量/(m³/s)	62800	63000	49500		41200	23400	60000	6090			
5	日期	8月12日	8月12日	8月13日	8月13日	8月13日	8月13日	8月13日	8月13日	8月12日		8月13日

续表

峰次		站　名										
		宜昌	枝江	沙市	石首	监利	城陵矶	螺山	新江口	郑公渡	黄四嘴	闸口
6	水位/m	54.50	50.62	45.22	40.94	38.31	35.94	34.95	46.18	43.01		42.19
	流量/(m³/s)	63300	68800	53700		45200	28800	64100	6550			
	日期	8月16日	8月17日	8月17日	8月17日	8月17日	8月20日	8月20日	8月17日	8月19日		8月19日
7	水位/m	53.29	49.53	44.39	40.30	37.67	35.35	34.40	45.47	42.21		41.51
	流量/(m³/s)	56300	56900	44700		40000	26300	59700	5350			
	日期	8月25日	8月25日	8月26日	8月26日	8月26日	8月26日	8月26日	8月26日	8月27日		8月26日
8	水位/m	53.52	49.72	44.43	40.27	37.62	35.26	34.30	45.58	42.07		41.50
	流量/(m³/s)	57400	57900	46100		41100	24000	59800	5660			41100
	日期	8月31日	8月31日	8月31日	8月31日	9月1日	9月1日	9月1日	8月31日	9月1日		9月1日

2. 东荆河汛情

受上游持续降雨影响，至 8 月底丹江口以上先后出现 5 次洪峰，28 日 17 时丹江口最高洪水位 155.35 米，超汛限 2.85 米，二度开闸泄洪，汉江中游洪水迅速上涨。受汉江上游来水和长江洪水顶托影响，荆州境内东荆河下游 6 月 28 日进入设防水位，29 日突破警戒水位，7 月 27 日白虎池站突破历史最高水位（31.29 米），8 月 23 日最高洪峰水位 31.65 米。8 月 18 日陶朱埠最大分流量 1680 立方米每秒，水位 33.82 米。高峰时布防堤长 73.05 千米，其中超保证水位堤长 30.40 千米，超警戒水位堤长 56.65 千米，沿江累计发生险情 271 处，其中重大险情 16 处。

3. 洪水特征

1998 年，长江洪水发生时间早、范围广、洪水遭遇恶劣，高洪水位持续时间长，洪量大。

（1）洪水发生时间早，范围广。长江洪水发生时间之早为历年少见，3 月长江中游干流、洞庭湖水系因受降雨影响就出现历史同期最高水位，部分支流河段水位超过当地警戒水位。入汛后，暴雨不断，一些支流先后出现特大洪水。最大流量超过 1954 年的有岷江（高场站）、嘉陵江（北碚站）、清江（长阳站）、湘江（湘潭站）、资水（桃江站）、沅江（桃源站）等支流水位代表站，从而形成全流域大洪水。

（2）洪水遭遇恶劣。6 月下旬和 7 月中旬，洞庭湖洪水叠加后，长江上游洪水与中游洪水遭遇。8 月上中旬，长江上游几次洪峰与三峡区间和清江流域暴雨洪水遭遇，两度叠加通过荆江后，又与洞庭湖洪水相遇，形成长江干流峰连峰的严峻局面。

（3）高洪水位持续时间长。6月26日荆州长江河段螺山站率先进入设防，至9月25日监利退出设防，防汛时间长达91天。监利站超警戒水位82天（6月28日至9月17日），超保证水位（36.57米）61天；螺山超警戒水位82天，超保证水位47天；荆江河段控制站沙市超警戒水位时间长达54天，比1954年多21天，超44.67米水位有12天。东荆河下游高水位持续时间长（6月28日至9月2日），民生闸超设防水位长达85天，超警戒水位长达80天，超历史最高水位长达40天。

（4）洪量大。宜昌站7—8月径流量2628亿立方米，比1954年同期（2496亿立方米）多132亿立方米，5—8月径流量3332亿立方米，比1954年同期（3367亿立方米）少35亿立方米。

枝城站7—8月径流量2694亿立方米，比1954年同期（2595亿立方米）多99亿立方米；5—8月径流量3441亿立方米，比1954年同期（3521亿立方米）少80亿立方米。

沙市站7—8月径流量2188亿立方米，比1954年同期（1928亿立方米）多260亿立方米；5—8月径流量2861亿立方米，比1954年同期（2696亿立方米）多165亿立方米。

监利站7—8月径流量1934亿立方米，比1954年同期（1320亿立方米）多614亿立方米；5—8月径流量2565亿立方米，比1954年同期（1897亿立方米）多668亿立方米。

螺山站7—8月径流量3193亿立方米，比1954年同期（3155亿立方米）多38亿立方米；5—8月径流量4589亿立方米，比1954年同期（5110亿立方米）少521亿立方米。

荆南三口7—8月分流量712.4亿立方米，比1954年同期（荆南四口1098亿立方米）少385.6亿立方米；5—8月分流量792.3亿立方米，比1954年同期（荆南四口1432亿立方米）少639.7亿立方米。

1998年8月17日枝城洪峰流量68800立方米每秒，荆南"三口"分流量19010立方米每秒，占枝城洪峰流量的27.6%，其中，松滋河分流量9210立方米每秒，松西河分流量6450立方米每秒，松东河分流量2670立方米每秒，虎渡河分流量3040立方米每秒，藕池河分流量6760立方米每秒（管家铺分流量6170立方米每秒，安乡河分流量590立方米每秒）。

洞庭四水（湘、资、沅、澧）7—8月入湖水量551.1亿立方米，比1954年同期入湖水量（792亿立方米）少240.9亿立方米。5—8月入湖水量1221亿立方米，比1954年同期（1789亿立方米）少568亿立方米。

1998 年 7 月 24 日洞庭湖入湖总流量 60000 立方米每秒。7 月 12—26 日，正是澧水发生大洪水时期（7 月 24 日三江口洪峰流量 19900 立方米每秒），调蓄量达到 72.28 亿立方米，洪峰削减系数为 47.7%（调蓄期总入湖水量 169.63 亿立方米，出湖总水量 97.35 亿立方米）。8 月 16—19 日，洞庭湖入湖总水量 69.19 亿立方米，出湖总水量 52.66 亿立方米，调蓄水量 16.53 亿立方米，洪峰削减系数 22.8%。1998 年洞庭湖的洪水大体经历了 8 次调蓄过程，时间从 6 月 12 日至 8 月 19 日，总调蓄量 300.27 亿立方米，占入湖水量 867.24 亿立方米的 35%。从 1998 年洞庭湖对入湖水量的全过程来看，其调蓄能力仍是巨大的，作用也是十分明显的。1998 年汛期洞庭湖调蓄能力分析见表 7-13。

表 7-13　　　　　　　　　1998 年汛期洞庭湖调蓄能力分析

洪次	调蓄期起讫时间	调蓄期总入湖水量/亿 m³	调蓄期总出湖水量/亿 m³	调蓄水量/亿 m³	洪峰削减系数/%
1	6 月 12 日至 6 月 20 日	171.90	94.40	77.50	49.0
2	6 月 23 日至 6 月 29 日	203.90	136.30	94.60	36.8
3	6 月 30 日至 7 月 1 日	44.06	40.11	3.95	14.8
4	7 月 3 日至 7 月 5 日	87.85	70.07	17.78	16.3
5	7 月 18 日至 7 月 20 日	48.19	39.33	8.86	15.8
6	7 月 21 日至 7 月 26 日	169.63	97.35	72.28	47.7
7	7 月 30 日至 7 月 31 日	54.52	45.75	8.77	22.0
8	8 月 16 日至 8 月 19 日	69.19	52.66	16.53	22.8
合　　计		849.24	575.97	300.27	

如果从 7—8 月的径流量来看，1998 年荆南"三口"分流入洞庭湖的水量比 1954 年要少 386 亿立方米，这一部分加到荆江干流中去了，这是造成荆江河段尤其是下荆江河段防洪形势紧张的重要原因。

1998 年宜昌最大洪峰约 5 年一遇，但一年内出现大于 60000 立方米每秒的洪峰有 3 次，十分罕见。最大 30 天洪量约 100 年一遇。螺山、汉口最大 30 天洪量，约为 30 年一遇，最大 60 天洪量为 40～50 年一遇。如按 1954 年实际最高水位控制分洪，理想分洪量 253 亿立方米；如按设计水位分洪，理想分洪量 116 亿立方米。另据有关资料分析，1998 年螺山以上扒口、溃口分洪总量约 67 亿立方米。莲花塘水位超过 34.40 米以上时的超额洪量 137 亿立方米，城陵矶附近的超额洪量为 213 亿立方米。

1998 年荆江及城螺河段高水位持续时间长的主要原因如下：

1998 年荆江和城螺河段的水位特别高，持续的时间长，而上、下游的水位和流量相对要小。如枝城的最大流量是 68600 立方米每秒，比 1954 年最大流量 71900 立方米每秒要少 3300 立方米每秒。下游的螺山站最大流量 68600 立方米每秒，比 1954 年最大流量 78800 立方米每秒要少 10200 立方米每秒。洞庭湖 7 月、8 月除了荆南"三口"少分流 386 亿立方米之外，湘、资、沅、澧四水同 1954 年 7 月、8 月比较，径流量也少 211 亿立方米。

（1）水量大。就荆江河段而言，不但 7 月、8 月的洪量比 1954 年多，5—8 月的洪量也比 1954 年多 165 亿立方米（没有扣除 1954 年分洪量）。

（2）没有运用分蓄洪工程。由于没有运用分蓄洪工程，大量超额洪水主要靠抬高水位下泄。虽说从 8 月 5—9 日扒开了 8 个民垸和孟溪垸溃口，包括外滩巴垸，调蓄水量只有 30 亿立方米左右，但这对于处理荆江河段尤其是下荆江河段的高水位是远远不够的。

1998 年长江中游分洪、溃口水量 100 余亿立方米（其中螺山以上分洪、溃口水量 67 亿立方米）。

根据水利部水文局、长江委水文局编著的《1998 年长江暴雨洪水》一书分析："在受溃垸综合影响的两个月中，长江中游的水位有不同程度的降低，如沙市站平均下降 0.05 米，螺山站平均下降 0.14 米，汉口站平均下降 0.16 米，九江站平均下降 0.11 米，即在 1998 年溃垸的量级下，干流水位受影响的数量总体上是有限的。……各站水位下降幅度的最大值，大多数不是出现在该站水位年最高值的时刻。"

由于长江中下游沿江沿湖修建了大量的排涝泵站，主汛期排涝入江入湖的水量，对水位有一定的影响。洞庭湖区有大小外排站 908 处，装机容量 44.8 万千瓦，设计排水流量 4400 立方米每秒，连同荆江北岸及城螺河段（从枝江至新滩口），总装机容量已达 50 万千瓦，排水流量可达 5000 立方米每秒，日排量可达 4.32 亿立方米。尽管受高水位的影响，泵站不能按设计出力，有的泵站还被迫停机，总体来讲，对抬高江湖水位是不可忽视的因素。根据《1998 年长江暴雨洪水》的分析："估算长江中游九江以上江段 1998 年排涝入江总水量约为 211 亿立方米。"这是从 5 月 10 日至 9 月 28 日共 142 天统计的。而 1998 年洞庭湖和荆江一带的降雨，主要集中在 5 月、7 月，6 月、8 月降雨相对偏少，泵站开机排涝与长江高洪水位并不完全同步。9 月 12 日以后，荆江及城螺河段防汛已经结束，排涝入江水量已不构成威胁。1998 年长江中游主要控制站受排涝影响增加的最大流量范围 1900～4470 立方米每秒，且呈沿干流向下游逐步增加的趋势，相应地排涝抬高的水位为 0.2～0.4 米。……螺山 8 月 20 日 18 时，最高水位 34.95 米，相应流量 67800 立方米每秒，相应排涝影响水位 0.07 米，相应流量 660 立方米每秒。

（3）洞庭湖调蓄容积减少。由于泥沙淤积和围垦等原因，同 1954 年比较，湖容减少了94亿立方米。1954年以后长江中游围垦了一部分洲滩，使调蓄洪水的功能降低。

（4）荆南三口向洞庭湖分流减少。由于三口河道淤积，分流不断减少。1998年当枝城来量达到68000立方米每秒时，"三口"的水位均比1954年要高的情况下，分流比却只占28%，如不考虑孟溪溃口的影响，分流比只有27%。1998年7—8月"三口"的分流量与1954年同期比较要减少386亿立方米，这一部分水量加到荆江干流中，必然抬高干流的水位。

（5）下荆江系统裁弯工程的影响。下荆江实施系统裁弯工程以后，由于流程缩短，流速增快，进入下荆江的水量增多。监利河段平均流量扩大1800立方米每秒，但在汛期（6—10月）平均流量则要增大5400立方米每秒（有的资料认为，下荆江日平均流量加大了2418立方米每秒）。1998年8月16日监利站最大流量45200立方米每秒，比1954年最大流量35600立方米每秒多9600立方米每秒，加之城陵矶出水顶托，故监利水位抬高很多。

根据长江委分析资料，认为四口分流减少、洞庭湖面积缩小两个因素，使1998年莲花塘、螺山水位抬高约0.2米，并且认为从螺山水位流量关系看，低水部分明显抬高，高水变化不大。

（6）汉水顶托。当荆江河段和洪湖长江河段处于高水位时，汉江新城于8月18日出现洪峰流量9710立方米每秒，致使汉口河段水位上涨。同时从东荆河分流1680立方米每秒，直接顶托洪湖江段。

尽管今年荆江河段的水位、流量要大于1954年的，但是不能因此认为已经防御了1954年型的洪水。长江中游从整体上讲，超额洪量并没有1954年多，尤其是洞庭湖1998年汛期（5—8月）比1954年同期少577亿立方米。不论是汛期还是全年降雨量都比1954年要少，没有形成大范围的渍涝灾害，这在客观上有利于荆江防洪。

二、决策指挥

1998年长江流域发生自1954年以来最为严重的洪涝灾害，荆州长江干支民堤水位之高、持续时间之长超1954年，巨额洪水已超过大部分堤防的自身抗御能力，在超高洪水位的巨大压力下，在一次又一次洪峰的冲击下，干支民堤险象环生。

在长江抗洪决战决胜的紧要关头，江泽民总书记亲临荆州抗洪前线视察，并向全党、全军、全国发出严防死守，夺取长江抗洪抢险全面胜利的总动员令。朱镕基总理两次来到荆州长江抗洪前线，作出许多重大决策和重要指示。全国政协主席李瑞环、国务院副总理李岚清先后来荆州视察、慰问抗洪军民。主汛期，国务院副总理、国家防总总指挥温家宝率国家防总成员五次坐镇荆州指挥防汛抗洪。湖北省防指以荆州抗洪为重点，在荆州抗洪一线设立荆州防汛前线指挥部、荆江分洪前线指挥部、洪湖分蓄洪区堤防突发溃口救生应急指挥部等，并派出 32 个防汛工作组和督查组，实施督查指导；湖北省委、省政府 8 位领导以及省直 75 位厅（局）长、300 余位处长在荆州指挥和参与抗洪。广州军区、济南军区、北京军区、空降兵、武警部队、湖北省军区在荆州共设立各级抗洪前线指挥部（所）26 个；陶伯钧上将等 38 位将军亲自指挥和投入荆州抗洪战斗。荆州市委、市政府和各县（市、区）党委和政府坚持现场指挥、靠前指挥。并根据洪水形势发展，先后成立荆州市防指、荆州市长江防指（1998 年 4 月 13 日成立）、荆州市长江防汛洪湖前线指挥部（1998 年 7 月 25 日成立）、荆州市长江防汛前线指挥部（1998 年 8 月 5 日成立）和荆州市荆江分洪前线指挥部（1998 年 8 月 6 日成立）。全市形成中央、省、部队、荆州市和各县（市、区）从上至下、统一协调的防汛指挥体系。

1998 年长江流域汛情发生早，来势凶猛。洪湖螺山站自 6 月 26 日进入设防，7 月 1 日，沙市站达到设防水位，短短数日内就全线进入警戒。至 9 月 12 日紧急防汛期结束，荆江共抗击长江 8 次洪峰，防汛抗洪斗争经历了三个阶段。

第一阶段：从 6 月下旬至 8 月初，洪水处于发展时期，荆江经历了前三次洪峰。此阶段的主要任务是认真贯彻落实湖北省防指关于防御本年可能出现大洪水的要求，立足防御 1954 年型大洪水，防汛工作一是继续坚持"安全第一、常备不懈；以防为主、全面抢险"的指导方针不动摇；二是在防御标准洪水内，确保不溃一堤、不失一垸、不倒一坝、不损一闸（站）的防汛目标不动摇；三是坚持防汛保平安、抗灾夺丰收、防汛保发展的工作主题不动摇。根据这一指示精神，荆州市长江防汛工作全面开展布防，积极备战、应战。

荆江历来是湖北乃至长江流域洪水防御的重点。7 月 6 日，温家宝副总理实地查看荆江大堤郝穴铁牛矶、沙市观音矶险段后，向防汛干部群众发出"严防死守、死保死守、确保长江干堤万无一失"的命令。7 月 22 日，江泽民总书记打电话给温家宝副总理，要求沿江各省市特别是武汉市要做好迎战洪峰的准备，确保长江大堤安全，确保武汉等重要城市安全，确保人民生命财产安全。江泽民总书记"三确保"的指示成为荆江防汛抗洪的最高原则。7 月 27 日，温家宝副总理第二次来到荆江指导工作，传达江泽民总书记的指示，要求湖北和沿江各省市连续作战，迎战洪峰，人在堤在，确保长江干堤、重点地区和人民生命财产安全，夺取长江抗洪的决定性胜利。

荆州市委、市政府把抗洪作为压倒一切的中心工作来抓。6 月 30 日，当预报长江出现首次洪峰时，市委书记刘克毅、市长王平迅速组织召开市防指指挥长会议进行部署。7月1日，市委、市政府主要领导即分赴监利、洪湖、石首指导防汛抗洪工作。7月2日，市委、市政府召开迎战长江第一次洪峰市直机关紧急动员大会，抽调两批15个市直机关工作组奔赴各地协助防汛抗洪，并急调武警官兵进驻石首，申请空降兵部队进驻监利、洪湖。据不完全统计，此阶段共有25名市级领导、282名县（市、区）领导分赴防汛岗位，加强指挥；160余名水利工程技术人员迅速参战，上堤指导；从市直机关派出43个工作组驻防重点民垸和险工险段，分段把守；长江沿线每千米堤段护堤干群达150人以上，重点险段按每米一人配备，全线防守的劳力接近30万人；长江沿线各级防指聘请200名老水利专家、老工程技术人员在抗洪抢险一线担任顾问，帮助指挥部门预报、判断和指挥排险。在40天内，先后排除洪湖长江干堤王洲管涌、小沙角管涌，监利长江干堤南河口管涌等各类险情数百起。

7月25日，荆州市防指召开会议，分析水、雨情形势。认为前段时期大量洪水进入洞庭湖，多的时候一天有50亿立方米左右。吞进去（洞庭湖）的水还是要从城陵矶吐出来的。此时正值汉口河段和荆江河段水位居高不下，目前正值主汛期，当洞庭湖水汇入长江之后，江湖洪水互相顶托，必然引起洪湖和监利的水位上涨，防洪形势将日趋严峻。会议决定在洪湖市设立荆州市洪湖防汛前线指挥部，遇到重要问题可随时处置。

鉴于长江部分江段出现超历史最高水位，部分干堤险情不断，经国家防总和交通部批准，长江石首至武汉河段自7月26日0时起实施封航。

第二阶段：从8月初至8月中旬，根据汛情变化，适时调整防洪战略方针，即由"全抗全保"，转移到"确保长江大堤，确保武汉等重要城市，确保人民生命财产安全"这三个确保战略上来。在此期间，主动放弃部分洲滩民垸，将沿江7个主要民垸弃守或扒口行洪。同时，切实认真做好荆江分洪工程的运用准备工作，确定了洪湖分蓄洪区"保大堤、防万一"的备用方针，积极稳妥地开展安全转移准备工作，迎战可能发生的更大洪峰。

在顺利抵御前3次洪水之后，荆江河段又迎来更高、更大、更险的3次洪峰。鉴于形势危急，党中央、国务院和湖北省委、省政府审时度势，决定采取以下措施。

（1）调整荆江防洪战略方针。8月4日，湖北省委召开常委扩大会议，决定放弃全抗全保的防洪战略方针，把确保人民生命安全放在第一位，重点确保荆江大堤、长江干堤、连江支堤和水库的安全，必要时弃守民垸，扒口行洪。防洪战略的改变，缩短了战线，集中优势兵力，确保重点，集中人力、物力、财力，为夺取抗灾的最后胜利奠定了基础，对最大限度地确保最广大人民利益，具有重大意义。

荆州市防指于 8 月 3 日下午在监利县召开了防汛抗洪紧急会议。传达湖北省防指关于荆江汛情变化的紧急通知，对迎战第四次洪峰作出紧急部署。会议决定，调整工作部署，将防汛目标由"全抗全保"转移到"三个确保"上来。作出了坚定不移严防死守，确保长江大堤安全，坚定不移做好分洪准备和救生设备，确保人民生命财产安全的决定。对沿江民垸的防洪形势逐一进行摸底分析，共有大小民垸 33 个，按照预报水位、堤垸自身的防御能力以及物资供应、劳动力等，认为有 16 个民垸应该保，有 8 个民垸有保的条件，有 9 个难保，应抓紧转移垸内的老、弱、病、残人员，做好扒口分洪的准备。

（2）宣布全省进入紧急防汛期。8 月 6 日凌晨 1 时，湖北省防指发出公告，宣布自 8 月 6 日 8 时起，全省进入紧急防汛期。在紧急防汛期，防指有权对壅水、阻水严重的桥梁、引道、码头和其他跨河工程作出紧急处置；根据防汛抗洪需要，有权在其管辖范围内调用物资、设备、交通运输工具和人力，决定采取取土占地、砍伐林木、清除阻水障碍物和其他必要的紧急措施；必要时，公安、交通等有关部门按照防指的决定，依法实施陆地和水面交通管制。

（3）调集人民解放军参与荆江防汛抗洪。8 月初，江泽民总书记打电话给中央军委副主席张万年，指示及时调遣部队紧急增援。至 8 月 8 日，全军和武警部队投入荆江参加抗洪的兵力有 5.4 万余人，投入人数之多，规模之大，为解放战争渡江战役之后长江地区所仅有。这是一个至关重要的重大战略决策，对于保证荆江防汛抗洪的最后胜利起到了关键作用。在这场人与自然的搏斗中，人民解放军和武警部队发挥了中流砥柱作用。

8 月 6 日，当沙市水位超过 1954 年的最高水位（44.67 米）和荆江分洪临界水位之时，分洪迫在眉睫。7 日晚，温家宝副总理在荆州就湖北抗洪作出四条指示：中央强调要把坚守长江大堤作为重中之重；为了保全局，可能有一些民垸要扒口行洪，要转移好群众，安置好灾民；在严防死守的同时，做好分洪的准备；分洪命令要等中央批准。

8 月 7 日晚上，中共中央在北戴河召开政治局常委扩大会议，形成《会议纪要》，授权国家防汛抗旱总指挥部审时度势作决策，无论是否分洪，首先要确保人民的生命安全。8 月 8 日上午，朱镕基总理乘专机抵达荆州，传达中央政治局常委扩大会议精神，坐镇指挥抗洪斗争。尽管此时沙市站水位 44.95 米，直逼分洪争取水位 45.00 米，但综合分析未来气候、水情特点以及合理评估荆江大堤抗洪能力，朱镕基总理初步判断：荆江大堤经过几十年的建设，已经具备较强的抗洪能力，现在其他相关流域协同分担荆江洪水压力的工作已经产生效果，荆江大堤以及监利、洪湖堤段只要严防死守，荆江不分洪的可能性很大。这一推断对后来中央在长江抗洪的关键时刻作出荆江不分洪的决断起到了至关重要的作用。

8月13日，江泽民总书记亲临湖北省指导抗洪，深入到荆江大堤、洪湖长江干堤的险工险段，慰问军民，对决战阶段防汛抗洪斗争提出四点要求：第一，各级领导思想上要高度重视。坚决严防死守，确保长江大堤安全，保护人民生命安全；第二，要加强领导。沿江各地的党委和政府要对抗洪抢险工作负总责；第三，要加强统一指挥，统一行动，这是取得抗洪抢险最后胜利的重要保证；第四，要充分发挥人民解放军的突击队作用。参加抗洪抢险的各部队，要继续发扬不怕疲劳、连续作战的作风和英勇顽强的革命精神，与人民群众团结奋斗，在夺取抗洪抢险斗争的全面胜利中再立新功。最后，江泽民总书记发出决战决胜的总动员令："全党、全军、全国要继续全力支持抗洪抢险第一线军民的斗争，直到取得最后的胜利！"

8月16日上午，长江委预报第六次洪峰17日5时沙市最高水位45.28米。第六次洪峰于当日抵达荆江。沙市水位突破45.00米，而且还在继续上涨。经过长时间高水位的浸泡，长江干堤险象环生。是否运用荆江分洪区的问题，再次提出来了，成为人们关注的焦点。16日19时45分，湖北省防指给荆州市防指正式下达《关于爆破荆江分洪进洪闸拦淤堤的命令》。18时45分爆破拦淤堤的炸药已运抵北闸，22时全部20吨炸药分装于119个药室内，装填完毕，只等下达起爆命令。

截至8月16日下午5时，荆江大堤没有发生溃口性险情。郝穴以上荆江大堤共发生4处管涌险情，均已妥善处置。

（4）8月16日上午，长江委已预报第六次洪峰通过沙市时会超过分洪水位（沙市站45.00米）。16时，国家防总要求长江委在一个小时内，就荆江防洪有关的六个问题作出回答。即沙市洪峰的可能最大值及出现时间；超分洪标准水位持续时间及超额洪量；预见期降水量及对沙市站洪峰的影响；隔河岩水库泄洪对沙市站洪峰的影响；运用荆江分洪工程可能降低荆江各站水位值；若不考虑运用杜家台分洪工程，运用荆江分洪工程对汉口站水位的影响。长江委接到任务后，经过紧张的分析计算，于17时30分前将6个问题的分析和结论，先后以口头和文字的形式上报国家防总，由国家防总组织专家分析，然后上报党中央。这六个问题的结论是：第六次洪峰是由于区域降雨产生的，洪峰过程比较尖瘦，沙市水位不会超过45.30米；超过45.00米的时间只有22个小时；超额洪量有限，只有2亿立方米；分与不分洪对下游各站最高水位的影响有限；预见期内的降雨不会进一步加大洪峰。

16日22时，温家宝副总理飞抵荆江坐镇指挥，立即向水利、气象专家详细地调查询问，分析水雨情、荆江大堤的防守情况和抗御第六次洪峰的有利及不利因素。他强调："在正常情况下，看来可通过严防死守渡过难关。"于是，他代表国家防总下达命令："坚持严防死守，咬紧牙关，顶过去！"23时30分，湖北省军区司令员贾富坤少将到荆州市长江防指传达中央领导关于严防死守的重要指示。他着重指出，首长命令严防死守，所有军队、干部、民工全部上堤。表明了严防死守、坚决挺过去的决心。

17日7时，沙市水位已上涨至45.20米，彻夜未眠的温家宝副总理，先是到长江委沙市水文水资源局了解水情，后又到郝穴矶头查看险情，沿荆江大堤检查军民防守情况。9时，沙市洪峰水位45.22米。11时左右，温家宝副总理一行到了观音矶头，检查和询问观音矶头发生的跌窝险情及处理情况。得知沙市水位已退了1厘米，洪峰流量为53700立方米每秒，接着他铿锵有力地向全国人民宣布："长江第六次洪峰安全通过沙市。昨天晚上，我们一夜未眠，与国家防总、长江委的专家紧急会商，决定不分洪，我们终于顶住了！我坚信，按照江总书记提出的坚持、坚持、再坚持的指示，全体军民团结一致、严防死守，我们完全能够战胜这次洪峰，夺取最后的胜利。"

与此同时，江泽民总书记向参加抗洪抢险的一线解放军、武警部队指战员发布命令，要求沿江部队全部上堤奋战两天，死保死守，全力迎战洪峰。8月17日10时，第六次洪峰通过沙市时，沙市水位维持在45.22米，这是1998年长江大水中沙市的最高水位，同时也是有记录以来的历史最高水位。11时，第六次洪峰顺利通过沙市，水位开始缓慢回落。抗击第六次洪峰终于取得胜利。

第三阶段：8月下旬至9月上旬，洪水处于高水位运行状态，长江防汛进入持久战阶段。第六次洪峰向下游推进，与洞庭湖出流水量汇合，监利以下河段水位迅速上涨。8月20日螺山最高水位达34.95米，比1954年的最高水位33.17米还高1.78米。出现有水文记录以来的最高水位，洪湖、监利长江干堤的安全受到严重威胁。为确保洪湖、监利长江干堤的安全，荆州市在洪湖成立洪湖防汛前线指挥部，集中力量进行抢护。洪湖、监利长江干堤发生险情最多，也最严重，抢护的难度也最大。洪湖长江干堤135千米堤段，大部分堤内没有平台，沿堤渊塘多，有的渊塘距堤脚只有10米左右，容易发生管涌险情。燕窝上下有长约30千米的堤段处在沙基之上，有的堤后沙层已经出露。1998年全市共发生管涌险情421处，其中洪湖就有106处。

第六次洪峰刚过，第七次洪峰、第八次洪峰就相继在长江上游形成。8月25日，江泽民总书记就迎战长江第七次洪峰发出指示，要求抗洪抢险部队高度警惕，充分准备，全力以赴，军民团结，以洪湖地区为重点，严防死守，坚决夺取长江抗洪决战的胜利。湖北省委、省政府要求再组织、再动员、再部署，确保荆江大堤、长江干堤、连江支堤万无一失；坚持领导上阵，干部带班，民工到岗，技术人员到位，组成专班，实行徒步拉网式24小时不间断巡查。

在抗击第七次、第八次洪峰斗争中，葛洲坝水利枢纽成功拦洪和清江隔河岩水库、漳河水库蓄洪发挥了关键性作用。8月26日，第七次洪峰到达沙市时，由于葛洲坝水利枢纽成功拦洪和清江隔河岩水库蓄洪，沙市水位没有回涨到预计的44.67米，只有44.39米，第七次洪峰顺利过境。8月31日，第八次洪峰经过沙市期间，葛洲坝水利枢纽精心调度，利用有限库容削峰；清江隔河岩水库关闭全部泄洪闸门，有效削减洪水下泄流量，沙市水位只有44.43米，第八次洪峰顺利通过沙市。

根据国家防汛抗旱总指挥部的决定，9月2—7日，长江中游相继复航，荆江恢复往日千帆竞发、百舸争流的繁忙景象，长江汛情进入退水阶段。湖北举全省之力，连续抗御长江8次洪峰，取得了抗洪抢险斗争的伟大胜利。

三、抗洪队伍

在抵御1998年长江全流域性大洪水的斗争中，投入荆州抗洪的总人数达45.48万余人。其中，人民解放军、武警官兵及预备役人员5.41万人，地方劳力31.92万余人，水利工程技术人员1600余人。此外，还有来自不同地区、不同阶层的志愿者加入到抗洪抢险队伍中来。

（一）抗洪抢险部队

赴荆州市抗洪抢险部队于7月3日开始陆续到达洪湖、监利、石首、公安、松滋、荆州、沙市、江陵等地。至8月中旬，防汛部队总人数达5.4万余人。其中，空降兵部队10985人、广州军区22666人、济南军区13083人、北京军区230人、武警部队7143人，到荆州指挥抗洪的将军有38位，在荆州历史上是前所未有的。在抗洪斗争中，人民解放军、武警官兵及预备役人员全力以赴投入抗洪抢险，在90多天的奋战中，舍生忘死，成为抗洪斗争的中流砥柱。共排除大小险情1900余处，加筑子堤700余千米，抢运砂石料15万多立方米，抢运物资2万余吨，抢救被困群众14万余人，转移分洪群众32万人，并向灾区捐款500余万元。

（二）地方抗洪劳力

荆州市各级防汛指挥机构按照设防水位、警戒水位、保证水位分一、二、三线部署防守劳力，8个县（市、区）的防守劳力总数分别为一线15290人、二线44099人、三线127072人，另安排有预备队67690人、抢险队30451人。在防汛最紧张时期，各地及时调整和加强了防守力量，使每千米堤段达到200人以上，重点堤段每千米则超过了500人。第六次洪峰通过荆州期间，全市共投入防守劳力390516人（表7-14），为汛期日投入劳力之最；全市上领导干部17582人，另组织有232支突击队（由基干民兵和青年组成）19万多人。

表7-14

1998年各县（市、区）汛期投入劳力一览表

县（市、区）	第一次洪峰		第二次洪峰		第三次洪峰		第四次、第五次洪峰		第六次洪峰		第七次、第八次洪峰		退水期	
	日期	劳力/人	日期	劳力/人	日期	劳力/人	日期	劳力/人	日期	劳力/人	日期	劳力/人	日期	劳力/人
松滋市	7月3日	11304	7月21日	14174	1月28日	5439	8月13日	33423	8月15日	33423	8月23日	33423	9月2日	33432
荆州区	7月4日	2603	7月18日	6919	1月25日	4132	8月7日	11065	8月17日	22748	8月25日	11340	9月2日	3629
沙市区	7月4日	1011	7月18日	1510	1月25日	1023	8月13日	3682	8月17日	3712	8月23日	3712	9月2日	3712
江陵县	7月3日	1959	7月18日	1756	1月26日	2313	8月11日	12319	8月18日	18650	8月23日	7319	9月2日	6769
公安县	7月4日	19476	7月18日	35937	7月26日	107469	8月6日	144462	8月15日	111586	8月23日	138627	9月2日	107135
石首市	7月3日	31378	7月17日	43133	7月22日	43133	8月3日	43133	8月15日	43133	8月23日	43133	9月2日	43133
监利县	7月7日	48984	7月10日	48984	1月26日	78078	8月7日	123599	8月19日	78176	8月23日	78176	9月2日	78176
洪湖市	7月6日	13451	7月10日	13451	7月27日	54651	8月6日	38933	8月22日	79088	8月23日	79088	9月2日	79088
合计		130166		165864		296238		410616		390516		394818		355074

（三）专业技术人员

汛期，长江委和湖北省防指在向荆州市派出的 44 个工作组、督查组中，有水利专家、技术人员共 80 名，荆州市 8 个县（市、区）防指共派出 1564 名水利专家和技术人员奔赴一线参与抗洪，并任抗洪抢险技术指导。另有三个单位共派出潜水员 60 名投入抗洪抢险。

（四）抗洪志愿者

在与洪水英勇搏斗的时刻，全国各地的志愿者奔赴荆州抗洪第一线，与荆州人民携手并肩，共同奋战，为夺取防汛抗洪斗争的伟大胜利作出了贡献。他们中间，既有工人、农民、学生、干部，也有现役军人、复员退伍军人、医务工作者、个体经营户，既有来自千里之外的，也有本省兄弟县市的，据不完全统计，来自全国各地的抗洪志愿者共 2128 名。

四、险情抢护

1998 年汛期荆州干支民堤多次出现溃口性险情。据统计，全市干支民堤共发生各类险情 2041 处，其中管涌 437 处，浑水洞 70 处，清水洞 540 处，散浸 775 处，崩岸 6 处长 895 米，裂缝 65 处长 3033 米，脱坡 56 处长 1905 米，跌窝 9 处，浪坎 36 处长 14441.3 米，涵闸出险 14 处，水井冒水 34 处，详见表 7 – 16。

面对大洪水，全市加强巡堤查险，建立快速报险制度，严格做到巡堤查险有记录、有交接班手续、有带队干部签字。此外，每两小时逐级汇报一次巡堤查险情况。市长江防指成立 6 个督查组，每天夜间到各县（市、区）督查。查险范围：荆江大堤、长江干堤为距堤内禁脚 500 米，重点险段 1000 米；民堤为距堤内禁脚 300 米；所有堤段距堤内禁脚 100 米内均应严格巡查。巡查重点为：水坑、水沟、水塘、水井、水田、鱼池、住宅、厂房、涵闸、泵站内渠道等，不留巡查空白；对沟渠、塘堰中的管涌，要下水进行探查清楚。在迎水面巡查时，注意有无漩涡、浪坎、堤面跌窝、裂缝等。村、乡、县防守断面交叉接合部互相延伸巡查 50 米。建立查险奖励制度，对及时发现重大险情的有功人员，给予记功和物资现金奖励。

8 月 7 日，中共中央发出《关于长江抗洪抢险工作的决定》指出："要把长江抗洪抢险作为当前头等大事，全力以赴地抓好。要坚决严防死守，确保长江大堤安全，不能有丝毫松懈和动摇。" 8 日，正在贯彻落实党中央决定时，洪湖市燕窝镇红光村二组长江干堤八八潭发生管涌险情，险情迅速上报国家防总，国务院副总理温家宝批示，一定要把险情控制住，处理险情范围要大，做好抢大险准备，确保万无一失。经过 3000 多名军民三天三夜的拼命抢护，至 11 日险情终于被控制。

汛期，除抢护各类险情外，在八次洪峰中，全市欠高堤段共抢筑子堤809.56千米，抢运土方286.57万立方米（表7－17）。其中有587.6千米（长江干堤93.54千米）子堤挡水，石首八一大堤子堤挡水深1.5米。东荆河下游堤段抢筑子堤78.27千米，子堤挡水长60.57千米。

全市在险情抢护中，共耗用砂石料61.08万立方米、塑料编织袋9463.5万条、草袋220.66万条、麻袋119.83万条、芦苇52.44万担、土工织物布14.2万平方米、煤油784.4吨、柴油2171吨、汽油2223吨，投入抢险经费9.54亿元。

在1998年波澜壮阔的抗洪斗争中，广大军民在荆江两岸谱写出一曲惊天动地的凯歌，涌现出一大批奋不顾身、舍生忘死、敢打硬仗的先进集体和个人。有36人在抗洪抢险中以身殉职、光荣牺牲，其中有19人被国家民政部和湖北省人民政府追认为革命烈士。

五、灾害损失

1998年，荆州市8个县（市、区）共有131个乡镇（农场、办事处）、2906个村、390.06万人受灾，因灾死亡133人，受灾农田507.57万亩，损毁鱼池55.31万亩。先后有113个民垸扒口和漫溃行洪，其中重点民垸17处（含孟溪大垸），面积615.95平方千米。荆州市灾害损失统计见表7－15。

表7－15　　　　　　　　　1998年荆州市灾害损失统计表

合计	受灾范围				成灾人口/万人				被水围困		转移灾民/万人	人员伤亡/人		死亡大牲畜/头
区域	乡镇（农场、办事处）/个	村/个	房屋/万户	人口/万人	合计	轻灾民	重灾民	特重灾民	村/个	人口/万人		死	伤病	
区域	131	2906	70.75	390.06	222	92.9	64.6	64.5	347	29.72	75.04	133	52000	13300
松滋市	21	451	17.27	76	22	12	5.5	4.5	17	2.02	1.48	6	1900	200
荆州区	7	144	1.97	8.4	4.6	2.5	1.1	1	10	0.44	0.26	—	600	—
沙市区	1	3	0.1	0.4	0.1	—	0.1	—	—	—	—	2	400	—
江陵县	9	205	4.36	18	8.1	4.8	1.8	1.5	5	0.27	0.27	5	1100	—
公安县	21	247	17.9	79	68.9	31.1	14.9	22.9	100	16.75	48.3	99	13000	11800
石首市	16	235	9.01	39.63	28	2.25	13.1	12.65	80	6.69	11	—	9000	100
监利县	24	733	21.09	93.43	53	23.55	15.8	13.65	84	10.18	10.18	14	19000	100
洪湖市	24	488	14.5	64	34	14	12	8	34	3.24	3.24	7	7000	1000
农　场	8	400	2.45	11.2	3.3	2.7	0.3	0.3	17	0.31	0.31	—	—	100

注　统计数据截止时间为1998年8月30日，由荆州市救灾办公室提供。

1998年荆州市汛期堤防险情数量、堤防挡水堤长度见表7－16和表7－17。

表7-16

1998年荆州市汛期堤防险情数量表

堤别、县(市、区)别	险情总数	管涌		清水漏洞		浑水漏洞		散浸		崩岸		裂缝		脱坡		跌窝	浪坎		涵闸险情	水井(钻孔)险情	
		处数	个数	处数	个数	处数	个数	处数	长度/m	处数	长度/m	处数	长度/m	处数	长度/m	处数	处数	长度/m	处数	处数	个数
合计	2041	437	1499	540	835	70	192	775	195725	5	585	65	2529	56	1905.7	9	36	44441.3	14	34	45
一、长江大堤	1770	421	1438	506	770	68	188	571	178982	5	585	65	2529	55	1895.7	9	31	23401.3	13	26	36
1.荆江大堤	91	11	38	20	28			43	3417							1	6	523	2	8	8
荆州区	10							6	236										1	1	1
沙市区	33	1	2	2	2			23	1796								3	433		3	3
江陵县	37	5	10	5	5			12	1055							1	3	90	1	4	4
监利县	11	5	26	12	20			2	330												
2.长江干堤	1163	216	763	403	614	10	10	452	163494	1	50	20	660	21	1289	4	25	22878.3	3	8	16
松滋市	39	7	13	3	8	2	2	20	3418			1	4	1	20		1	350	2	1	1
荆州区	8	7	23					1	40												
公安县	264	40	199	71	125	1	1	127	66910	1	50	2	43	16	977	1	3	260	1	3	11
石首市	62	6	45	28	29	3	3	23	32030			1	90	2	35		1	10		1	1
监利县	205	50	159	65	83	3	3	69	16983			4	90	2	257	3	10	17880		3	3
洪湖市	585	106	324	236	369	1	1	212	44113			12	433				10	4378.3			
3.支民堤	516	194	637	83	128	58	178	76	12071	4	535	45	1869	34	606.7	4			8	10	12
松滋区	21	5	24	1	1	3	3			1	85	6	137	2	29.5	1			2		
荆州区	39	18	55	4	7			17	1172												
公安县	231	40	93	43	65	32	115	58	10699	3	450	32	1692	9	223.2	2				10	12
石首市	167	96	300	29	38	18	55	1	200			1	40	18	289				5		
监利县	58	35	165	6	17	5	5					6		5	65	1			1		
二、东荆河	271	16	61	34	65	2	2	204	16743					1	10		5	21040	1	8	9
洪湖市	271	16	61	34	65	2	2	204	16743					1	10		5	21040	1	8	9

表7-17　1998年荆州市堤防挡水堤长度表

单位：km

县别	合计	其中			荆江大堤	其中			长江干堤	其中			支民堤	其中		
		设防	警戒	保证		设防	警戒	保证		设防	警戒	保证		设防	警戒	保证
一、长江	1663.64	1663.64	1663.64	995.12	60.88	60.88	60.88	60.08	473.27	473.27	473.27	417.53	1029.49	1029.49	1029.49	382.71
荆州区	81.83	81.83	81.83	81.83	5.05	5.05	5.05	5.05	6.25	6.25	6.25	6.25	70.53	70.53	70.53	70.53
沙市区	16.50	16.50	16.50	16.50	10.00	10.00	10.00	10.00					6.50	6.50	6.50	6.50
江陵区	50.57	50.57	50.57	50.57	36.70	36.70	36.70	36.70					13.87	13.87	13.87	13.87
监利县	130.03	130.03	130.03	130.03	9.13	9.13	9.13	9.13	82.81	82.81	82.81	82.81	38.09	38.09	38.09	38.09
洪湖市	134.90	134.90	134.90	134.90					134.90	134.90	134.90	134.90				
松滋市	293.68	293.68	293.68						26.74	26.74	26.74		266.94	266.94	266.94	
公安县	641.41	641.41	641.41	266.57					161.57	261.57	261.57	132.57	379.84	379.84	379.84	
石首市	314.72	314.72	314.72	314.72					61.00	61.00	61.00	61.00	253.72	253.72	253.72	253.72
二、东荆河	73.05	73.05	56.65	30.4												
总计	1736.69	1736.69	1720.29	1025.52												

第四节　1996 年洪涝灾害

1996 年洪水是长江中下游梅雨期暴雨所形成的一场典型中游型洪水。

当年的洪涝灾害是自 1954 年以后受灾最严重的一次，尤其是内涝灾害特别严重。7 月，长江中下游继 1995 年大水后，再次出现由洞庭湖水系洪水与干流区间鄂东北水系洪水遭遇而形成的中游型大洪水，使位于暴雨中心的监利至螺山河段及洞庭湖区诸站出现了中游区域性特大洪水。

梅雨期从 6 月 19 日至 7 月 21 日共持续 33 天，其间共发生 7 次强降雨过程。暴雨中心区降雨量在 500 毫米以上。其中 6 月 26 日、7 月 1—5 日两次暴雨充填了中下游江河和湖泊。7 月 13—18 日又发生了一次最为严重的致峰暴雨。此次暴雨中心稳定地笼罩在鄂东北支流—洞庭湖—沅、资地区，暴雨中心带 5 天暴雨量在 200 毫米以上。大雨笼罩面积大于 100 毫米的有 27.8 万平方千米，大于 200 毫米的有 11.3 万平方千米。与 7 月多年平均降雨量比较，洞庭湖偏多 1 倍以上，洞庭湖区各水文站几乎全部超过历史最高水位。根据长江委《长江 96·7 洪水主要特征的初步分析》载：6 月 19 日至 7 月 21 日，长江中游的暴雨区有 3 个，一是澧水、沅水、清江最大暴雨 600 毫米，二是资水最大暴雨 600 毫米，三是洪湖、监利最大暴雨 700 毫米，另外鄱阳湖以东地区暴雨量为 300～600 毫米，以北地区暴雨量为 800～900 毫米。

根据荆州水文局《荆州市 96·7 暴雨洪水分析》载：大雨笼罩面积大于 200 毫米的范围有 3.35 万平方千米，大于 300 毫米的范围有 3.31 万平方千米，大于 500 毫米的范围有 1.25 万平方千米，大于 700 毫米的范围有 0.34 万平方千米，大于 800 毫米的范围有 1614 平方千米，大于 900 毫米的范围有 226 平方千米，大于 1000 毫米的范围有 71 平方千米（注：大雨笼罩面积含荆沙市、荆门市、仙桃市、潜江市、天门市）。

7 月 1—11 日，荆江两岸的华容、岳阳、石首、监利、洪湖一带，降雨量普遍在 500 毫米以上，石首站 466 毫米，监利站 550 毫米，洪湖站 817 毫米，以监利尺八口站为最大，达 899 毫米，洪湖新堤站 788 毫米次之。处在四湖上区的荆州区降雨量为 328 毫米，潜江站 338 毫米，荆门站 296 毫米。

根据资料分析，以第三次降雨量为最大。7 月 14 日 2 时至 17 日 2 时，四湖地区三日暴雨量重现期，洪湖周边为 50 年一遇，洪湖新堤站雨量 445 毫米为 200 年一遇；监利桐梓湖站雨量 354 毫米为 80 年一遇；洪湖螺山站雨量 384 毫米为 100 年一遇。

荆沙市 5—9 月降雨量为 920～1439 毫米，大于正常值 4 成的县（市）有松滋、荆州、钟祥、京山；大于正常值 6 成的县（市）有公安、石首、监利、洪湖。与 1980 年相比，洪湖偏多 37%，石首、监利偏多 5% 以上。6—8月 3 个月降雨量松滋 728.0 毫米，公安 896.0 毫米，石首 982.0 毫米，荆州723.0 毫米，监利 1072.0 毫米，洪湖 1323.0 毫米，钟祥 748.3 毫米，京山910.6 毫米，与多年同期 6—8 月比较普遍偏多 6 成以上，与 1980 年 6—8 月相比较，洪湖偏多 60%，公安、监利、石首偏多 11%～20%；与 1991 年同期相比，洪湖偏多 93%，监利偏多 82%，石首偏多 94%，公安、松滋、京山偏多 50% 左右，见表 7–18。

1996 年台风影响明显。1996 年第 8 号台风影响荆沙市，8 月 2—4 日，再次出现暴雨，加重了内涝灾害，洪湖降雨量 90.2 毫米，公安南平 261.0 毫米，荆州区 104.8 毫米，钟祥普遍在 200.0 毫米以上，最大 395 毫米（中山）、343.0毫米（路市）、334.0 毫米（北山），京山降雨量 240.0 毫米（孙桥）。

表 7–18　　　　　　　1996 年荆沙市各县降雨情况表　　　　　　单位：mm

县（市、区）	全年降雨量	6—8 月降雨量
松滋市	1434.0	728.0
公安县	1412.0	896.0
石首市	1618.0	982.0
荆州区	1382.0	723.0
监利县	1627.0	1072.0
洪湖市	1964.0	1323.0
钟祥市	1306.5	748.3
京山县	1475.4	910.6

（一）内涝灾害

内垸暴雨成灾，河湖库渠水位超历史。四湖地区 7 月 1 日至 8 月 10 日的降雨分为三个阶段：7 月 1—12 日为第一次降雨过程；7 月 13—31 日为第二次降雨过程；8 号台风登陆后，8 月 4—10 日为第三次降雨过程。四湖有两个暴雨中心：一是荆沙城区北至习家口，东至熊河，南抵荆江大堤，普遍降雨量在500.0 毫米以上，以滩桥站 620.0 毫米为最大，其面积约 900 平方千米；二是从监利容城北至龚场、曹市、峰口抵东荆河，东至新滩口，南抵长江，普遍降雨量 550.0 毫米以上，以尺八口站 899.0 毫米为最大，新堤站 788.0 毫米次之，面积约 4200 平方千米。根据水情资料分析，以第二次雨量为最大，7 月 14 日 2 时至 17 日 2 时，四湖地区三日暴雨重现期：中区为 5～10 年一遇，螺山区为 30 年一遇，高潭口为 10～20 年一遇，洪湖周边为 50 年一遇，下区为 25 年一遇。

四湖地区由于大范围降雨，产水量猛增，从 7 月 1 日至 8 月 10 日共产水42.7 亿立方米，其中上区产水 7.86 亿立方米（含荆门、潜江 4.25 亿立方米），中区产水 21.072 亿立方米，下区产水 6.295 亿立方米，螺山区产水 5.827 亿立方米。沿江涵闸自排 3.50 亿立方米，一级电排 21.15 亿立方米，河湖调蓄 9.18 亿立方米，分散调蓄 8.87 亿立方米（其中分洪水量 7.15 亿立方米），见表 7-19。长湖 8 月 8 日的最高水位 33.26 米，仅次于 1983 年的 33.3 米，为有记录的第 2 位，7 月 25 日洪湖水位 27.19 米，比 1991 年的水位（26.96 米）高 0.22 米。洪湖水位在 26.5 米以上的时间持续 31 天。自 7 月 19 日以后，长江自监利至新滩口的外江水位，均超过了有水文记录以来的最高水位，大部分沿江泵站被迫先后停机。螺山电排站 7 月 21 日起被迫停机（8 月 6 日再开机），即使此前未停机（7 月 14—21 日），出力仅为设计的 40%～50%。半路堤泵站停排 11 天。洪湖市沿江一级站（小型）全部停机。据统计，沿江 155 千瓦的一级站在 7 月、8 月两月的实际排水量为 18474.7 万立方米，有效工作天数仅 50%，在排涝最紧张的 7 月中下旬，四湖中下区的一级外排泵站装机容量为 86800 千瓦。实际处于有效运行状态的只有 53400 千瓦，仅占 62%，有近一半的装机容量闲置，无力参加统排，加重了内涝灾害。灾害主要集中在三大片，螺山片、高潭口排区上片、下内荆河的上片，以中下区（螺山区）最为严重，其受灾程度仅次于 1954 年。据统计，四湖地区受灾人口 186.92 万人；有 28 个乡镇的农田尽成泽国，17 个乡镇的 13 万人被洪水围困，交通中断，学校停课，受威胁的城镇达 52 个；损坏房屋 32.47 万间，倒塌房屋 13.86 万间；受灾农田面积 364.2 万亩，成灾面积 235 万亩，其中绝收面积 165.9 万亩，毁林 3.2 万亩，放养水面串溃 155 万亩，损失成鱼 0.75 亿千克；受灾企业 867 家。

表 7-19　　　　　　7 月 1 日至 8 月 10 日雨、水情及蓄排情况表

分区	内垸排水面积/km²	累计面雨量/mm	平均径流系数	径流量/亿 m³	蓄排/亿 m³				
					自排	一级电排	河湖调蓄	分散调蓄	调配情况
上区	3239.38	441.2	0.55	7.86		4.52	2.875		下泄中区 0.4659 亿 m³
中区	5045.0	522.6	0.82	21.072					
螺山区	935.3	732.9	0.85	5.827					
下区	1154.7	641.2	0.85	6.295					
合计	10374.38			41.054	3.50	21.15	9.18	8.87	分散调蓄中含分洪 7.15 亿 m³

注　1. 1996 年四湖地区一级外排站 15 处（含田关、老新）装机容量 10.034 万千瓦，设计流量 1202.0 立方米每秒。

　　2. 全市单机容量 800 千瓦以上泵站 18 处（不含田关、老新），装机容量 11.78 万千瓦，设计流量 1355.0 立方米每秒。

（1）四湖地区的灾情以监利县、洪湖市为最重。

1）监利县：严重受渍面积达 193 万亩，占全县耕地面积的 76.3%。其中 126 万亩农田重复受渍，有不少农田连续 5 次受渍，监利中南部地区 450 平方千米一片泽国。此次特大洪水灾害造成 104.4 万亩农田绝收，减产粮食 2.75 亿千克，比上年减少 24.5%，棉花减产 25 万担，比上年减少 54.9%。水产品比上年减产 21%，倒塌房屋 8.64 万间，毁坏桥梁 162 处，受灾人口 64.2 万人，因灾转移的灾民 17.1 万人（不含人民大垸农场管理区）。

2）洪湖市：受灾人口 53.7 万人；受灾农田 96 万亩，其中绝收 64 万亩，受灾养殖水面 25.46 万亩，其中减收 14.9 万亩，粮食减产 1.5 亿千克，比上年减产 26.6%；棉花减产 0.87 万吨，比上年减产 46.3%；水产品总产 7.66 万吨，比上年减产 24.2%（不含大同、大沙农场管理区）。

（2）荆南受灾情况如下。

1）松滋市：入汛以来，暴雨频繁，江河水位居高不下，持续设防 30 天，7 月 1 日至 8 月 7 日，共降雨 21 天，平均降雨量 450 毫米，严重内涝。全市受灾农田 59 万亩，其中绝收面积 16 万亩；倒塌房屋 11200 间，渠道漫溃 37 处，冲毁桥梁 725 处，因山洪暴发，致使交通、电力、水利设施受到严重破坏，30 多家企业停产，粮食增产 0.5%，棉花减产 23.9%，油料减产 2%。

2）公安县：7 月 14—18 日，全县遭到历史上罕见的特大暴雨，平均降雨量 277 毫米，局部地区降雨量超过 300 毫米，最大降雨量达 385 毫米。受灾农田 68 万亩，绝收面积 3 万亩；11500 户农户被淹，倒塌民房 540 栋、989 间；21 家大型工厂被迫停产；粮食减产 1.3%，棉花减产 18%，油料减产 2.1%。

3）石首市：7 月中旬，连降暴雨，全市平均降雨量达 418.9 毫米，超过历年平均降雨量的 1/3，比 1954 年同期降雨量多 70.7 毫米，其中受渍最重的久合垸降雨量达 503 毫米，受长江高水位和洞庭湖顶托，内河水位超过 1954 年的水位，警戒水位和保证水位持续 1 个月之久，全市有 52 个村被水淹没，60 多万亩农田普遍受灾，成灾面积 47.44 万亩，其中绝收面积 17.2 万亩。

荆州市 425 座大、中、小型水库有 80% 的水库达到或超过汛限水位，其中有 11 座大、中型水库溢洪，沧水水库共来水 12.2 亿立方米，汛期泄洪 8 次，最大单次溢洪流量 668 立方米每秒，共溢洪水量 2.869 亿立方米。

（二）江河水情

1996 年 7 月，长江中游监利至螺山河段及洞庭湖区出现超历史纪录洪水位。7 月中旬开始，干流监利以下全线超过警戒水位，监利、城陵矶（莲花塘）、螺山洪峰水位分别为 37.06 米、35.01 米、34.18 米，均超历史最高水位。

　　7 月洞庭湖和干流城陵矶河段出现超 1954 年的高洪水位，城陵矶（莲花塘）水位高出 1954 年最高洪水位 1.06 米，洞庭湖（湖南境内）几乎普遍超过 1954 年水位；资水、沅水最高水位桃江站 44.44 米，桃源站 46.90 米，均居实测记录首位。洞庭湖南嘴、七里山最高水位分别为 37.62 米、35.31 米，分别超 1954 年水位 1.57 米、0.76 米。

　　洞庭湖水系资水、沅水是大水年。长江上游则属中水年。7 月 13 日宜昌最大流量仅 41700 立方米每秒，而"四水"各控制站 6 月 23 日至 7 月 20 日 28 天平均降雨量为 383 毫米，与 1954 年同期（389 毫米）相比接近，而资水、沅江比 1954 年大。汛期，四水入湖洪量集中，最大 7 天洪量比 1954 年大 56.7 亿立方米。沅江五强溪最大入库流量 40000 立方米每秒（50 年一遇），桃源站实测最大流量 29100 立方米每秒（约 30 年一遇），资水拓溪水库最大入库流量 17900 立方米每秒（约 100 年一遇）。

　　汛期以 7 月中旬洪量最大，同期长江上游来水不大，7 月 25 日沙市最高水位 42.99 米，最大流量 41500 立方米每秒。洞庭湖 7 天入湖总洪量 315 亿立方米，其中四水 267 亿立方米，占 85%；三口 48 亿立方米，占 15%，洞庭湖 27 个站及干流监利至螺山河段出现超历史纪录最高水位。7 月 9 日沮漳河出现第一次洪峰，两河口水位 50.15 米，流量 2230 立方米每秒；万城 44.72 米，流量 1740 立方米每秒。

　　7 月 17 日四水、四口入洞庭湖流量为 51300 立方米每秒，而城陵矶出湖流量 30000 立方米每秒。22 日，城陵矶洪峰水位 35.01 米，流量 43800 立方米每秒；螺山洪峰水位 34.18 米，居历史首位，最大流量 67500 立方米每秒，仅次于 1954 年。

　　1996 年汉江上游一般雨量 100～200 毫米。8 月 6 日皇庄站最高水位 46.22 米，相应流量 11100 立方米每秒，8 月 6 日沙洋最高水位 40.49 米，相应流量 9700 立方米每秒。

　　东荆河陶朱埠 7 月最大流量仅为 625 立方米每秒。因受长江洪水顶托，7 月 20 日 20 时，唐嘴水位 31.05 米，民生闸水位 31.27 米，分别距保证水位 0.27 米、0.5 米。8 月 7 日陶朱埠最大流量 1700 立方米每秒。

　　1996 年 7 月长江洪水的主要特点如下。

　　（1）长江上游同期来水量不大，宜昌流量仅 30000～42000 立方米每秒，属于接近均值的正常洪水。

　　（2）来水的支流很集中，且洪水相当稀遇。1996 年洪水主要集中在沅、资两水及鄂东北支流。

　　（3）洪水来源地位于防汛河段及近邻，洪水集中快，水位涨势猛，决策困难。

（4）防洪河段内涝与外江高水交困，加剧了抢险紧张程度。

（5）干流控制站洪量不是特大而洪峰水位高。洞庭湖区长江委所属 27 个水位站，干流监利—螺山段各站全部超过历史最高纪录，汉口站也出现了 131 年以来第二位高水位，详见表 7-20。

表 7-20　　　1996 年长江、汉江、东荆河各主要站水位、流量表

河名	站名	最高水位/m	日期	最大流量/(m³/s)	日　　　期
长江	宜昌	50.96	7 月 5 日	41500	7 月 13 日
	枝城	47.58	7 月 5 日	48800	7 月 5 日
	沙市	42.99	7 月 25 日	41500	7 月 6 日
	监利	37.06	7 月 25 日	37200	7 月 6 日
	城陵矶	35.01	7 月 22 日	44300	7 月 19 日最大流量出现在七里山站，最高水位出现在莲花塘站
	螺山	34.17	7 月 21 日	68500	7 月 22 日
	汉口	28.66	7 月 22 日 14 时	70700	7 月 22 日 14 时
汉江	皇庄	46.22	8 月 6 日 8 时	11100	8 月 6 日 8 时
	沙洋	40.49	8 月 6 日 20 时	9700	8 月 6 日 17 时
	仙桃	34.80	8 月 7 日 14 时	7000	8 月 7 日 8 时
清江	长阳	82.35	7 月 5 日 4 时	9400	7 月 5 日 4 时
松滋河	新江口	44.13	7 月 6 日 2 时	4290	7 月 6 日 2 时
	沙道观	43.33	7 月 6 日 8 时	1580	7 月 25 日 8 时
虎渡河	弥陀寺	42.97	7 月 25 日 8 时	2020	7 月 26 日 8 时
藕池河	管家铺	38.67	7 月 25 日 5 时	3620	7 月 25 日 20 时
	康家岗	38.97	7 月 26 日 8 时	318	7 月 25 日 8 时
东荆河	陶朱埠	37.90	8 月 7 日	1700	8 月 7 日
湘江	湘潭	38.83	8 月 4 日 23 时	12200	8 月 4 日 20 时
资水	桃江	44.44	7 月 17 日 7 时	12300	7 月 17 日 7 时
沅水	桃源	46.90	7 月 19 日 21 时	27700	7 月 17 日 11 时
澧水	石门	59.35	7 月 3 日 12 时	11200	7 月 3 日 14 时
洞庭湖	南嘴	37.62	7 月 21 日 20 时	14200	7 月 21 日 20 时

长江流域范围大，"96·7"洪水来源的局地性明显，在不同的支流和干流河段上，洪水的频率有很大的差异。"96·7"洪水对于干支流各主要站的经验频率，如以最高水位经验重现期来看，城陵矶（七里山）站为 91 年，汉口站为 67 年，监利站为 63 年，螺山站为 43 年。

螺山等站洪峰水位偏高的问题，长江委水文局《长江96·7洪水主要特征的初步分析》一文指出：对于30天来水，1996年比1954年小31.8%，而7天来水仅小11.1%。表明1996年是由短历时来水成峰。螺山1996年洪水洪量远小于1954年，但洪峰水位反而比1954年要高1米，原因如下。

（1）1954年分洪实际降低螺山洪峰水位为2.1～2.3米。1996年洪水溃口总量约40亿立方米，其中峰前削峰有效洪量约10亿立方米（集中在洞庭湖区），分洪降低螺山水位约0.1米。

（2）洞庭湖容积缩小，以莲花塘水位34.00米为准，洞庭湖50年代净湖容为308亿立方米，至1978年减少为197亿立方米。经计算比较，对于1996年洪水，洞庭湖迄今减容的后果是使螺山洪峰水位抬高0.7～0.9米。

（3）1996年螺山—九江河段区间来水大多多于常年，使螺山水位受到回水顶托，水面比降明显小于正常值，螺山—龙口在最大流量时落差仅1.11米。这一因素使螺山洪峰水位比1954年约抬高了0.2～0.4米。

（三）灾害损失

1996年，荆沙市有171个乡镇（农场、办事处）、3341个村、102.7万户、585.32万人受灾，其中65.66万人被洪水围困，45.73万人被迫转移。有52个城镇积水，房屋损坏32.47万间、倒塌14.4万间。因灾伤病6.78万人，其中死亡87人，伤9616人。监利、洪湖、石首等特重灾区有192个民垸相继漫堤溃口。399个村庄被水淹没。因灾造成直接经济损失119.94亿元。

全市农作物受灾面积736.6万亩，成灾面积465.41万亩，绝收面积196.62万亩。全年粮食减产3.68亿千克，棉花减产76.82万担，油料减产35.6万担。

水利设施遭受严重破坏。共损坏水库124座、堤防260千米；堤防决口34处，长11.9千米；损坏水闸347座、损坏水文测站2个，水电站和机电泵站258座5.93万千瓦，直接经济损失2.68亿元。

7月26日，石首六合垸溃口，淹没面积15.7平方千米，受灾人口6500人。

（四）抢险救灾

1996年，各县（市、区）共投入防汛抢险劳力16.8l万人，3000余名解放军支援洪湖、监利防汛抢险。长江干支流布防堤段1781千米，其中警戒水位以上1541千米，保证水位以上625千米，组织突击队9.2万人，预备队58.6万人。汛期，共发生各类险情695处（荆江大堤34处、长江干堤551处、支民堤111处），其中管涌51处、浑水洞22处、崩岸7处、裂缝7处、浪坎2处、跌窝4处。重大险情有洪湖长江干堤周家嘴跌窝、田家口管涌群、赖树林漏洞等。各地在抗洪抢险中，共消耗编织袋133万条、麻袋4.5万个、土工织物 0.6 万平方米、砂石料 1.62 万立方米、芦苇 5.3 万担。

7 月、8 月高峰时全市开机 35.62 万千瓦，排水流量 3526 立方米每秒，日排水量达 3.064 亿立方米。据统计，全市泵站累计排水 91 亿立方米，其中一级站排水 61 亿立方米，二级站排水 30 亿立方米（17 处大型泵站排水 45 亿立方米）。高潭口、新滩口泵站分别排水 15.5 亿立方米、12.6 亿立方米，700 余万亩农田受益，充分发挥了泵站的巨大效益。全市排涝耗电 7150 万千瓦时，耗用电费 3000 余万元。

第五节　2011 年大旱与抗旱

2011 年荆州市遭遇春、夏连旱，其特点是干旱时间长，冬旱连春旱，春旱接夏旱。1—5 月全市降雨量只有常年平均值的一半左右；江河水位低，从 5 月 5—19 日，沙市站水位仅为 32.60～33.60 米，相应流量 8100～10100 立方米每秒；同期荆南四河基本断流（仅松西河进流），沿江灌溉涵闸没有一座能自流引水；丘陵山区、平原湖区全面受旱。1—5 月，全市各县（市、区）累计降雨量明显偏少，荆州 215.4 毫米，松滋 203.4 毫米，公安 249.8 毫米，石首 245.2 毫米，监利 258.9 毫米，洪湖 274.7 毫米，比多年均值偏少 4～6 成。2011 年 1—5 月荆州、松滋等 5 县降雨统计见表 7-21。

表 7-21　　　　2011 年 1—5 月荆州、松滋等 5 县降雨统计表　　　　单位：mm

	荆州	松滋	公安	石首	监利	洪湖
2011 年 1—5 月	215.4	203.4	249.8	245.2	258.9	274.7
历年	398.2	438.1	441.8	499.6	534.2	597.2
距平百分率	−45.91%	−53.57%	−43.46%	−50.92%	−51.54%	−54.00%

5 月 31 日，洪湖最低水位 23.20 米，相应湖泊面积 113.2 平方千米，较历史同期减少 280.2 平方千米，平均水深仅 0.48 米，蓄水量仅存 0.54 亿立方米。6 月 9 日长湖最低水位 29.16 米，相应湖泊面积 105 平方千米，较历史同期减少 35.0 平方千米。6 月 13 日洈水水库坝前水位最低为 84.71 米，距洈水水库 84.50 米的自流灌溉最低水位仅 0.21 米。

受天气持续晴热、降雨量少、江河水位低等多重因素影响，荆州市农作物和水产养殖普遍受旱，部分地区出现了人畜饮水困难。农作物受旱面积 522 万亩，其中重旱 197 万亩，干枯 44 万亩；渔业生产损失严重，受灾 129 万亩。受旱最为严重的洪湖，环湖部分地区和湖心茶坛岛、船头嘴等区域干涸见底，67 种鱼类灭绝，死鱼 3.25 万吨，蟹苗死亡 1500 吨，水生植物损失 80% 以上。干旱导致渔民不能维持正常的生产、生活，有 649 户、2045 名水上居民无饮用水、生活用水。洪湖周边约 20 万农业人口生活用水受到影响。紧急转移 957 户、3234 人。5 月 31 日，三峡水库加大下泄流量（沙市水位 34.53 米，相应流量 12000 立方米每秒），才保证了抗旱用水。6 月 4 日全市普降中到大雨，旱情得以缓解。

面对严重的干旱，荆州市委、市政府高度重视。5 月 12 日市防指启动全市抗旱三级应急响应，市委主要领导、分管领导和联系县（市、区）的防汛抗旱责任人及时分赴抗旱一线，察看灾情，指导抗旱，并层层派出督查组督查抗旱工作。6 月 3 日国务院总理温家宝、副总理回良玉，水利部副部长周英，国家防办副主任张旭，湖北省委书记李鸿忠、省长王国生视察长湖五支渠抗旱现场。温家宝总理踏上长湖干涸的河床，看到大量的河蚌死亡时说："农业损失第二年可以补回来，但生态恢复是个长期过程，希望大家以保护生态为重，确保经济社会可持续发展。"全市共组织 120 万人投入抗旱，市、县两级组织 1361 个工作组、5266 名工作队员进驻 2479 个行政村，帮助村组千方百计广辟水源，疏挖沟渠，搞好组织协调，共落实帮扶项目 1108 项，资金 2.34 亿元，捐赠物资折款 533 万元，落实帮扶资金 4604 万元。主要采取以下措施：

（1）全力搬大水。全市高峰时，共开启沿江固定灌溉站 94 处，172 台 1.55 万千瓦时，流量 127.8 立方米每秒，从 4 月 26 日至 6 月 3 日，共抽水 4 亿立方米；还架设临时取水站 94 处 320 台 1.59 万千瓦时，流量 134 立方米每秒。

（2）及时查找地下水。通过以资代补方式打机井 15115 口，其中出水量 100 立方米每小时以上的大井 115 口，解决中稻苗田用水和人畜饮水困难。

（3）实施人工增雨。气象部门抢抓机遇，适时人工增雨，从 5 月 2 日至 6 月 12 日实施六次人工增雨，作业点 44 处，作业 55 次，出动火箭 18 架次，高炮 10 次，发射火箭弹 388 枚、炮弹 1557 发。

（4）突击疏挖沟渠。全市开挖、疏通渠道 1275 条 1286.8 千米，疏浚塘堰 3000 多口，利用工程引水。

（5）水库放水。全市 66 座大中型水库先后放水 1 亿立方米。

（6）涵闸引水。沿江灌溉涵闸提空闸门能引尽量引，沮漳河橡皮坝拦蓄，保证万城闸 5～10 个流量灌入太湖港总渠。

（7）湖泊灌溉。洪湖 4 月 1 日至 6 月 3 日共放水 1.86 亿立方米，长湖放水 1.3 亿立方米。

第六节　2016 年内涝灾害

2016 年汛期，荆州市受强降雨影响，境内江河湖泊相继出现了超警戒、超保证、超汛限洪水和严重洪涝灾害。特别是 6 月 18 日入梅以来的 6 次大暴雨，四湖地区受灾尤为严重。长湖、洪湖维持警戒以上水位分别达 15 天和 27 天，长湖超历史最高水位 4 天。在荆州市委、市政府的领导下，精心调度，科学指挥，夺取了抗灾斗争的胜利。

2016 年 5—8 月，荆州市各地降雨较多年均偏多 3～8 成。梅雨期从 6 月 18 日至 7 月 20 日，荆州站比历年平均偏多 2～5 成。最大降雨量为洪湖市曹市 921.3 毫米。四湖流域各排区雨量：上区 526.6 毫米、中区 602.0 毫米、下区 671.3 毫米。除螺山排区降雨少于 1996 年外，其他排区降雨量均超过 1996 年 30～86 毫米。2016 年荆州市降水情况见表 7-22。

受洞庭湖降雨和长江中下游顶托影响，荆南四河（郑公渡、法华寺站）和长江监利站以下先后进入警戒以上的高水位。7 月 6 日，监利站最高水位达到 36.26 米，7 月 7 日，螺山站最高水位达到 33.37 米。7 月 23 日长湖最高水位 33.45 米，超历史最高水位；洪湖 7 月 18 日最高水位 26.99 米。

表 7-22　　　　　　　　2016 年荆州市降水情况　　　　　单位：mm

站名	全年降水量	6—8 月降水量	6 月 18 日至 7 月 20 日降水量	
			站雨量	面雨量
荆州	1089.7	640.0	431.6	486.0
松滋	1325.1	771.0	452.5	464.0
公安	1475.6	1003.0	566.2	428.0
石首	1302.5	779.0	521.9	420.0
监利	1498.3	927.0	667.1	471.0
洪湖	1672.1	1007.0	559.8	616.0

四湖地区梅雨期（6 月 18 日至 7 月 20 日）共产水 47.25 亿立方米，其间一级泵站排至外江 34.8 亿立方米，涵闸排至外江 4.45 亿立方米，湖渠调蓄水量 8.0 亿立方米（长湖 2.26 亿立方米，洪湖 5.17 亿立方米），径流系数 0.74。

汛期沙市最高水位 41.28 米，石首最高水位 37.94 米，监利最高水位 36.26 米，城陵矶最高水位 34.40 米，螺山最高水位 33.37 米，尽管监利以下至螺山长江水位偏高，杨林山、螺山泵站排水出力受影响，但未停机。同期，汉江水位偏低，沙洋最高水位 38.74 米。由于汉江水位偏低，东荆河曾两次向汉江补水（属有水文记录以来第 1 次），最大补水量 88.5 立方米每秒。受第 6 次强降雨影响，东荆河潜江站由 7 月 18 日向汉江倒灌，至 23 日分流汉江来量 342 立方米每秒。

面对严重的内涝灾害，抓紧自排，及时统排，尽可能向外江抢排，并在一定范围内采取限排措施，同时采取对部分民垸弃守和分洪措施，保证长湖和洪湖的安全。

7 月 27 日下午，湖北省南水北调工程管理局在引江济汉工程具备撤洪条件，但石桥河闸为反向运用工况的情况下，组织专家论证，采取相关安全措施后，开启了引江济汉出口高石碑闸分泄长湖洪水，流量达 50 立方米每秒，总量 1.1 亿立方米，保证了长湖库堤安全。

从 7 月 6 日开始，洪湖水位达到 26.72 米，并在继续上涨，为保证洪湖围堤安全，决定对上、中、下区中部分乡镇的二级泵站实行限排，7 月 21 日宣布限排措施解除。7 月 9 日洪湖水位达到 26.90 米，洪湖市滨湖、茶潭等 7 个洪湖内垸弃守。7 月 13 日，洪湖水位达到 26.89 米，洪湖市振兴湖等 8 个、监利县 12 个洪湖内垸相继弃守分洪，7 月 19 日，洪湖水位达到 26.94 米，洪湖市斗湖、潭子河等 2 个洪湖内垸弃守分洪。共有 29 个洪湖内垸弃守分洪，面积 60.77 平方千米（转移人口 7264 人），分洪量 0.6 亿立方米，降低洪湖水位 0.2 米。

7 月 22 日，长湖水位达到 33.35 米，超过历史最高水位 0.05 米，且仍在继续上涨，形势十分严峻。为缓解长湖防汛压力，保证长湖库堤安全，决定对马子湖、彭塚湖、胜利垸外六台、长湖渔场等实施分洪措施，共分蓄洪水约 0.2 亿立方米，降低长湖水位 0.14 米。为尽快降低长湖水位，7 月 24 日开启习家口闸分泄长湖洪水，流量由 30 立方米每秒增至 70 立方米每秒（截至 7 月 31 日共分泄水量 0.4 亿立方米）。7 月 26 日开启荆襄河闸通过西干渠分泄长湖洪水，流量 10 立方米每秒，后增至 15 立方米每秒（截至 8 月 1 日，共下泄水量 0.13 亿立方米）。两项措施共下泄长湖水量 0.53 亿立方米，降低长湖水位 0.3 米。

全市受灾人口 19.2 万人，紧急转移 2.04 万人。其中洪湖、监利第一批弃守分洪民垸 29 个，转移安置 6218 人；倒塌房屋 1150 间；农作物受灾面积 377.54 万亩（其中荆州区 11.91 万亩、沙市区 13.38 万亩、江陵县 19.94 万亩、松滋市 17.97 万亩、公安县 40.6 万亩、石首市 31.0 万亩、监利县 163.74 万亩、洪湖市 79.0 万亩）。

第八章 三峡水库对荆州防洪、
排涝、灌溉的影响

三峡工程首要的建设目标是防洪。三峡工程在长江中下游防洪中，特别是防止荆江地区发生毁灭性洪灾具有特殊的重要地位。为了保证荆江大堤的安全，保证荆江地区不出现毁灭性洪灾，三峡工程的防洪作用是不可替代的。

三峡工程已于2009年建成。三峡水库的建成，为实现两湖地区经济社会的可持续发展提供了可靠的安全保证，荆江河段防洪标准偏低，严重滞后经济发展的状况将得到根本的改变。长江中游特别是两湖地区将进入新的历史发展时期。三峡水库具有防洪、发电、改善航道等巨大的综合效益，对促进长江流域的经济发展具有重要意义。

三峡工程是长江中下游防洪的关键性控制工程，在长江的防洪史上具有划时代的意义。

三峡工程1994年开工建设，2003年6月1日下闸蓄水，6月10日22时，坝前水位蓄至135.00米。2003年6月至2006年8月称为围堰蓄水期。2006年9月20日三峡水库开始进行汛后蓄水，10月28日水位达到155.68米，至此，工程进入运行期。2008年三峡工程建设任务基本完成，9月28日，经国务院批准，三峡水库开始试验性蓄水，11月10日最高蓄水位至172.80米，2010年连续三年试验性蓄水至175.00米。

三峡水库大坝坝址位于湖北宜昌三斗坪镇，下距葛洲坝水利枢纽38千米，坝址控制流域面积100万平方千米，年平均径流量4510亿立方米。坝顶高程185.00米，最大坝高175米，大坝轴线长2335米，溢流坝居河床中部，两侧为厂房坝段和非溢洪坝段以及茅坪防洪工程等。设有23个低高程，大尺寸的泄洪深孔。枢纽最大泄洪能力11.6万立方米每秒，溢流坝段总长度483米。有深孔及表孔两套设施。

水电站为坝后式。位于溢流坝段两侧，总长度1209.8米，左厂房装机14台，右厂房装机12台，长575.8米。单机容量为70万千瓦的水轮发电机组，总装机容量1820万千瓦。右岸设有地下厂房，装机6台容量420万千瓦。共32台，装机容量共2240万千瓦。

通航建筑物位于左岸。永久通航建筑物为双线五级连续梯级船闸及单线垂直升降机。单向通过能力5000万吨。最大工作水头113米，单级最大工作

水头 45.2 米，双线船闸闸室尺寸按通过万吨级船队要求，闸室尺寸为 208 米×
34.5 米×5 米（长×宽×槛心水深）。

第一节　三峡水库的防洪作用

三峡水库正常蓄水位 175.00 米，相应库容 393 亿立方米；校核水位
180.40 米，水库总库容 450.1 亿立方米；汛期防洪限制水位 145.00 米，防洪
库容 221.5 亿立方米；枯水期消落低水位 155.00 米，兴利库容 165 亿立
方米。

三峡水库能控制长江中游荆江河段以上洪水来量的 95%，武汉以上洪水
来量的 2/3 左右，特别是能控制上游各支流水库以下至三峡大坝坝址区间约
30 万平方千米暴雨所产生的洪水，对减轻长江中下游洪水灾害有特殊的控制
作用。

三峡水库建成后，荆江河段的防洪标准从建库前的 10 年一遇（运用荆江
分洪工程为 20 年一遇）提高到 100 年一遇，遇到 1860 年类型的 1000 年一遇
大洪水，也有可靠的防御对策，避免洪水泛滥给两湖平原造成毁灭性的灾害。
主要防洪作用如下。

（1）可使 100 年一遇洪水枝城下泄流量不超过 56700～60600 立方米每
秒，遇 1000 年一遇洪水或历史特大洪水（1870 年洪水），枝城下泄流量不超
过 80000 立方米每秒，在荆江分洪工程的配合运用下，荆江河段可避免洪水
任意泛滥造成毁灭性灾害。荆江河段发生大洪水或较大洪水的概率将大大降
低，有效地缓解了荆江河段的防洪紧张局面，减轻了防洪负担。

（2）当荆江地区遇到 100 年一遇以下洪水时，通过三峡水库调节，可减
少荆江两岸主要洲滩民垸的淹没机会，可控制沙市水位不超过 44.50 米，并
可不运用荆江分洪工程，对 1931 年、1935 年、1954 年类型洪水均可不运用
荆江分洪工程。如果重现 1998 年类型洪水，通过三峡水库调蓄，可明显降低
荆江河段水位，减轻荆江河段及城陵矶附近的防洪压力，减少损失。

1996 年洪水，对长江中下游特别是洞庭湖地区和下荆江、城汉河段造成
了严重的经济损失，其受灾程度仅次于 1954 年。当有了三峡工程以后，在有
3 天预见期水平下三峡水库可将城陵矶水位降至 34.40 米，比实际水位（1996
年 7 月 22 日莲花塘水位 35.01 米）降低 0.6 米，三峡水库蓄水约 60 亿立方
米；在有 2 天预见期的水平下，三峡水库调蓄可使城陵矶水位降至 34.50 米，
比实际最高水位低 0.51 米。城陵矶地区遇 1954 年类型洪水，可减少分洪量。

（3）三峡水库建成后，减少了经三口入洞庭湖的水、沙量［2003—2016
年洞庭湖平均淤积泥沙仅为 0.0226 亿吨（2003—2016 年三口、四水进入洞庭

湖的泥沙为 1780 万吨，其中三口 917 万吨，占 52%；四水 836 万吨，占 48%。经由城陵矶输出泥沙 1960 万吨，占来沙总量的 112%。湖区整体呈冲刷状态，多年平均冲刷量为 210 万吨）。湖区泥沙淤积率仅为 11.5%；三口分沙量 2003—2016 年年均 917 万吨，比 1999—2002 年年均 5670 万吨减少 4753 万吨；2003—2016 年三口分流量年均 482.0 亿立方米，分流比占 12%，同 1967—1972 年下荆江系统裁弯工程完成时三口分流年均 1021.4 亿立方米年均减少 539.4 亿立方米]。延缓了洞庭湖的萎缩进程，减轻了洞庭湖的洪涝灾害，为洞庭湖的治理，调整江湖关系创造了条件。

（4）三峡水库运行后，由于对入库流量可以进行调节，减少出库流量，荆江河段水位保持在中低水位运行，减轻了荆江河段的防洪负担，防洪效益明显。2010 年和 2012 年洪水，削峰率均在 40%，如无三峡水库调节，荆江河段防洪将十分紧张。2003—2018 年三峡水库最大入库、出库流量及沙市水位、流量情况见表 8-1。

表 8-1　　2003—2018 年三峡水库最大入库、出库流量及沙市水位、流量情况表

年份	日期	最大入库流量/(m³/s)	相应出库流量/(m³/s)	相应沙市站	
				水位/m	流量/(m³/s)
2003	9 月 4 日 8 时	46000	44900	41.94	40500
2004	9 月 8 日 8 时	60500	53300	42.84	47000
2005	7 月 12 日 6 时	45200	42100	41.89	39700
2006	7 月 10 日 10 时	29500	29200	39.35	23000
2007	7 月 30 日 14 时	52500	47000	42.24	36000
2008	8 月 17 日 8 时	39000	36900	41.49	34500
2009	8 月 6 日 8 时	55000	39000	41.40	33600
2010	7 月 20 日 8 时	70000	41400	41.06	34900
2011	9 月 21 日 8 时	46500	20500	37.04	18400
2012	7 月 24 日 20 时	71200	44051	42.59	35700
2013	7 月 7 日	34000	31000	39.80	25000
2014	9 月 20 日	55000	45600	42.21	40800
2015	7 月 1 日	39000	31700	40.17	26200
2016	7 月 1 日	50000	31600	41.02	26000
2017	6 月 29 日	26000	27000	39.17	21200
2018	7 月 14 日	60000	42000	41.52	36200

　　由于有了三峡工程，荆江河段防洪形势有了根本性的改善。荆江的防洪形势将由严峻趋于缓和。到 2020 年三峡水库及三峡上游水库有防洪库容 350 亿立方米，到 2030 年三峡上游水库共有库容 470 亿立方米，荆江的防洪形势将进一步缓和。除特大洪水和大洪水年份，沙市水位汛期保持在中低水位运行（42.00～43.00 米），这将是常态。由于上游水库的调节作用，沙市汛期出现高水位的概率将明显减少。

　　此外，由于水库下泄水量含沙量减少（三峡水库建库前，荆江河段平均含沙量 1.15～1.24 千克每立方米；三峡水库运用后，宜昌的平均沙量只有 0.14 千克每立方米，沙市站的平均含沙量只有 0.22 千克每立方米），下游河道长期冲刷导致河床冲刷，同流量下水位降低，对防洪带来很大效益。"从总的趋势看，经过 30～40 年的冲刷后，荆江水位降低 3 米左右是可能的，如沙市水位降低 3 米，大约相当于加大荆江过洪能力 20000 立方米每秒，这对荆江防洪是有利的。从某种意义上讲，下游冲刷对荆江防洪的作用可能不亚于水库蓄洪"。尽管有人对这种预测持有异议，但是河床刷深这一点对防洪是有利的。

　　三峡水库建成后，由于清水下泄，河床不断冲刷，经过 40～50 年的冲刷，"宜昌至枝城段平均冲深 0.71 米，枝城至藕池口段河床平均冲深 2.24 米；藕池口至城陵矶河床平均冲深 5.5 米，是冲刷量及冲刷强度最大的河段；城陵矶至汉口河段河床平均冲深 2.8 米"。由于荆州境内长江的护岸工程已经有了一个比较好的基础。由于长期的人工守护，基本变成限制性河床，从总体上讲，河床不会发生整体性变化，不会出现三十年河东、三十年河西，游离不定的局面。更不会出现 20 世纪 50—60 年代"大崩岸、大拆迁（房屋）、大退挽（堤防）"的情景。但是荆江河床一般的冲刷深度有 3 米左右，深的可能达到 4～5 米，而集中冲刷的地方会更深一些。这样的冲刷深度，使一部分护岸工程遭到破坏并不奇怪。由于河道冲刷下切或展宽，可能会引起一些洲滩扩张或缩小，主流局部摆动，中水河槽扩宽，局部河段发生河势调整，使一些险工脱溜，而一些平工转为险工。特别是对于迎流顶冲和没有守护的河段，有可能发生严重险情，崩岸部位可能会出现一些局部变动，但崩岸的强度不至于有很大增加。尽管河道冲刷是一个长时期、缓慢的过程，但是河道冲刷对护岸工程的影响不可低估。从以往护岸的经验教训看，需要平时加强观测（变季节性观测为常年观测），及时补充石方，险情是可以得到控制的。

　　由于荆州处在长江、汉水由山地向平原过渡的首端，这一特殊地理位置决定了荆州的防洪任务：上保荆江大堤的安全，下保武汉市的安全，这就是我们的任务，讲大局就是服从这个大局。三峡水库建成前是这样，三峡水库建成后也是这样。尽管有了三峡工程，荆江的防洪格局也不会发生根本改变。防洪的重点仍然在荆江，荆江的防御重点在沙市至郝穴河段的荆江大堤，一旦发生溃决，荆北地区将遭受毁灭性的灾害，直接威胁武汉市的安全，而且长江有可能改道；防洪的难点在西洞庭湖，因为沅、澧二水的控制工程尚未建成，西洞庭湖地区的防洪标准偏低，江湖洪水遭遇仍然是西洞庭湖防洪最担心的事。以目前现状而言，西洞庭湖的防洪能力既不能安全防御 1954 年类型的洪水，更不能安全防御 1935 年类型的洪水。西洞庭湖地区的防洪问题不是短期可以解决的，它和荆江的情况不一样。今后一个时期（澧水、沅水得到有效控制），如果说江湖地区的防洪要出什么乱子的话，仍有可能在西洞庭湖地区发生；矛盾的焦点在城陵矶，一旦发生超额洪水，特别是洪量不是很大而又非分不可时，如何处理，涉及各方面的利益。

同时，我们必须告诉人们，认为三峡工程建成了，荆江就太平无事了，不会防汛了的想法是不切实际的。三峡水库的建成，荆江严峻的防洪形势会逐步得到缓解，但决不是荆江防洪的终结，还有汛防，还要防汛。这是因为长江中下游河道安全泄量与长江洪水峰高量大的矛盾依然存在；三峡水库虽有库容 221.5 亿立方米，但相对于长江中下游巨大的超额洪量，防洪库容仍然不足；要特别警惕长江流域部分地区极端水文气候事件发生；宜昌以下，城陵矶以上有 30 万平方千米的面积，并未得到完全有效的控制，却又相对属于多雨区，足以产生威胁荆江特别是威胁荆南四河安全的洪水（即通常所说的区域性洪水）。

长江宜昌以上的承雨面积有 102 万平方千米，设想将产生的洪水全部拦蓄在上游，减轻或者免除中下游的洪水灾害，这既不可能做到，也是不应该的，这将破坏长江的生态环境。只能通过部分控制工程，将洪水化大（洪水）为小（洪水），化整为零（散），错峰下泄。

当荆江出现下列三种类型洪水时，防洪形势是很严峻的。一是发生 1954 年类型洪水。有了三峡水库，如果再现 1954 年类型洪水，可以不运用荆江分洪区，沙市水位不会超过 45.00 米，最担心的是洲滩围垸难以安全度汛。城陵矶附近即使到了 2030 年超额洪量（按 34.40 米水位控制）仍有 117.1 亿立方米，是运用分蓄洪区还是适当抬高水位挺过去，将视当时汛情而定。二是发生 1860 年、1870 年那样的特大洪水，由于有三峡水库及三峡水库以上的多个水库调节，枝城下泄流量控制在 8 万立方米每秒，运用荆江地区的分蓄洪区，控制沙市水位不超过 45.00 米。同时要扒开有关的洲滩民垸行洪，城陵矶附近的超额洪水按国家的调度命令执行。在荆州防御这种特大洪水最关键的一点就是要确保松滋江堤安全，能让洪水安全下泄。否则，整个防御体系就会被打乱。将会造成极其严重的后果。三是出现 1935 年类型洪水。1935 年 7 月发生的大洪水，暴雨中心是在五峰、兴山一带和汉江丹江口一带。其中五峰 5 天（7 月 3—7 日）的雨量 1281.8mm，澧水泛滥，三江口最大洪峰流量 30300 立方米每秒，清江搬鱼嘴洪峰流量 15000 立方米每秒，沮漳河两河口洪峰流量 6380 立方米每秒，均造成了巨大损失。现在有了三峡水库，再现 1935 年类型洪水，尽管可以控制部分洪量与之错峰，但却不能有效地削减三江口和两河口的洪峰流量。特别是澧水，当防洪库容达到 25.16 亿立方米时，才达到 50 年一遇的防洪标准，遇到 1935 年类型洪水，三江口的洪峰流量仍有 18100 立方米每秒，西洞庭湖的防洪形势仍然十分紧张。沮漳河的两河口超额洪量有 16.0 亿立方米左右，两河口以下民垸都要扒口行洪，而且还会影响上荆江的部分民垸。

在荆江防洪系统中，存在一个十分突出的问题，就是洲滩民垸堤防防洪标准偏低。全市现有民垸 39 处，面积 1189 平方千米，保护范围内人口近 50 万人，耕地约 80 万亩。属于蓄洪或行洪区，有的民垸还有工厂企业，没有确保区。堤身低矮单薄、多隐患、管理机构薄弱，交通、通信设施落后，抢险器材少，没有安全转移设施。一旦发生较大洪水，国家没有决定运用民垸分洪，民垸堤防能否安全防守，就是一个问题。长江中游只有荆州市有这么多的民垸。应对主要民垸定一个防御标准，什么样的水位扒口，按防御水位进行加固。

三峡水库之所以能够有效防御 1860 年和 1870 年那样的特大洪水，不但在于它有一个巨大的库容，还在于它是与荆江的堤防系统、分蓄洪工程系统和荆南四口向洞庭湖分流相互配合的，四者缺一不可，即通常所说的"四驾马车"。因此，对于荆江的堤防系统、分蓄洪工程系统以及四口的泄洪能力任何形式的削弱，也就是削弱了三峡工程的防洪能力。因此，加强对防洪工程的建设和管理是长期的任务。

第二节 排 涝

三峡水库建成后，由于采用"削洪增枯"的运用方式，对下游河道产生冲刷，同流量下水位降低，会增加长江及荆南四河两岸农田自排时间，减少泵站的排水扬程和因高水头引起停机的次数，提高泵站运行的效率，荆州境内的排涝情况将获得一定程度的改善。但是，改善的情况是不一样的。总体来讲，城陵矶以上河段好于城陵矶以下河段；南岸好于北岸；洲滩围垸好于内垸；三峡工程初期运用之后好于运用之前。从荆州境内多年发生内涝灾害分析，多是洪涝同涉，有洪必有涝。内涝的主要原因是：降雨集中，外江水位顶托，自排困难；湖泊过量围垦，调蓄面积和容积不断减少；外排能力差；排水泵站及渠系不配套等。因此，降低外江水位，增加抢排机会，是提高排涝标准，减轻内涝灾害的有效途径。

荆南四河由于断流时间提早，进流时间推迟，中高水位维持的时间不长，对排涝有利。由于四河河道泥沙淤积严重，有的河段已成为悬河，如不疏浚，对排涝不利。

四湖地区的总出水口在新滩口，远离三峡库区，短期内河道不会发生明显的冲刷而降低水位，当三峡水库经过初期运用后，新滩口的长江水位也会因河道冲刷而下降，但受城陵矶出流和汉口水位顶托的影响，水位下降的幅度不会很大。荆州境内的内涝灾害多发生在6月下旬至7月上中旬，只有少数年份是在8月。影响新滩口闸自排的外江水位，一般是24.50米左右。这种水位多出现在6月上旬或者稍迟一点，相应螺山站流量为30000立方米每秒，与汉口的水位有一定的关系，但影响不是很大。如果汉口的流量达到35000立方米每秒时，新滩口便会失去自排能力。今后随着"南水北调"工程的运用，会减少汉口河段的流量，等到三峡水库经过一段时期运用之后，荆州境内长江河床已刷深并将继续刷深，那时无论是荆南四河还是新滩口6月自排时间将会增多。荆南四河自排的机会多于新滩口，但在7月、8月不论是荆南四河还是新滩口，想要完全自排那是不可能的。只有等到湘、资、沅、澧四水得到有效的控制，与长江洪水遭遇的可能性少了，此时，荆南四河自排机会就明显增多了。

只要荆州境内的长江河段5—9月的水位不能低于两岸农田高程以下，就要依靠电排站进行提排。无论是荆南地区还是四湖地区都不可能利用现有的湖泊、洼地、沟渠、塘堰、水库将5—9月所产生的径流全部腾蓄起来，到10月再自排出江，这是不可能的。或者想将汛期所产生的降雨不经过调蓄而在短短的几天之内全部把涝水排出去，不要说现在做不到，就是再经过一个时期也做不到，也没有这个必要。

随着三峡水库建成运用，荆州境内长江河段的水位将自上而下降低，两岸堤内渍害低产田也会随之减少，渍害程度也会随之降低，但渍害低产田不会消除。"在武汉以上枯水均是降低的，即使考虑到调节流量后仍如此。因此，有人担心下游冲刷会导致沿江低洼地区特别是江汉平原的沿江地区枯水期排渍受影响，甚至会出现土地盐碱化、沼泽化等是不必要的"。荆州境内的排涝状况将逐步得到改善，随着时间的推移，自排的机会增多，因涝成灾的概率降低。但是不能期望由于长江河床冲刷引起水位降低，南北两岸的农田终年都可以自排了，那是不可能的。自排机会增多，机电排水设备还要发挥作用，这是三峡工程建成后的排涝形势。

按现状，减轻荆州境内内涝灾害的办法：一是增加调蓄容积；二是增加外排能力；三是科学调度。

第三节　灌　溉

三峡工程建成以后，随着下游河道刷深，同流量下水位降低，对荆州境内凡依靠长江及荆南四河取水灌溉的农田，工业用水以及人畜饮水等都会受到不同程度的影响，主要是秋末至来年夏初。

三峡工程建成之后，将使荆州境内灌溉用水格局发生变化。

下荆江裁弯工程实施之后，上荆江水位下降，加速了荆南三口河道分流量的衰减，在下荆江实施裁弯之前（1966 年），当沙市流量为 6900～7000 立方米每秒时，水位 35.68 米，到 2002 年，沙市流量相同时，水位 33.40 米，两者比较降低 2.28 米；根据长江委的资料，2016 年沙市站流量为 6000 立方米每秒时，与 2003 年相比较，2004 年水位降低 0.31 米，到 2016 年，水位降低 2.01 米；当流量为 7000 立方米每秒时，与 2003 年相比较，2004 年水位降低 0.32 米，到 2016 年降低 1.93 米；当流量为 10000 立方米每秒时，与 2003 年相比较，2004 年水位降低 0.34 米，到 2016 年，水位降低 1.70 米。

在下荆江裁弯工程实施以前，当沙市站流量为 5000 立方米每秒时，水位约为 34.60 米，裁弯之后，当沙市流量为 5000 立方米每秒时，水位约为 31.90 米，两者相差 2.7 米。裁弯以前，当沙市流量为 5000 立方米每秒时，不但荆南四河有水，而且观音寺闸可引灌 40 立方米每秒的流量，可基本满足荆江两岸灌溉用水。如今，沙市站要达到 34.00～34.50 米水位，所需流量为 8000～10000 立方米每秒。随着荆江河道不断冲刷，同流量下水位还会继续降低，维持这样的水位所需流量会更大。而三峡水库不可能在汛前满足这个要求。这就是荆州灌溉用水的困难所在。"三峡工程蓄水运用后，对于长江中下游河道枯水期来水量增加，但无法抵消由于河床冲刷造成的枯水位下降"。现在沙市站进入 11 月，水位即回落到 32.00 米以下，一直到次年 4 月，水位仍在 32.00 米以下，要到 5 月才开始回涨到 34.00 米以上。例如，2017 年 1 月 15 日，沙市水位 30.43 米，流量 6200 立方米每秒；4 月 1 日，沙市水位 32.60 米，流量 9260 立方米每秒；到 5 月 1 日，沙市水位上涨至 34.13 米，流量 12300 立方米每秒。2018 年 11 月 29 日，沙市水位 30.86 米，流量 6910 立方米每秒。松滋河西支因冲刷进流 110 立方米每秒，其他各口如东支、虎渡、藕池河、管家铺、安乡河均断流。1903—1973 年同 2003 年、2010 年及三峡水库蓄水前后水位比较见表 8-2。

表 8 - 2　　　　　　　　1903—1973 年同 2003 年、2010 年及

三峡水库蓄水前后水位比较表　　　　　单位：m

年　份	各　月　平　均							
	10 月	11 月	12 月	1 月	2 月	3 月	4 月	5 月
1903—1973 年	38.57	36.38	34.55	33.53	33.19	31.31	34.66	36.65
建库前多年平均	38.07	35.74	33.87	32.88	32.52	32.85	34.16	36.29
2003 年	36.33	33.38	33.37	31.24	30.55	31.02	32.20	34.85
2010 年	34.23	32.88	31.47	31.24	31.27	31.23	31.67	34.66
建库后多年平均	35.30	33.66	31.87	31.27	31.11	31.61	32.65	34.95

　　荆江河床不断冲刷，枯水季节同流量下水位下降明显，三峡水库运用前的 2002 年与下荆江裁弯前的 1960 年相比，沙市站 5000 立方米每秒、10000 立方米每秒流量相应水位下降 2.4 米和 2.0 米。荆南三口断流时间提前，断流天数增加。1999—2002 年，沙道观断流 189 天，弥陀寺断流 170 天，藕池河（管家铺）断流 192 天，安乡河断流 235 天。三峡水库运用后，荆南三口河道受到不同程度的冲刷，断流天数有所变化。2011 年沙道观断流 224 天，弥陀寺断流 111 天，藕池河（管家铺）断流 180 天。

　　由于断流时间太长，荆南四河存在资源性、工程性、水质性缺水的严峻局面。缺水对经济社会可持续发展造成严重制约。分流减少及河道断流造成荆南部分地区河道及垸内水质恶化、水生态环境呈恶化态势。随着江湖关系的进一步变化，四口分流进一步减少，水资源短缺和水生态环境恶化的影响将日趋严重。

　　三峡工程建成后，长江中下游防洪压力有所缓解，枯水期间用水问题日益突出，这是无法回避。我们应当看到这个问题的紧迫性和严重性，在重视防洪工程的同时，重视荆江两岸特别是荆南四河的灌溉问题，或者说把荆南的灌溉问题提到同防洪一样重要来考虑。早作规划，早日实施，尽量减少损失。

　　从长远的观点看问题，解决荆州境内的灌溉问题比解决排涝问题更困难。解决荆南的灌溉问题比解决荆北的灌溉问题更困难。

　　从灌溉用水的角度讲，荆江北岸好于荆江南岸。北岸（四湖地区）的主要问题是工程性缺水，当枯水期长江水位下降，沿江涵闸不能引水，要靠兴建提水泵站满足用水需要，不存在水源问题。引江济汉工程建成后，遇长江和东荆河水位低时，引江济汉工程可以从长江取水对四湖总干渠两岸以及东荆河部分地区进行补水。但是沿长江的江陵县、监利县的汪桥地区、监南地区、洪湖市的内荆河地区都需要在沿江引水闸外兴建提水工程，要有两手

准备。

　　荆南的情况跟荆北不一样，荆南堤垸分散，各垸排灌自成系统。长江干堤以内由 15 个主要围垸组成，石首 4 个（调东、调西、久合、联合），公安 7 个（荆江分洪区、曹嘴、东港、金狮、永和、南平、孟溪），松滋 3 个（合众、八宝、大同，另外小南海属山区水系），三善（含荆州区弥市镇、公安、松滋）。各个围垸的排水系统是统一的，灌溉系统则根据围垸的地势高低、地形、取水点而自成系统，大的围垸有几个灌溉系统。荆南四河的灌溉水源主要取自四河。现有灌溉涵闸引水流量 452.8 立方米每秒，其中从四河取水有 165.7 立方米每秒，占 37%。现在面临两个选择：一是按照原有的灌溉系统进行改造，对四河河道进行疏浚，枯水季节能从长江把水引进来；二是如有困难，那就要在四河河口建抽水泵站，通过泵站抽水进入四河，满足灌溉用水需要。如果疏浚河道和河口建站都不可能的话，那就只有直接从长江取水，引水工程要跨垸、跨河、跨渠，不但工程量大、投资大，还要打乱原有的排灌系统，这几乎是不可能办到的。四河地区原来依靠从长江取水的涵闸、泵站主要升级改造，适应长江枯水期能取水灌溉。

　　解决四河灌溉水源的方案综合起来主要是三个：一是疏浚四河河道，引长江自流至四河河道，但难度很大，主要是泥沙堆场问题，四河河床大部分河段泥沙极细，不适合做建筑材料，又不能生长作物。河床疏浚的深度有限，现在疏浚了，随着荆江河床不断刷深，水位也随之降低，今后还会断流；二是在四口口门建抽水泵站，把长江水抽到四河河道去，这是长远的根本之策；三是全部从长江直接取水，但工程量大、投资大，要破坏原有的排灌水系，难以实施。三者必选其一。如果三者都不能实施，那就只有等天下雨，回到"雨水农业"时代，那是倒退，倒退是没有出路的。须知，逐水而居是人类必然的选择，有四河才有人居住。如果那些地方因缺水或水质变坏，水生态环境日益恶化而不适合居住，就会影响经济发展，"人心思迁"社会就会不稳定。这是一个涉及地域 9000 平方千米，人口近 500 万人的大问题。既是经济问题，也是政治问题，千万不可等闲视之。

第九章　建　设　成　就

新中国建立后，鉴于长江、汉水洪涝灾害严重的严酷事实，荆州人民在中国共产党和人民政府的领导下，始终把水利建设事业放在十分重要的位置，立即着手进行全面系统的治理，积极与水旱灾害作斗争。经历了从小型分散到规模宏大，从单一整治到综合治理，从全面治标深入治本的发展过程。在安排部署上，自始至终把防洪保安放在首位，重点搞好堤防的除险加固，称之为"关大门"。20世纪50年代中期，根据丘陵山区和平原湖区的不同情况，全面规划，综合治理，分期实施。平原湖区重点解决排涝问题，丘陵山区重点解决抗旱和防山洪问题。经过几十年大规模的治理，取得了巨大成就。防洪方面，全市主要堤防通过除险加固，已经达到防御沙市水位45.00米、城陵矶水位34.40米的标准，荆江河段的防御标准已经达到100年一遇的水平；平原湖区形成了由渠道、涵闸、泵站、湖泊组成的"遇旱引水、遇涝排水"的排灌系统，排涝标准已经达到10年一遇的水平；丘陵山区以修建水库为主，辅以塘堰蓄水，形成了以蓄为主，蓄、引、提相结合的灌溉系统。经过60多年坚持不懈的努力，从整体上提高了江河防洪及农田抗旱排涝的能力。从根本上改变了荆州洪涝灾害频繁的历史，旧貌换新颜，促进了荆州经济社会的发展。

第一节　堤　防　工　程

堤防是防御洪水泛滥最古老、最基本、使用最广泛的防洪措施，我们的祖先很早以前就筑堤与洪水作斗争。堤的定义是防水的长条形建筑物。有土堤、石堤，用混凝土与土混合的挡土墙也称之为堤。《礼记·月令》有"修利堤防、导达沟渎"的记载。荆江的防洪建设具有悠久的历史。荆江两岸的堤防是随着云梦泽的解体、围垸的出现以及洞庭湖泥沙淤积和人口的增加，由高向低不断围挽而成，经历了艰难而又漫长的岁月。如果从东晋桓温主政荆州时（公元348年前后）令陈遵监修荆堤算起，至1955年东荆河下游改道封堵新滩口为止，已有1600多年的历史。荆江两岸堤线之长，堤防之高大，保护范围之广，人口和财产之多，在全国大江大河中都是少有的地区。"万里江堤锁蛟龙"。堤防不仅是荆江两岸千百万人民赖以生存和发展的屏障，也构成了两湖平原独特的景观。截至2017年，全市堤防共完成土方量10.3亿立方米，其中 1949 年时堤防土方存量 2.8 亿立方米，1949—2017 年完成土方量 7.5 亿立方米，前者历时 1600 年，后者仅 60 多年。新中国建立后完成土方中，1998 年以后完成土方量 2.03 亿立方米，全部采用机械施工，其余土方全靠人力肩挑完成。这是人们同洪水作斗争的不朽丰碑，也是荆楚人民智慧和汗水的结晶，是用血汗筑成的防御洪水的万里长城。

现在，荆州市江河堤全长 2866.64 千米。其中，长江干流堤防 659.07 千米〔荆江大堤 182.35 千米；洪湖、监利长江干堤 230.00 千米；荆南长江干堤 220.12 千米；松滋江堤 26.60 千米（不含长江堤 24.6 千米）〕；荆南四河堤防 1122.49 千米；东荆河堤 128.45 千米；沮漳河堤 29.61 千米；分蓄洪区堤防 262.76 千米；其他主要民垸堤（不含内垸湖渠堤）664.26 千米。荆州市江河堤防见表 9-1。

表 9-1　　　　　　　　　　荆州市江河堤防情况

序号	堤名	堤防长度/km			备注
		合计	左岸	右岸	
	全市合计	2866.64			
一	长江干流堤防	659.07			
1	荆江大堤	182.35			1982 年加固时，枣林岗堤向上延伸 50m，实为 182.40km
2	监利、洪湖长江干堤	230.00			监利堤长 96.45km，洪湖堤长 133.55m
3	松滋江堤	26.60			全长 51.2km，其中 24.6km 属长江干堤
4	荆南长江干堤	220.12			松滋堤长 26.74km，荆州区堤长 10.26km，公安堤长 95.8km，石首堤长 88.4km
二	荆南四河堤防	1122.49			
1	南线大堤	22.00			属荆江分洪区围堤
2	虎东干堤	90.58			属荆江分洪区围堤
3	虎西干堤	38.48			属虎西备蓄区围堤
4	4 级以上支堤	691.62			
(1)	松西河支堤	176.28	83.24	93.04	
(2)	松东河支堤	197.69	102.94	94.75	
(3)	庙河堤	13.46	8.29	5.17	属庙河治理工程
(4)	松滋新河堤	18.51	8.58	9.93	属小南海治理工程

序号	堤　名	堤防长度/km			备　注
		合计	左岸	右岸	
(5)	官支河堤	43.50	21.85	21.65	松滋东支
(6)	苏支河堤	11.43	5.88	5.55	松滋西支
(7)	洈水河支堤	48.81	26.65	21.16	洈水洪道
(8)	虎渡河支堤	60.02	5.22	54.8	
(9)	藕池河支堤	43.00	16.0	27.0	藕池河主支
(10)	安乡河堤	19.03	19.03	—	藕池河中支
(11)	团山河支堤	32.61	12.61	20.0	栗林河为石首、安张界河。栗林河堤为石首左岸联合垸堤
(12)	栗林河堤	18.19	18.19	—	
(13)	调弦河支堤	10.09			
5	4.5级围垸堤	279.81			
(1)	荆州区	3.76			
(2)	松滋市	12.26			
(3)	公安县	115.49			
(4)	石首市	37.30			
三	东荆河堤	128.45			
1	监利	37.40			
2	洪湖	91.05			
四	沮漳河堤防	29.61			
1	菱湖垸堤	14.23			
2	谢古垸堤	15.38			
五	分蓄洪区堤防	262.76			
1	荆江地区行洪区	187.80			
(1)	安全区围堤	52.74			属荆江分洪区
(2)	山冈围堤	43.63			属小虎西备蓄区
(3)	浣里隔堤	17.23			属浣里行洪区
(4)	人民大垸支堤	74.20			上人民大垸堤长47.5km，沙滩子故道封堵后，堤长83.04km，下人民大垸堤长2.7km
2	洪湖分蓄洪区	74.96			
(1)	洪排主隔堤	64.82			
(2)	新堤安全区围堤	10.14			未完建堤段
六	其他主要民垸堤（不含内垸湖渠堤）	664.26			

一、荆江大堤

荆江大堤地处长江北岸，是江汉平原的重要防洪屏障。上起荆州区枣林岗，下迄监利县城南与长江干堤相接，全长 182.35 千米（桩号 810＋400～628＋000）。保护的范围约 1.8 万平方千米，内有耕地 1100 万亩，人口 800 多万人。荆江大堤是长江流域最为重要的堤防，为国家确保堤段（1级堤防）。

荆江大堤兴筑于东晋永和年间（345—356 年），经历代修筑和延伸，至明清时期连成一线。至新中国建立前，荆江大堤仍堤身单薄、堤基不良、隐患甚多，堤质较差，抗洪能力较低。

荆江大堤 1949 年时，由拖茅埠至堆金台（桩号 678＋000～802＋000）全长 124 千米，1951 年向上延伸至枣林岗（桩号 810＋350，堤长 8.35 千米，原为阴湘城堤）。大堤由枣林岗至拖茅埠，全长 132.35 千米。1954 年大水后，又向下延伸 50 千米，至监利城南（桩号 628＋000），大堤全长 182.35 千米，1982 年加固时，枣林岗向上延伸 50 米，至此，大堤全长 182.4 千米。

荆江大堤在清朝时称为万城堤，以堤身处于荆江北岸，又称江北大堤。民国初年，以"堤身所在纯属江陵，且土费由江陵一县负担，故定名曰江陵万城大堤"。民国七年（1918 年）改称荆江大堤。人们把荆江大堤的演变过程概括为"肇于晋、拓于宋、成于明、固于今"，基本反映了荆江大堤变化的全过程。

荆江大堤外有多处围垸，一般年份大堤并不全部挡水。直接挡水堤段 71.195 千米，不直接挡水堤段 111.205 千米。

荆江大堤的形成与发展同荆州城息息相关。

荆州城原是楚郢的官船码头。公元前 625—前 611 年，楚成王在官船码头修建别宫，名曰渚宫。东汉时有了土城。"汉故城即旧城，偏在西北，迤逦向东南；关羽筑城偏在西南，桓温筑城包括为一。"五代十国时，南平王高季兴割据称雄，开始筑砖城，后多次拆毁重建。清初，依明代的城基再次修复，基本上就是现在的规模。

当时楚国修建渚宫，距郢（纪南城）约 8 千米，它是纪山以南伸向云梦泽的一个半岛陆地，前面是滔滔大江，距南岸陆地（黄金口）约有 25 千米。右岸是九十九洲之地，左岸是被江水分割的云梦泽腹地。所以，那时不存在筑堤防洪这个问题。

到了东晋桓温任荆州刺史时，情况就发生了变化，云梦泽开始萎缩，长江洪水位慢慢抬高，开始威胁荆州城的安全，于是命陈遵沿城修堤防水，因其坚固，谓之"金堤"。起自西门外的荆南寺沿城经南门至仲宣楼止，全长约 8 千米，金堤距城墙 70～150 米。这是荆江有堤防的开始，也是荆江大堤的始筑堤段。

从唐至清荆州城是南方重镇，在政治上、军事上、经济上具有特别重要的位置。由于荆江洪水位不断增高，荆州城的防洪问题日趋迫切。增修堤防保护荆州城的安全便提到统治者的议事日程上来了。到了明朝，荆江北岸的人口和经济都比南岸要多，发展要快。明朝统治者在荆州一地置三卫一所，有1.2万多士兵守护。因此，嘉靖二十一年（1542年）堵塞郝穴口保护荆江北岸的发展便是必然的事。清代重视对荆江大堤的修筑，主要是从保护荆州城的政治、军事地位出发。因为在康熙年间发生了"三藩"之乱。清朝依靠长江天险和坚固的荆州城进行固守，而后平定了"三藩"之乱。在冷兵器时代，荆州城作为铁打的荆州府而威震四方，不但城池坚固，更重要的是有充足的兵员补充和粮食的供应。1683年设立将军都统，成为全国的主要军事重镇之一。1788年荆江大堤御路口以上多处溃口，引起了乾隆皇帝的高度重视，不但对有关官员严加处理，汛后还调宜都、随州、襄阳、武昌等12个县的民工并由知县带队负责修筑，共完成土方388.5万立方米，使荆江大堤的抗洪能力得到了恢复和提高，这在当时完成如此巨大的方量是很不容易的。为了保持荆州城作为政治、军事、经济重镇的地位，必须克服洪水的威胁。所以，乾隆皇帝特别重视荆江大堤的防务，这便是荆江大堤称为"皇堤"的由来。

但是，荆江大堤变得越来越险峻了。由于荆江水位不断升高，迫使荆江大堤也跟着加高，堤身的垂直高度到民国时期已达12～16米。荆江河段上游来量大，自身安全泄量小的矛盾日益突出，加高堤防赶不上洪水上升的速度，因而堤防溃决频繁。清朝从顺治七年（1650年）到光绪三十三年（1907），共257年，有55年溃口，平均5.6年1次。其中1788—1870年的82年间溃口，平均不到3年就溃口1次。1860年以后由于荆南形成四口分流，荆江洪水可以分泄30%左右入洞庭湖，荆江大堤溃口次数减少，1914—1948年共溃口6次，平均5.6年1次。纵观荆江大堤的发展过程，如果说是荆江大堤保护了荆州城，不如说是荆州城促进了荆江大堤的发展，这就是历史。

自乾隆之后，嘉庆、道光年间对荆江大堤进行过几次大修。

民国时期，对荆江大堤培修工程量极小，主要是用于堵口复堤。1946—1949年仅完成土方40万立方米。日寇占领期间，荆江大堤不但未曾培修，还在沿堤多处筑有军事工程。堤面宽度仅万城、李埠两段共2千米，达到12米，其余面宽均在3～5米，最窄者如郝穴堤有部分不足3米，内外坡比最大者1：3，最小者仅1：1.5。没有内平台。堤顶高程（1931年沙市水位43.52米，1935年沙市水位43.64米）沙市只高出1931年水位0.88～1米，郝穴只高出 0.5 米。大堤上下形态极为复杂，标准极不一致。堤身内隐患甚多，堤身杂草丛生，堤顶堤坡多处建有房屋集镇。管理不善，大堤已是"千疮百孔，低矮残破"。抗洪能力受到极大的损害。

新中国建立后，鉴于荆江大堤所处的重要地位及其存在问题的严重性，立即进行有计划的整治。经过几十年的努力，从根本上改变了荆江大堤低矮单薄、衰残破烂的旧貌，取得了巨大的成就，已经达到国家规定防御水位（沙市水位 45.00 米）的目标。

（1）截至 2016 年，共完成土方 1.6 亿立方米，石方 788 万立方米，大堤总体土方已达 1.942 亿立方米，（含 1949 年以前土方 3430 万立方米），每米断面土方量 1067 立方米，新增土方是 1949 年的 4 倍多。

（2）清除各类隐患 11.4 万处。其中查处白蚁隐患 7.8 万处。完成拆迁堤身上的所有房屋及集镇街道的建筑，改善了堤身的抗洪能力。

（3）堤顶高程、面宽、内外坡比均已达到设计标准。

（4）部分堤段的堤基防渗处理已达到设计要求。

（5）对堤上的 5 座灌溉涵闸进行加固改造。

（6）护岸基本稳定。已守护 64.17 千米，完成石方 725.48 万立方米。

（7）堤顶已全部修成混凝土路面，可保证晴雨通车。

（8）一个全天候的水雨情报、通信联络系统已经建成。

（9）建立了比较完善的后勤保障系统；有比较充足的抢险物资储备。

（10）建立了比较健全的管理工作机构、管理工作有规章制度，依法管理，有一支能够处理和抢护各种险情的防洪队伍。

荆江大堤经历了 1954 年、1981 年、1998 年、1999 年几次大水的考验，险情愈来愈少，证明荆江大堤的抗洪能力在不断的改善和提高。

虽说荆江大堤的建设取得了巨大的成绩，但是，荆江大堤的地位实在是太重要了，容不得半点马虎！对于荆州大堤的安全，采取肯定一切和否定一切的态度都是不对的。认为荆江大堤已是固若金汤、坚不可摧，不对；但是认为荆江大堤还存在很多问题，遇大洪水难以安全度汛，也是不对的。因这两种看法都不符合事实。经历了多次大水的考验，荆江大堤的抗洪能力已经有了明显的改善和提高。今后仍需加强建设和管理。根据钻探资料，荆江大堤地基情况较差的堤段长 43.25 千米，占全堤长的 23.19%。要特别防止在堤内外禁止范围内爆破、钻探、打井、挖塘、修房取土等破坏覆盖层；穿堤建设物及开挖渠道要做防渗工程。防止管涌险情发生；堤身垂直高度在 8 米以上的堤段长 150 千米，堤身结构复杂；有 34 千米无滩或少滩堤段，要防止河床冲刷引发崩岸险情。大堤这种险峻特征短时间内不会完全改变，汛期务必加强防守。

迄今为止，我们对于荆江大堤的认识，还是不完全的，先天不足，底子不清，一寸不牢，万丈无用这个问题仍然存在。十分谨慎，十分认真，一切高调大话都不讲，这是我们对待荆江大堤安全所应采取的态度。也是我们对待荆江防洪所应采取的态度。

二、长江干堤

荆州境内长江干堤包括江左、江右堤防，或称荆北长江干堤、荆南长江干堤和松滋江堤。均属 2 级堤防。

1949 年前的长江干堤，堤身低矮单薄、隐患严重，堤面堤身建有大量民宅，堤上还有军事工程。管理不善，因此经常溃口。1848—1949 年，长江干堤共溃口 136 次。其中，监利 17 次（1949 年留下溃口渊塘 18 处，沿堤长 11546 米），洪湖 42 次（1949 年留下溃口渊塘 27 处，沿堤长 13048 米），松滋 9 次（含罗家潭溃口，1956 年，神保垸划归江陵），公安 43 次，石首 25 次（荆南干堤沿堤有大小渊塘 26 处，沿堤长 13048 米）。频繁溃口，给两岸人民带来了深重灾难。荆北长江干堤包括监利、洪湖长江干堤位于长江荆江河段北岸，上起监利县严家门与荆江大堤相接，下迄洪湖市胡家湾与东荆河堤相连，桩号 628＋000～398＋000，全长 230 千米。其中监利长江干堤 96.45 千米［桩号 628＋000～531＋550（韩家埠）］，洪湖长江干堤 133.55 千米（桩号 531＋550～398＋000）。其是长江中游防洪体系中的重要组成部分。荆北长江干堤既挡长江、洞庭湖洪水，亦是洪湖分蓄洪区围堤的组成部分。

（1）新中国建立后，对荆北干堤不断进行加固，特别是 1998 年大水后，根据长江干堤抗洪能力低、出险多的情况，国家投入巨大资金进行除险加固。加固标准监利以下长江干堤按监利水位 37.23 米，城陵矶水位 34.40 米，螺山水位 34.00 米，汉口水位 29.73 米，堤顶超高 2 米，面宽 8～10 米，险工险段 12 米，外平台宽 50 米，高程达到设防水位。内平台宽 30～50 米。龙口以下（桩号 454＋7687）按洪湖分蓄洪区标准，设计分洪水位 32.50 米，另加安全超高 2.0 米，堤顶一律铺筑 6 米宽的混凝土路面，堤外坡全部采用干砌块石护坡。

经过培修加固，截至 2008 年共完成加培土方 1.49 亿立方米（不含1949 年前的本体土方，每米 70～80 立方米），每米土方量 641 立方米（1998—2008 年完成土方 6781.13 立方米，其中监利完成 3343.39 立方米，洪湖完成 3437.54 万立方米），基础防渗墙 19.88 万平方米，施工长度136.48 千米。

对于干堤上的涵闸、泵站、船闸，结合堤防除险加固，实施整治加固。

对原有崩岸进行加固，加固长度 37.75 千米，完成石方 187.39 万立方米。

监利洪湖长江干堤经过加固除险，堤防抗洪能力得到了明显提高。

（2）荆南长江干堤。荆南长江干堤，又称江右干堤，位于长江中游荆江河段右岸，西起松滋市老城，东至石首市五码口，分为松滋江堤和荆南长江干堤，全长 246.72 千米，其中：松滋江堤长 26.6 千米，长江干堤长 220.12 千米。松滋市长江堤起自灵忠寺至罗家潭（桩号 737＋000～710＋260）长 26.74 千米；荆州区自罗家潭至太平口（桩号 710＋260～601＋000）长 10.26 千米，公安县自北闸至何家湾（桩号 696＋800～601＋000）长 95.8 千米；石首市自老山嘴至五码口（桩号 585＋000～496＋600）长 88.4 千米。

荆南长江干堤属 2 级堤防。保护松滋市、公安县全境以及荆州区、石首市的江南辖区，自然面积 5521.91 平方千米，其中平原湖区面积 3527.01 平方千米。

荆南长江干堤 1949 年以前，堤身低矮单薄，隐患严重，堤面、堤身建有大量民宅、堤街，还有军事工程，抗洪能力很低。1949 年时每米本体土方 50～70 立方米。

荆南长江干堤加固标准按沙市水位 45.00 米，监利水位 37.23 米，超高 1.5 米，面宽 8 米，内外坡比 1∶3（五码口桩号 499＋680，设计水位 37.78 米；北门口桩号 566＋000，设计水位 40.38 米；查家月堤桩号 712＋500，设计水位 45.67 米）。从 1949—1998 年荆南长江干堤加培完成土方量 9199.0063 万立方米［松滋 745.48 万立方米、公安 5741.8563 万立方米（含 1992 年前虎东、虎西、安全区围垸、南线大堤土方）、荆州区 84.58 万立方米、石首市 2427.09 万立方米］；1999—2005 年完成加培土方 2157.0638 万立方米（其中，堤身加培土方 721.7731 万立方米，内外平台填筑 1025.7256 万立方米）。1949—2005 年共完成土方 11356.0701 万立方米。修筑堤基垂直防渗墙长 90.65 千米。铺筑堤顶混凝土路面 181.04 千米。混凝土护坡 69176 万平方米。对沿堤 17 座涵闸进行了加固改造。

三、松滋江堤

松滋江堤位于长江中游上荆江河段南岸松滋境内。因堤临长江，故称松滋江堤，全长 51.2 千米。以松滋河为界分为两段：上段从老城至胡家岗长 16.8 千米，原为合众垸民堤；下段从新场（新桩号 746＋850）至浣里隔堤长 34.4 千米。其中从新场至灵忠寺（桩号 737＋000）长 9.85 千米，原为大同垸民堤，从灵忠寺至浣里长 24.55 千米，属长江干堤范围。

松滋江堤是荆江整体防洪方案中的重要组成部分。当长江上游洪水到达荆江河段时，该段堤防首当其冲。为了完善长江下游整体防洪体系，南岸松滋老城至涴里隔堤一线堤防应进行加固，按能防御枝城 80000 立方米每秒来量加固，如不加固，上段堤防可能漫溃，或因堤身单薄和地基不良而溃口。因为在荆江整体防洪方案中，如果枝城出现 80000 立方米每秒流量时，涴里分洪区以上堤段并不需要扒口分洪，必须保证洪水安全进入涴里隔堤以下河段。如果荆江分洪区运用了这段堤又溃了，不但会打乱荆江防洪布局，而且损失巨大，后果也十分严重。

松滋江堤的加固标准是：按枝城来量 80000 立方米每秒，水位 51.75 米。推算至老城水位 50.24 米，何家渡水位 48.72 米（1981 年最高水位 47.33 米，桩号 12＋179），胡家岗水位 48.28 米，灵忠寺水位 47.87 米，杨家垴水位 46.87 米，涴市水位 45.84 米（1998 年最高水位 45.51 米）。堤顶按设计水面线超高 1.5 米，面宽 6～8 米（民堤部分 6 米，干堤部分 8 米），内外坡比 1：3，部分堤段填筑内外平台。

松滋江堤加固工程 1994 年开工，2002 年完工，历时 8 年。完成堤身加培 51.2 千米，平台填筑 19.55 千米，锥探灌浆 48.4 千米，完成改造涵闸 9 座，共完成土方 450 万立方米，石方 59 万立方米（堤身加培土方 267.28 万立方米，内外平台填筑土方 107.04 万立方米）。对堤顶路面进行了改造，铺筑泥结石路面 51.2 千米，并在泥结石路面上修建混凝土路面 2 千米。

当枝城出现 80000 立方米每秒流量时，分配方案如下。

（1）沙市水位按 45.00 米控制，通过流量按 50000 立方米每秒控制。

（2）沮漳河入泄流量 1300 立方米每秒。

（3）运用荆江分洪工程（含腊林洲扒口，视水位上涨情况，扒开涴里行洪区）分泄 15000 立方米每秒。

（4）虎渡河分流 2800 立方米每秒。

（5）松滋河分流量规划 9800 立方米每秒。

松滋江堤加固还存在以下两个方面的问题。

（1）当枝城出现 80000 立方米每秒流量时，胡家岗水位达到 48.28 米，至新江口时水位 47.00 米（1998 年最高水位 46.18 米）。松滋江堤加固只考虑到胡家岗为止，以下松滋河的堤防（主要是胡家岗至新江口长约 13.0 千米）是按 1981 年最高水位（新江口）46.08 米设计，高差 0.92 米，与胡家岗设计水位不相适应。

（2）松滋江堤原属于民堤的那一部分长 26.65 米，并没有完全达到加固的设计标准，堤顶没有混凝土路面，部分堤段外坡没有防浪工程，重点险段没有防渗工程。原属于长江干堤的那一部分长 24.55 千米，本应按长江干堤标准加固，却因属松滋江堤而没有列入计划，它的防御标准比涴里隔堤以下的长江干堤标准要低。

松滋江堤的防洪位置如此重要，但防御标准比长江干堤低。

四、荆南四河堤防

荆南四河堤防包括松东河、松西河、苏支河、涴水、新河、庙河、虎渡河、藕池河、调弦河以及部分支流串河，涴里隔堤等总长度706.16千米。其中：松滋河堤400.56千米（松西河152.19千米、松东河181.2千米、涴水河36.81千米、苏支河11.43千米、庙河8.42千米、新河10.51千米），虎渡河堤183.59千米，藕池河堤94.54千米，调弦河堤10.17千米，涴里隔堤17.23千米。

加固标准：松滋水系、虎渡河水系（太平口水系）属西洞庭湖区，其两岸堤防设计标准同西洞庭湖区，即按1949—1991年最高水位设计（新江口46.09米，郑公渡42.07米，沙道观45.40米，甘家厂41.25米，黄四嘴40.79米；北闸45.13米，黄金口43.82米，闸口42.79米，南闸闸上42.00米）；藕池河水系，调弦河属东、南洞庭湖湖区，堤防设计水位按1954年实测最高洪水位设计。同时虎渡河堤又属荆江分蓄洪区围堤，必须满足分蓄洪区防御外江洪水标准。堤顶按设计水位超高1.5米，面宽6～8米，内坡比1：2.5～1：3。内坡设计堤顶以下4～5米设置平台。加固措施包括：对堤身加高培厚、堤身灌浆、填塘固基、垂直防渗、护坡护脚、涵闸改造、白蚁防治等。

荆南四河堤防加培在1998年以前以群众负担为主，按受益范围出工，国家给予少量资金补助。1998年以后，纳入洞庭湖治理规划，以国家投资为主，地方筹集部分资金。

1949—1997年，荆南四河堤防加固长度688.8千米，护岸64.73千米，累计完成土方24526万立方米。1999—2010年，完成土方3571.1万立方米，石方80.40万立方米；2011—2016年，完成土方1777.30万立方米，石方158.25万立方米。1949—2016年，共完成加培土方29868.5万立方米，石方238.73万立方米。

荆南四河堤防经过加固培修，抗洪能力有明显的提高。但还有部分工程尚需继续实施，如曹嘴垸、栗林河等堤防加固，部分涵闸改造，护岸以及堤身锥探填筑等。

五、东荆河堤

东荆河为汉江的分支河流，从潜江泽口分流，于三合垸（新河口）入长江，河流曲长173.0千米。两岸堤防全长254.12千米。新中国建立后，右堤从龙头拐至中革岭，长116.2千米，中革岭以下为分散民垸，有7条河沟将东荆河与内荆河串通。1955 年洪湖隔堤施工，新堤起自中革岭至胡家湾，长 56.12 千米。从龙头拐至胡家湾长 173.05 千米。现荆州市管辖东荆河堤起自监利廖刘月至洪湖胡家湾堤段，长 128.45 千米。其中，监利从廖刘月至雷家台（桩号 44＋600～82＋000）堤长 37.4 千米，洪湖从雷家台至胡家湾（桩号 82＋000～173＋105）堤长 91.05 米。

洪湖市东荆河堤从高潭口（洪排至主隔堤起点）至胡家湾属洪湖分蓄区围堤，堤长 42.84 千米，按洪湖分蓄洪区标准进行加固。其余堤段按东荆河防御标准进行加培。东荆河中革岭以上按 1964 年实际最高水位加风浪高 1.5 米为堤顶设计高程；中革岭以下，按长江 1954 年型洪水推求水面线加风浪高 1.5 米为堤顶设计高程，全堤面宽 8 米，内外坡比 1：3，外平台宽 30～50 米，内平台宽 50 米，平台厚 2 米。尚未达到建设标准。

东荆河堤现状：廖刘月设计洪水位 36.96 米，堤顶高程 37.97 米，白庙桩号 110＋000，设计洪水位 34.69 米，堤顶高 35.12 米；高潭口桩号 131＋000，设计洪水位 32.02 米，堤顶高程 32.95 米。

东荆河 1964 年陶朱埠站最高水位 42.26 米，1983 年最高水位 42.11 米；新沟嘴 1964 年最高水位 39.04 米，1983 年最高水位 39.05 米。

六、洲滩民垸堤防

荆江两岸民垸较多，修、防、管由受益范围内的群众负担（国家给予少量补助），称之为民垸，当长江水位较高时，民垸有可能成为分蓄洪区或行洪区。民垸之外还有小垸，称之为巴垸，巴垸一般无人居住，防御标准很低，小水收、大水丢。1998 年汛前，共有大小民垸 90 个，面积 1199.97 平方千米，耕地面积 89.15 万亩，人口 52.87 万人。1998 年大水后，根据民垸和巴垸的具体情况，从有利于荆江防洪的大局出发，将民垸和巴垸的情况分成三种类型。

（1）平垸行洪，对于垸内面积小，开发价值不大，阻碍行洪的民垸和巴垸，退垸还滩。1999—2007 年，分 5 批实施了平垸行洪工程建设，共平垸行洪民垸 126 处，包括民垸刨堤、裹头、口门及退洪闸等工程（双退刨堤、单退裹头、口门、退洪闸）。其中荆州区 2 处、松滋市 9 处、公安县 13 处、石首市 44 处、监利县 27 处、洪湖 31 处。完成土方 306.67 万立方米，石方 7.75 万立方米，混凝土 2.89 万立方米，总面积 661.54 平方千米。减少防汛堤长 389 千米，汛期可调蓄水量 33.7 亿立方米，涉及人口 5.44 万人。

（2）限制水位分洪，既利用又蓄洪，控制在一定水位时扒口削峰。现在垸内人口已全部转移迁出，移民建镇，称之为"单退"，如新洲垸、丁家洲等。

（3）维护现状。1998 年大水，部分民垸损坏严重，如三洲联垸、新洲垸、永合垸、张智垸、北碾垸等，汛后在国家的扶持下进行了堵口复堤，部分堤段进行了加培。其他民垸也不同程度进行了加固。总体来讲，抗洪能力有了一定的改善。民垸堤普遍存在的问题：堤身多隐患，沙基堤段多，堤身断面单薄，大部分堤段没有内平台，管理机构薄弱，交通、通信设施落后，抢险器材少，没有安全转移设施。一旦发生较大洪水，国家没有决定运用民垸分洪时，民垸堤能否安全防守，就是一个问题。长江中游只有荆州市有这么多的民垸，主要民垸情况见表 9-2。

表 9-2 主 要 民 垸 情 况 表

名称	垸名	面积/km²	堤长/km	人口/万人	耕地/万亩	备 注
荆州区	菱湖	43.33	14.23	1.25	3.8	从当阳草埠湖至凤台堤长 10km，共长 24.23km
	谢古	13.27	15.38	0.80	0.52	
	龙洲	19.39	6.7	1.10	1.94	引江济汉工程将该垸分为上、下两垸。上垸堤长 3.5km，下垸堤长 3.2km。上垸面积 11.29km²，下垸面积 8.1km²。上垸耕地 1.09 万亩，下垸耕地 0.85 万亩
	学堂洲	11.5	6.3	0.05	0.35	
	神保垸	4.23	3.76	—	0.24	
沙市区	柳林洲	4.23	6.5	3.20	0.15	
	耀新	32.0	13.83	1.50	1.70	
	腊林洲	3.26	4.70	—	0.32	
	南五洲	53.0	46.12	1.90	3.40	
	裕公垸	3.8	7.5	—	0.50	
石首市	人民上垸	441.7	83.04	18.0	24.4	
	兴学垸	24.0	23.0	0.70	1.52	又名天星洲，包括新民垸（白沙洲）
	永福垸	8.0	10.47	0.60	0.44	
	丢家	1.5	3.5	0.07	0.07	
	胜利	2.5	4.8	0.42	0.33	属开发区
	张城	2.7	4.0	0.15	0.20	属开发区
	南碾	44.0	16.17	0.40	1.20	
	范兴	9.2	6.0	0.36	0.70	
	三合	5.0	5.57	0.28	0.36	

续表

名称	垸名	面积/km²	堤长/km	人口/万人	耕地/万亩	备注
监利县	人民下垸	125.0	26.7	3.94	11.60	
	柳口	8.7	9.0	0.25	0.75	
	新洲	34.1	24.85	—	3.88	
	三洲联垸	186.0	50.56	6.78	20.1	
	丁家洲	14.6	9.27	0.29	1.34	
	财贸围堤	1.0	1.82	—	—	工厂企业
	工业围堤	1.0	4.0	—	—	工厂企业
	窑厂围堤	0.62	1.5	—	—	工厂企业
洪湖市	茅江	0.52	1.54	0.55		垸内有湘鄂西革命烈士陵园、工厂企业
	大兴	2.85	2.5	—	—	龙口镇工业园
合计	29处	996.00	413.43	42.51	69.79	

第二节　分蓄洪工程

　　荆江上游洪水来量大，河道自身安全泄量小，来量与泄量不相适应，超额洪水是荆江洪涝灾害严重频繁的症结所在。有计划妥善处理超额洪水，是治理荆江的根本任务，也是减轻灾害的重要办法。这个问题不解决，荆江永无宁日。挤洪占地，人地皆失；让地蓄洪，人地两安。这个思想始终贯穿在新中国建立后江汉的治理与抗洪斗争的过程之中。

　　荆江上游来量大，河道自身安全泄量小，来量与泄量不适应，这个矛盾从明朝后期就已经开始暴露了，到了晚清和民国时期愈加严重。由于不断地围垦，洪水活动的范围减少，民国时期，沙市附近河段的过流能力只有3.5万～4万立方米每秒。河道不能安全通过的多余洪水是一定要找出路的，或者主动找地方调蓄，或者溃堤，二者必选其一，没有别的选择。

　　1950年长江委即开始研究荆江分洪问题，并初步提出了荆江分洪工程方案。1952年中央人民政府政务院作出《关于荆江分洪工程的规定》，同年3月15日，中南军政委员会作出《关于荆江分洪工程的决定》，组织30万军民（工人4万、民工16万、解放军10万）于4月5日全面开工，同年6月25日胜利竣工，历时75天（称为第一期工程），第二期工程于1952年11月14日动工，1953年4月25日竣工。

　　荆江分洪区建成后，遇到了1954年的特大洪水，三次开闸分洪，分洪总

量 122.56 亿立方米，8 月 8 日 17 时沙市最高水位 44.67 米，比预计洪峰水位
45.63 米降低了 0.96 米，郝穴降低了 0.51 米。避免了荆江大堤溃口，避免了
洪水在上荆江任意泛滥漫溃可能造成的严重后果，工程效益是十分显著的。

1952 年在修建荆江分洪区的同时，建成了虎西备蓄区。根据荆江防洪总
体规划，在运用了荆江分洪区以后，尚不能满足处理上游洪水来量时，再者
太平口的西侧长江干堤罗家潭附近扒口进洪。为此，1964 年动工建成涴里扩
大行洪区。1958 年将上下人民大垸列入荆江分洪工程的组成部分，当荆江分
洪工程运用并在无量庵扒口吐洪之后，有可能运用上下人民大垸作为行洪
之用。

荆江分洪工程并不能完全解决荆江的超额洪水，这已被 1954 年的防洪实
践证明。1952 年在修建荆江分洪工程时，中央人民政府政务院指出：关于长
江北岸的蓄洪问题，应立即组织勘查测量工程，并与其他治本规划加以比较
研究后再行确定。1971 年 11 月至 1972 年 1 月，"长江中下游（防洪）规划座
谈会"确定：沙市防御水位由 44.67 米提高到 45.00 米，城陵矶水位由 33.95
米提高到 34.40 米，汉口水位 29.73 米不变。根据这个水位，遇 1954 年类型
洪水时，城陵矶附近还有超额洪量 320 亿立方米，具体分配是湖南、湖北两
省各承担 160 亿立方米。湖北省决定修建洪湖分蓄洪工程。

洪湖分蓄洪工程于 1972 年动工，1980 年缓建，1986—1988 年主隔堤复
工。共修筑 64.82 千米主隔堤及 13 座配套建筑物，使分蓄洪区形成完整包围
圈。区内兴建了部分转移设施，为一旦分洪运用奠定了一定的基础。按现状，
洪湖分蓄洪区并不具备安全运用的条件。

根据规划，遇到 1998 年类型洪水，如果将城陵矶的水位按 34.90 米，沙
市水位 45.00 米，汉口水位 28.70 米，城陵矶附近的分洪量约为 100 亿立方
米。但由于现有的分蓄洪区面积大、人口多，运用损失大，决策难度大，为
妥善处理城陵矶附近地区超额洪水，根据不同年份的洪水实行分块运用，灵
活调度。国家决定在城陵矶附近地区集中力量建设 100 亿立方米的蓄滞洪区，
湖南、湖北两省各安排 50 亿立方米。湖北省从洪湖分蓄洪区划出一块进行建
设，因位于洪湖分蓄洪区的东边，故称之为"东分块"。蓄洪区面积 883.62
平方千米，设计蓄洪水位 32.50 米，扣除安全区台后，实有蓄洪面积 836.45
平方千米，有效蓄洪量 61.86 亿立方米，堤线自长江干堤牛埠头起经乌林镇、
汉河镇至洪排主隔堤十八家安全台止，全长 25.95 千米，称为腰口隔堤。工
程正在建设之中。

各个分蓄洪区由几处堤防组成围垸。荆江分洪区围堤长 208.33 千米，其
中南线大堤长 22 千米，荆右干堤长 95.74 千米，虎东干堤长 95.59 千米；涴
市扩大区围堤长 54.78 千米，其中涴里隔堤长 17.22 千米；荆南长江干堤

12.26千米；虎西干堤长25.30千米；虎西备蓄区围堤长82.11千米，其中小
虎西干堤长38.48千米，山冈围堤长43.63千米；人民大垸行洪区围堤（不
包括荆江大堤）长69.30千米，其中人民上垸堤长42.6千米（沙滩子故道封
堵后，堤长83.04千米）；东分块围堤长165.93千米，其中洪排主隔堤长
10.12千米，东荆河堤长42.84千米，长江干堤长86.02千米，隔堤长25.95
千米。

到2020年，三峡及上游水库有防洪库容350亿立方米，遇1954年型洪
水，按沙市水位45.00米，城陵矶水位34.40米，汉口水位29.50米，荆江
地区可以不分洪，城陵矶地区分洪量217.8亿立方米，考虑届时河道泄洪能
力变化，仍按上述水位控制，城陵矶地区分洪量为196亿立方米；到2030
年，三峡及上游水库有防洪库容约470亿立方米，仍按上述水位控制，城陵
矶地区分洪量为117.1亿立方米。荆州市分蓄洪区基本情况见表9-3。

表9-3 荆州市分蓄洪区基本情况表

名 称	蓄洪水位/m	蓄洪面积/km²	耕地/万亩	人口/万人	围堤长度/km	有效容量/亿m³	备 注
荆江分洪区	42.00	921.0	49.0	61.44	208.33	54.0	
涴市扩大区	—	96.0	8.55	5.73	54.78	2.0	
虎西备蓄区	42.00	92.0	6.45	4.76	82.11	3.80	
人民大垸行洪区	—	335.0	27.60	19.24	69.30	20.8	
洪湖分蓄洪区	32.50	2797.0	194.6	122.1	334.51	181.0	设计容积160亿m³
洪湖分蓄洪区	32.50	887.49	40.3	29.41	165.93	61.4	隔堤长25.95km，主隔堤长10.12km，东荆河堤长42.86km，长江堤长87.0km
合 计		4241.0	286.2	213.27	749.03	261.6	

第三节 护 岸 工 程

荆州市长江河道有护岸工程始于1465年（明成化元年）的黄潭堤工，限
于当时的条件，自后300余年，护岸工程仅限于沙市、郝穴等地，点少质差。
20世纪30年代，荆江河道的崩岸日趋严重，威胁沿江城镇和堤防的安全，护
岸范围及其规模虽略有扩大，仍未能控制崩岸险工的发展。荆州境内的长江，
在明朝以前，是以漫流方式从云梦泽中通过的，洪水一大片，枯水几条线。
后来泥沙淤积和围垦促使云梦泽解体，到明朝，统一的荆江河床形成了。由
于河道是在淤积的泥沙内通过的，岸坡土层为土沙二元结构，土少沙多，上

层土层薄，下层沙层厚，而卵石埋藏点又低，河道经受不了较大的流速冲刷，崩岸不断发生，促使河道由曲而弯，最突出的是下荆江河道，九曲回肠，主流左右摆动。三十年河东，三十年河西，游荡不定。

荆江河段的崩岸，民国时期比清朝后期更加严重。荆江大堤的崩岸发展到有 70 多千米，其中近 30 千米已崩至堤脚附近，最险要的是沙市河弯、郝穴河弯和监利河弯。如著名的险段祁家渊，19 世纪末顶冲并不十分突出，沿江尚有 400 余米宽的江滩，随着斗湖堤河弯的变化，1946 年冲刷加剧。1949 年 7 月 19 日，祁家渊仅剩的 40 米外滩仅两天时间就崩至堤脚，接近堤面，几乎溃口，经采用抛枕挂树等方法抢护，才勉强度汛。

长江干堤的崩岸比荆江大堤更加严重。至 1949 年长江干堤长 450 千米，其中崩岸长 150 千米左右。特别是石首河段的崩岸是荆江河段最严重的河段。1860 年藕池溃口后，下荆江的河势发生了很大的变化，从 1866 年开始多次发生自然裁弯，从 1866—1949 年共发生 5 次自然裁弯。20 世纪 50 年代前后下荆江崩岸最为严重。"大崩岸、大搬迁、大退挽"就发生在那个年代，给崩岸地区的人民造成了许多痛苦。

崩岸为什么如此严重，主要原因如下。

（1）投入太少。截至 1949 年荆江河段投入的石方总量只有 25 万立方米左右。其中从明朝成化至清朝乾隆时期，护岸石方约 10 万立方米，清朝后期建矶头万余立方米，民国时期完成约 14 万立方米。其中长江干堤护岸石方约 10 万立方米。

（2）上下游、左右岸没有统筹考虑。

（3）没有完全找到护岸的方式、方法以及缺少科学的观测手段。

新中国建立以后，通过系统勘测、规划，对崩岸险工进行了大规模的整治，收到了显著的效果，取得了控制水流、稳定河势的目的，结束了河道左右游荡不定的历史。

没有稳定的河势，便没有稳定的堤防。

护岸工程是通过工程措施引导和限制水流，达到控制河势的目的。荆州护岸的方式、方法经历了三次演变：一是修建矶头驳岸，认为矶头具有挑流强的作用，掩护范围大。经多年实践，人们发现，矶头冲刷坑的形成是矶头自身的副作用造成的。修建矶头并不是护岸的好方法。二是守点顾线。三是守一固一（称平顺守护），即对需要守护的河段实施全面守护，重点加强，逐年积累达到基本稳定。

截至 2016 年，荆州长江及荆南四河共守护河段 347.35 千米，完成护岸石方 3566.29 万立方米。其中：上荆江护岸长 121 千米，石方 1230 万立方米（包括荆江大堤护岸石方 788 万立方米），下荆江护岸长 149 千米，完成护岸石方 1668 万立方米，长江河道洪湖段护岸长 62.62 千米，完成护岸石方 429.56 万立方米。荆南四河护岸长 64.73 千米，完成护岸石方 238.73 万立方米（不包括下荆江湖南护岸长 30 千米，石方 222.03 万立方米）。

从 1965 年开始，东荆河开始实施护岸工程，截至 1990 年，监利实施护岸 12 处，长 7.394 千米，完成石方 6.25 万立方米，洪湖实施护岸 32 处，长 44.63 千米，完成石方 22.58 万立方米，合计护岸 44 处，长 52.024 千米，石方 28.83 万立方米。

荆州境内长江的护岸工程，由于长期的人工守护，基本变成限制性河床，因此，河床的平面形态不会有大的改变。三峡水库建成后，清水下泄引起河床下切，这必然给护岸工程带来重大影响。局部地段有可能发生崩岸险情，需要常年加强观测，加强守护，发现险情，及时处理。

注：荆州境内长江河段尚存迎流顶冲矶头 3 处。

（1）沙市观音矶。沙市观音矶位于荆江大堤 760＋010～760＋400。该矶建于 1788 年，矶身突出江中 150 米，最大宽度 230 米。冲刷点最深高程－4～5 米。观音矶上、下腮长 400 米的范围内共抛石 20 余万立方米，矶头断面达 600 多立方米，矶身基本安全。观音矶上有万寿宝塔，建于明朝 1552 年，塔底高程 38.45 米，塔傍堤顶高程 45.74 米，塔底已低于堤顶 7.29 米。

（2）郝穴矶。由渡船矶、铁牛下矶、龙二渊矶组成，全长 5299 米，相应荆江大堤桩号 707＋800～713＋000，铁牛矶突出江中，此处平滩河宽仅 740 米，只有上荆江平均河宽的一半。冲坑最深处－8.0 米，现已抛石 110 余万立方米，河岸相对稳定。在荆江大堤桩号 709＋400 处的外滩，置放有清咸丰九年（1859 年）荆州知府唐际盛铸造的铁牛，称为"郝穴铁牛"。

（3）调关矶。调关矶地处调关镇，长江干堤桩号 527＋900～527＋750，全长 1850 米。1933 年修建石坦，次年建成石矶。顶冲点桩号是 529＋380，向上 120 米，向下 250 米，全长 370 米。汛期，顶冲点上下距离只有 30 米左右，水头高时可达 1.05 米（1993 年 8 月 30 日实测）。冲刷坑最深时曾达－18 米，深槽距堤顶高达 60 米左右，累计完成石方 43.5 万立方米，矶头基本稳定。

第四节　下荆江系统裁弯工程

下荆江系统裁弯工程是治理荆江的重大措施之一。

荆江防洪的主要矛盾是荆江河道的安全泄量与上游巨大来量不相适应。下荆江河道弯曲，行洪不畅，上下荆江泄量不平衡，对荆江大堤构成直接威胁。下荆江系统裁弯的目的是将原来流经故道其流程数倍于新河的水流改由新河下泄，使其流程缩短，泄流顺畅。长江流域规划办公室于 1960 年提出了《长江下荆江系统人工裁弯工程规划报告》。选定了沙滩子、中洲子、上车湾等三处实施人工裁弯。中洲子裁弯工程于 1966 年 10 月 25 日开工，1967 年 5 月 22 日完成。1967 年 10 月 26 日引河发展成宽 631 米的新河，当月即被辟为长江主航道。由于中洲子裁弯工程实施后，流程缩短了 29 千米，流速增大，使上游的沙滩子于 1967 年汛期发生了自然裁弯。

因为处在上游的石首先是实施了中洲子人工裁弯，而后又发生了自然裁弯，监利水位壅高，因此要求实施上车湾人工裁弯工程。1968 年底开工，由湖南省岳阳地区组织施工。新河于 1969 年 4 月 26 日过流。因新河进口段右侧土质坚硬，不易冲深展宽。1969 年汛后又采用人工开挖、水下机械和爆破等方法施工，1970 年 5 月成为单线航道。后因老河进口口门淤塞，新河流量加大，主河形成。三处裁弯缩短流程 64.0 千米。

下荆江裁弯后，在防洪航运方面均取得了显著效益。据分析，如以沙市水位 45.00 米，城陵矶水位 34.40 米相同条件下沙市可扩大流量 4500 立方米每秒，同流量情况下，可降低沙市水位 0.5 米左右，新场扩大流量 8000 立方米每秒，石首扩大流量 11700 立方米每秒，减轻了上荆江尤其是荆江大堤的防洪负担。

自从实施下荆江系统裁弯工程以后的几十年的防洪历史，证明这个工程是必须实施的，工程效益是明显的。

人们对于下荆江系统裁弯工程的效益之所以持有异议，主要原因是埋怨下荆江的河势控制工程动工太迟，给地方政府增加了很多困难（主要是崩岸引起的房屋拆迁、退挽等），看到给上荆江防洪带来的好处，却忽视了给下荆江监利河段的防洪带来困难；上荆江水位降低给上荆江防洪带来好处的同时也给上荆江沿岸秋末至夏初用水带来困难；尤其是荆南三口断流天数增加所带来的用水困难；只看到缩短和改善航道的好处，却没有注意到"死"了石首港、监利港和华容港（洪山头）所带来的问题。

既然如此，不实施下荆江系统裁弯工程行吗？当然不行。前面提到的问题并非一定要以此作为实施裁弯工程的代价，这不是系统裁弯工程的本意。有些问题是可以避免的，或者通过努力可以把有害的方面减少到最低的程度。任何水利工程总是有利有弊，像下荆江系统裁弯这样的工程，要求百利而无一害是不可能的。

第五节　水　库　工　程

新中国建立前，荆州市没有水库。农田灌溉主要依靠河渠、塘堰、挡坝等小型水利设施和龙骨车及少量的山区水力筒车、风车等提水工具。遇干旱年份，大部分农田灌溉缺水源，只能"望天收"。人畜饮水困难。

蓄水工程泛指塘堰和水库，蓄水量小者为塘堰，大者为水库。至今，塘堰对水库灌溉水源的补充作用仍很重要。

1955年根据"以蓄为主、小型为主、社办为主"的指导方针，按照丘陵山区的特点，提出以继承塘堰为前提、大型为骨干、小型为基础、大中小相结合，修建以水库为主体的蓄水工程。山丘地区的水库蓄水工程由点到面，由小到大，分年分批全面展开。松滋县于1954年动工兴建街河寺区断山口水库，可蓄水15万立方米，灌田1500亩，石首县1957年修建桃花山水库。1958年修建水库形成高潮。1958年开始建设洈水水库。太湖港水库于1957年10月动工，1958年7月建成。以后又相继建成了卷桥、北河、南河、文家河、沙港、张家山等一批中型水库，以及一大批小（1）型、小（2）型水库。截至2016年全市共有水库114处，承雨面积1800.11平方千米，总库容83496.67万立方米，其中兴利库容44581.41万立方米，死库容16701.54万立方米，设计灌溉面积155.09万亩，实灌面积126.78万亩。保护水库下游人口115.04万人。

全市114处各类水库，经2015年年底水利部大坝管理中心重新注册登记。截至2018年，荆州市27座大、中、小（1）型水库已完成除险加固任务，并脱险投入使用。87座小（2）型水库中，已完成60座除险加固任务，剩余部分小（2）型水库除险加固任务可望在2019年完成。

一、洈水水库

洈水水库是为治理洈水流域而建，坝址位于松滋市洈水镇。水库承雨面积1142平方千米，水库为均质土坝，最大坝高42.95米，多年平均年降雨量1450mm，水库多年平均年来水量9.42亿立方米，为年调节水库。总库容5.12亿立方米，防洪库容0.50亿立方米，兴利库容3.29亿立方米，死库容1.33亿立方米。水库现状设计洪水标准为500年一遇，校核洪水标准为5000年一遇，设计洪水位95.16米，校核洪水位95.77米，正常蓄水位94.00米，死水位82.50米。设计灌溉面积52.0万亩，其中湖南澧县15万亩，松滋27万亩，公安10万亩。水电站装机4台，总装机容量1.24万千瓦，是一座以灌溉为主，兼有防洪、发电、养殖航运、旅游及城乡生产、生活供水等综合利用的大（2）型水利工程。

洈水水库枢纽共经历了初建（1958—1962年）、续建（1964年）、整险加固（1974—1980年）、除险加固（2005—2010年）4个阶段。2011年竣工验收。

水库工程分为枢纽和灌溉两大部分：枢纽工程由 1640 米主坝，7328 米南、北副坝，木匠湾、孙家溪溢洪道、电站和南北澧输水管等九大建筑物组成。灌区由南、北、澧三条干渠组成，总长 263 千米。

水库现有防洪库容偏小，自建成以来，有 19 年（次）溢洪，共溢洪水量 35.5 亿立方米，占全部来水量的 13%。水库溢洪水量与下游支流洪水遭遇，造成严重内涝。

沮水水库风景独特，山水优美，已成为鄂西生态文化旅游圈之一。

二、太湖港水库

太湖港水库位于荆州区西北部，距荆州古城 25 千米。水库总库容 1.22 亿立方米，兴利库容 2814 万立方米，死库容 1021 万立方米。主体工程由丁家嘴（总库容 0.92 亿立方米）、金家湖（0.14 亿立方米）、后湖（0.12 亿立方米）、联合（0.04 亿立方米）4 座水库和万城引水闸组成。总来水面积 189.56 平方千米。水库大坝为均质土坝，最大坝高 12.0 米，多年平均年降雨量 1169mm，多年平均径流量 9374 万立方米。水库设计洪水标准为 100 年一遇，校核洪水标准为 2000 年一遇。

水库设计灌溉面积 40.53 万亩。水库下游防洪保护人口 68 万余人。另通过万城橡胶坝拦水，万城水闸可直接向丁家嘴水库、金家湖水库补水，是具有蓄、引、济、提等多功能和集灌溉、防洪、发电、养殖、旅游等为一体的大（2）型水库工程。

工程于 1957 年 10 月动工兴建，1958 年 10 月丁家嘴、金家湖、后湖同时竣工。1962 年建成万城闸引水工程和联合水库。1963 年开通库间明渠，将四库连为一体并形成灌溉渠系。1990 年 3 月，经湖北省水利厅批准，将四座水库联合，升级为大型水库。1998 年 3 月建成万城橡胶壅水坝。2009 年完成水库除险加固工程。荆州市水库基本情况见表 9-4。

表 9-4　　　　　　　　　荆州市水库基本情况表

名称	所在乡镇	承雨面积/km²	总库容/万 m³	兴利库容/万 m³	死库容/万 m³	汛限水位/m	下游保护		灌溉面积	
							人口/万人	耕地/万亩	设计/万亩	灌溉/万亩
合计	119	1800.17	83496.67	46581.41	16701.54	—	115.04	121.39	155.09	125.78
大型	2	1331.56	63353	35714	14321	—	51.8	50.82	92.53	80.84
沮水	松滋沮水镇	1142.0	51160	32900	13300	93.00	25.0	32.0	52.0	45.0
太湖港	荆州马山镇	189.56	12193	2814	1021	37.74	26.8	18.82	40.53	35.84
中型	6	177.58	10475	6349	1644		28.26	30.88	32.35	22.53

续表

名称	所在乡镇	承雨面积 /km²	总库容 /万 m³	兴利库容 /万 m³	死库容 /万 m³	汛限水位 /m	下游保护		灌溉面积	
							人口 /万人	耕地 /万亩	设计 /万亩	灌溉 /万亩
北河	松滋斯家场镇	75.0	3345	2744	660	12.50	6.9	6.0	13.5	8.5
南河	松滋斯家场镇	12.5	1006	669	49	127.00	7.0	2.4	2.4	1.2
文家河	松滋斯家场镇	18.0	1391	873	110	186.50	1.85	1.68	1.61	1.07
卷桥	公安章庄铺镇	16.0	1220	730	70	50.70	6.61	9.8	4.76	4.76
沙港	荆州区川店镇	12.78	1416	775	234	69.50	3.0	3.0	5.08	5.0
张家山	荆州区马山镇	43.3	2097	558	521	42.30	2.9	8.0	5.0	2.0
小 (1) 型	19	200.6	5258.79	3142.1	417.5	—	23.73	23.72	18.13	12.07
小 (2) 型	92	90.43	2475.1	1376.31	319.04	—	11.25	15.97	12.08	10.34

第六节 涵 闸 工 程

荆州，在唐代出现围垸。围垸面临三个问题：一是汛期要防守围堤，以防堤溃；二是遇到天旱，不能从外江引水灌田，等下雨或者从内垸湖泊引水抗旱；三是汛期降水所产生的径流无法外排，只能在垸内潴渍成湖，等到汛后挖堤放水，来年汛前又堵口复堤，年年如此。到了元朝时期（1298—1307年），石首在黄金堤建闸，排泄垸内渍水，此为荆州平原湖区最早修建的刽闸，史有记载。明代垸田堤防发展加快，涵闸建设也日趋增多，有木质刽管、青砖、条石涵闸。清代及民国时期，涵闸及结构形成和建筑质量均有所进步。规模较大的涵闸，多用条石、底板，闸墙缝中用糯米、白矾熬汁和以细石灰趁热灌入，也有用石灰浆砌的。闸门仍采用双层木门，中间填土。建闸多采用木桩基础。一般用杉木，直径 0.15～0.20 米，桩长 4～6 米，间距 0.3～0.5 米，呈梅花形。

闸，一种有门可以启闭的水利工程建筑物。刽，按字义解释为堤坝下排水灌水的小孔，"刽与穴同"；涵，水泽多也。公路或铁路与沟渠相交的地方水从路下流过的通道，称为涵洞，管状的管子称为涵管。刽和涵原指小型穿堤的涵洞和刽管，现统称之为涵闸。

新中国建立后，随着科学技术的进步和新型建筑材料的使用，涵闸建设的数量和质量发生了根本性变化。荆江分工程北闸、南闸建成后，各地建闸均仿效这种轻型结构形式，建闸不再采用桩基。为避免地基发生不均匀沉陷，有的闸还进行填土预压。到 20 世纪 80 年代，对地基承载力较差的地基采用钢筋混凝土桩基。

从 20 世纪 50 年代中期开始，涵闸建设进入快速发展时期。1994 年以后，涵闸建设的重点是对病险涵闸进行维修、加固、改建或移地重建，新建涵闸不多。到 2016 年，荆州市共建有大小涵闸 7872 座，设计流量 51081 立方米每秒。其中大于 5 立方米每秒流量的引水闸 508 座，排水闸 540 座，节制闸 1421 座，橡皮坝 2 座。重点涵闸有 111 座，其中：荆江分洪 4 座，淴里隔堤 4 座，洪湖分洪区主隔堤 7 座，荆江大堤 5 座，长江干堤 36 座，虎东干堤 5 座，东荆河堤 12 座，其他堤 38 座。重点涵闸基本情况见表 9-5。

表 9-5　　　　　　　　　重点涵闸基本情况表

闸名	位置	闸孔尺寸		设计流量 /(m³/s)	高程/m		控制运用水位 /m	结构形式	性质	设计效益 /万亩	建筑年代
		孔数	高×宽 /(m×m)		闸底	堤顶					
万城闸	荆江大堤 794+087	3	3×4.36	40/50	34.50	49.40	43.67	钢筋混凝土拱	灌	38.0	1962/1994
引江济汉防洪闸	荆江大堤 772+400	2	34.0×19.6	350/500	27.70	47.40	—	开敞	—		2012
观音寺闸	荆江大堤 740+750	3	3.0×3.3	56.79/77	31.76	46.62	42.07	钢筋混凝土开敞	灌	81.0	1962/1997
颜家台闸	荆江大堤 703+532	2	3.0×3.5	37.6/41.6	30.50	44.10	39.70	钢筋混凝土拱	灌	40.0	1966/1996
一弓堤闸	荆江大堤 673+423	2	2.5×3.75	20/30	28.00	44.75	37.00	钢筋混凝土拱	灌	32.0	1962/1994
西门渊闸	荆江大堤 631+340	2	3.5×4.95	34.29/50	26.00	39.87	35.00	钢筋混凝土拱	灌	47.62	1965/1995
半路堤防洪闸	长江干堤 624+400	3	3.5×4.0	76.8	—	39.70	—	钢筋混凝土拱	排	—	1980/1999
何王庙闸	长江干堤 611+190	2	3.0×4.0	34.0	24.50	38.69	34.50	钢筋混凝土拱	灌	44.0	1973/2000
新堤大闸	长江干堤 508+700	23	6×9.5	800/1050	19.60	36.00	—	钢筋混凝土半开敞	排	—	1971/2001
新滩口闸	长江干堤 400+139	12	5.0×6.0	460	16.40	33.00	—	钢筋混凝土半开敞	排	—	1959/2005
荆江分洪北闸	长江干堤 697+850	54	18×3.93	7700	41.50	47.20	—	钢筋混凝土半开敞	分洪	—	1952/2003
荆江分洪南闸	虎东干堤 90+635	32	9.0×6.0	3800	36.20	44.65	—	钢筋混凝土半开敞	节制	—	1952/2002
黄天湖老闸	南线大堤 579+908	2	8.8×2.9	250	31.60	45.50	—	钢筋混凝土半开敞	排	—	1953

闸名	位置	闸孔尺寸		设计流量/(m³/s)	高程/m		控制运用水位/m	结构形式	性质	设计效益/万亩	建筑年代
		孔数	高×宽/(m×m)		闸底	堤顶					
黄天湖新闸	南线大堤579+088	3	5.3×5.3	140/450	30.00	45.50	30.50	钢筋混凝土箱	排	—	1970
习家口闸	四湖总干渠首	2	3.5×4.7	50.0	27.50	34.00	—	开敞	排	—	1962/2015
福田防洪闸	洪排主隔堤49+188	6	6.0×8.0	667.0	21.10	34.70	—	开敞	排	—	1978/2004
小港湖闸		9	1×6.0×6.0 8×4.0×4.3	215.0	21.50	27.50	—	开敞	排	—	1962/2013

第七节 泵 站 工 程

电力排水泵站是农田排水的骨干工程，同沟渠（输水）、河湖（调蓄）是农田排水的三大支柱工程。自唐朝开始出现围垸以来，至 20 世纪 70 年代的 1000 多年时间，如何解决围垸内因降雨所产生的渍水，减轻内涝灾害，一直是一个没有解决的大问题。这是农业生产长期低而不稳的主要原因之一。

新中国建立前，荆州没有电力排水工程。只有松滋、江陵、监利等几个县有几台小型柴油抽水机。1946 年，松滋县芦洲垸修防主任黄元庆摊派垸民皮花 1500 市斤，购回一台 8 马力抽水机。次年，湖北省建设厅拟定松滋为安装抽水机示范县。当年，松滋县安排永丰、安永乡以各自棉花生产合作社的需要为名，向中国农民银行汉口分行申请贷款 2.72 亿元（旧币），购回美制 8 马力抽水机 5 台。由于缺乏技术人员操作和维修，抽水效果较差，多闲置未用。有 3 台作为米厂和轧花厂动力使用。

1964 年《荆州地区水利综合利用补充规划》正式提出在平原湖区兴建一级电力排水站的规划。1966 年公安、石首两县引进湖南省柘溪水库电源，兴建了公安黄山头单机容量 800 千瓦电排站，石首团山寺等 5 座单机容量 155 千瓦的电排站。1968 年又在四湖水系兴建单机容量 1600 千瓦的洪湖南套沟排水泵站。从而拉开了在平原湖区大规模兴建电力排水泵站的序幕。

荆州市泵站大多兴建于 20 世纪 70—80 年代，由于受资金、物资及技术等方面的限制，部分工程设计标准低，部分机电设备质量差，经过几十年的运行，老损严重。影响泵站安全运行和排水效益。从 2005 年开始，国家启动对泵站更新改造。荆州市泵站更新改造工程分 4 批进行。共有 21 处大型泵站，中小型泵站共 102 座，装机 616 台（套），装机总容量 18.445 万千瓦。

截至 2018 年，全市共有大小泵站 3244 处，装机 5317 台，总功率 59.5366 万千瓦，设计流量 6225 立方米每秒。其中：大型泵站（单机 800 千瓦以上）22 处，装机 110 台，总功率 14.98 万千瓦，设计流量 1566 立方米每秒；中型泵站（单机 155 千瓦以上、800 千瓦以下）120 处，装机 775 台，总功率 16.7966 万千瓦，设计流量 1851 立方米每秒；小型泵站（单机 55 千瓦以上、155 千瓦以下）3102 处，装机 4432 台，总功率 27.76 万千瓦，设计流量 2808 立方米每秒。荆州市单机 800 千瓦以上泵站基本情况见表 9 - 6。

表 9 - 6　　　　　　荆州市单机 800 千瓦以上泵站基本情况

序号	泵站名称	所在地区	装机/(台×kW)	设计流量/(m³/s)	驼峰高程/m	起排水位/m	排入河流	受益面积/万亩 灌溉	受益面积/万亩 排水	建成投入运用年份	更新改造年份
1	新滩口站	荆州市直	10×1800	220.0	27.80	24.50	长江	—	—	1986	2007
2	高潭口老站		10×1800	240.0	31.58	34.50	东荆河	40.0	—	1975	2006
3	高潭口新站		3×2800	90.0		34.50	东荆河	—		2018	—
4	小南海站	松滋	4×800	32.0	直管式	35.50	松西河		11.7	1979	2008
5	黄山头站	公安	6×800	51.0	直管式	32.60	虎渡河		54.0	1969	2006
6	闸口一站		6×900	51.0	41.70	32.80	虎渡河		54.0	1975	2007
7	闸口二站		4×3000	120.0	42.10	33.00	虎渡河		54.0	1991	2007
8	玉湖站		4×900	36.0	43.70	34.80	官支河		7.82	1974	2007
9	牛浪湖站		4×1000	36.0	直管式	32.50	松西河		8.28	1976	2007
10	法华寺站		4×1000	32.0	直管式	34.50	沱水河		7.31	1976	2007
11	淤泥湖站		4×1000	32.8	直管式	30.60	松东河		9.69	1999	—
12	东港站	石首	4×800	31.0	直管式	36.50	松东河		5.0	2010	2008
13	上津湖站		4×900	36.0	直管式	28.70	调弦河		10.3	1998	—
14	冯家潭一站		4×800	32.0	38.60	32.60	长江		18.0	1977	2007
15	冯家潭二站		4×800	32.0	直管式	34.00	长江		9.8	1989	—
16	大港口站		2×1600	40.0	35.30	30.00	调弦河		6.47	1978	2006
17	螺山站	洪湖	6×3900	198.0	直管式	24.80	长江		64.5	1975	2017
18	杨林山站	监利	10×1000	80.0	直管式	24.80	长江		62.5	1986	2008
19	半路堤站		3×3200	75.0	直管式	25.80	长江		47.4	1980	2007
20	新沟站		6×800	51.0	直管式	27.80	东荆河		32.0	1976	2006
21	南套沟站	洪湖	4×1800	78.0	31.50	23.50	东荆河		31.2	1971	2008
22	大沙站	洪湖	4×800	32.0	直管式	22.70	长江		12.2	20101	2007
合　计			110 台 14.98 万 kW	1625.8							

第八节 四 湖 工 程

四湖流域位于长江中游，江汉平原腹地，以境内有长湖、三湖、白鹭湖、洪湖四个大型湖泊而得名，是湖北省最大的内河流域。流域面积 11547.5 平方千米，其中内垸面积 10375 平方千米，洲滩民垸面积 1172.5 平方千米。据 2015 年资料统计，全流域耕地面积 718.27 万亩，人口 543.7 万人。四湖流域是湖北省乃至全国重要的粮、棉、油和水产品生产基地，素有"鱼米之乡"和"天下粮仓"的美誉，是镶嵌在荆楚大地上的一颗璀璨的明珠。

四湖一名源于 1955 年长江委编制的《荆北区防洪排渍方案》。此方案将荆江区划分为三部分，即荆北平原区、荆江洲滩区及江湖连接区（即荆南地区）。荆北平原区以古内荆河为干流，规划进行裁弯取直和扩挖工程，渠道起线穿越长湖、三湖、白鹭湖和洪湖，取名四湖总干渠，故有了四湖流域之称。

四湖流域地处江汉平原腹地。介于东经 112°～114°、北纬 29°20′～30°，东、南、西三面滨长江，北临汉江及其分支东荆河，西北面由荆江大堤连接丘陵、山地。荆门山脉为分水线与沮漳河及汉江分界。地跨荆州、荆门、潜江三市。流域内湖泊众多，河渠密布，堤垸纵横，地势平坦，自西北向东南倾斜，最高山峰高程 278.70 米，最低点在洪湖市新滩口镇沙套湖，高程 18.00 米。地面高程在 34.00 米以下的地区约占全流域总面积的 74%。由于长江、汉水和东荆河长期淤积的影响，形成了两边高、中间低的槽形地势。四湖流域长湖以北为丘陵岗地，中下区主要是冲积平原。四湖流域各县（市、区）基本情况见表 9-7。

四湖流域内垸地形：丘陵面积 2360 平方千米，占 22.7%；平原面积 6518 平方千米，占 62.8%；洼地面积 742 平方千米，占 7.2%；湖泊面积 755 平方千米，占 7.3%。

从荆门市的车桥向南经荆州区的川店、枣林岗，沿沮漳河至临江寺，顺长江左岸至洪湖市的胡家湾，再向西北沿东荆河至泽口，再沿汉江至沙洋，经烟垢、团林至车桥，这一范围称为四湖地区，亦称四湖水系。分属于荆门市的沙洋县、掇刀区，潜江市，荆州市的荆州区、沙市区、江陵县、石首市、监利县、洪湖市。四湖西北部分为丘陵岗地，余为江河堤防环绕。从荆江北岸的枣林岗至洪湖市的胡家湾止，沿长江的堤防长 412.4 千米，其中：荆江大堤长 182.4 千米，长江干堤长 230.0 千米。沿东荆河至泽口堤长 173.7 千米，从泽口桩号 222+850 汉江右岸，沿汉江上至沙洋（桩号 274+579）堤长 51.729 千米，堤防总长 637.429 千米。

四湖流域地处长江中游的中段，从沮漳河出口临江寺起至新滩口胡家湾入武汉市汉南区止，全长 457.0 千米（不含枝城至松滋车阳河 8.0 千米，属宜昌市，车阳河至临江寺河长 26.0 千米）。汉江流经四湖境长 57.0 千米；东荆河流经四湖境长 173.0 千米；沮漳河流经四湖境长 79.1 千米（两河口至临江寺）。

表 9-7　　　　四湖流域各县（市、区）基本情况表（2015 年资料）

县（市、区）	面积 /km²	占总面积的比例 /%	其中		人口 /万人	耕地 /万亩	备　注
			内垸面积 /km²	外滩面积 /km²			
荆门市	2098	18.16	2098	0	74.56	139.0	
沙洋县	1538.5	13.32	1538.5	0	51.09	82.95	
掇刀区	559.5	4.84	559.5	0	23.47	56.06	
潜江市	1475.2	12.78	1656.5	118.7	64	71.0	
荆州市	7974.3	69.06	6920.5	1053.8	405.14	508.26	
荆州区	730	6.32	699.5	30.5	51.27	38.3	
沙市区	433.1	3.75	428.5	4.6	51.60	18.3	
荆州开发区	64.2	0.56	58	6.2	—	—	人口、耕地包括在沙市区内
江陵县	1032	8.94	978.5	53.5	40.73	57.0	
石首市	376	3.26	0	376	17.26	21.61	石首市因荆江河弯变动，实际面积应为 447.12km²
监利县	3027	26.21	2500	527	158.39	206.55	
洪湖市	2312	20.02	2256	56	85.89	166.50	
合计	11547.5	100	10675	1172.5	543.70	718.27	

四湖水系按照地势及水系情况，划分为上、中、下三区。上区指长湖以上区域，从沙市的观音垱起，沿长湖至习家口，经刘岭、田关河，止于田关闸，面积 3400.4 平方千米，其中外滩（垸）面积 160.6 平方千米；中区是指小港以上、长湖以下（不含螺山排区）区域，从新堤沿老内荆河至洪排主隔堤至黄丝南闸，再沿洪排主隔堤至高潭口，面积为 6819 平方千米，其中内垸面积 5045 平方千米、外滩（垸）面积 769.6 平方千米；下区指小港以下、新滩口以上区域（含南套沟排区），面积 1210.7 平方千米，其中内垸面积 1154.7 平方千米、外滩（垸）面积 56.0 平方千米；螺山排区面积 1121.3 平方千米、其中内垸面积 935.3 平方千米、外滩（垸）面积 186 平方千米。

四湖流域属亚热带湿润季风气候，与长江中游地区气候相似，都是冬季稍冷，夏季很热。具有四季分明、热量丰富、光照适宜、雨水充沛，光、温、水同季的特点。暴雨、大风、干旱、寒潮、冰雹等灾害天气时有发生。多年平均年温度 15.9～16.6℃，1 月最冷，极端最低气温为－15.1℃，7 月最热，极端最高温度 39.5℃，平均年无霜期为 230～270 天，多年平均年降水量 1000～1350 毫米。

四湖地区土地肥沃，雨水充沛，无霜期长，是著名的鱼米之乡。据 2015 年统计，全流域粮食总产量 294.5 万吨，占全省粮食总产量的 15％左右，棉花总产量占全省 20％以上，油料总产量占全省 15％左右，成鱼总产量占全省 20％。

由于四湖地区地处长江、汉水由山地进入平原过渡地带的首端，长期受到洪涝灾害的困扰。自 1954 年以后，发生了 1980 年、1983 年、1991 年、1996 年和 2016 年 5 次大的内涝灾害，发生了 1972 年、1978 年和 2011 年 3 次旱灾。

四湖地区在 1955 年治理之前，存在的主要问题如下。

（1）江汉堤防防洪标准低。

（2）上受山洪威胁，下有江水倒灌，排水没有出路。

（3）水系紊乱，水利失修，渍涝灾害严重。

（4）钉螺孳生，血吸虫病流行，血吸虫病患者占当时总人口的 12％。

四湖地区洪涝灾害的主要表现形式为：长江、汉水、东荆河堤溃口成灾；长江和东荆河洪水自新滩口附近（自高潭口以下至新滩口，有 7 条河沟与江河相通）倒灌，内垸排水受阻，沿程水位不断抬高，一直影响到长湖，不但造成内涝，也造成了内垸堤防溃决，长湖上游山洪暴发，漫淹农田成灾。

1955 年长江委提出《荆北区防洪排渍方案》，经国家批准，1955 年 11 月动工修筑洪湖隔堤，1956 年 1 月完工，1956 年 4 月完成新滩口堵口工程。至此，四湖地区构成一个整体。

四湖流域治理按照《荆北区防洪排渍方案》及之后各个不同时期提出的补充规划，根据统一规划、统一治理、分期实施的原则，按以防洪排渍为主，兼顾灌溉、航运、渔业、防治血吸虫病等结合治理的措施。四湖水系的治理，从一开始就强调四湖地区是一个整体，必须统一规划，统一治理，统一管理，统一调度。打破地域界限，废堤并垸，分区布网，形成新的排灌水系，这是治理四湖水系的指导思想；以排为主，等高截流，内排外引，分层排蓄，河湖分家，排灌分家，留湖调蓄，这是治理四湖水系的基本方针；统一管理，统一调度，分层控制，分散调蓄，风险共担，这是四湖工程运用的基本经验。

四湖流域的治理，在国家的大力支持之下，四湖地区广大干部，群众积极参与，经过几十年不懈的努力，取得了巨大的成就，结束了"三年两水，洪涝灾害频繁"的历史,旧貌换新颜。四湖流域治理是在规划的指导下,有计划、分期实施的。

四湖流域的治理,经历了4个阶段。第一阶段,关好大门,加固培修沿江堤防;第二阶段,开渠建闸,治理内涝;第三阶段,兴建电力排水泵站,提高排涝标准;第四阶段,配套挖潜,更新改造。经过上述四个阶段,取得了巨大成就,建成了比较完整的防洪、排涝、灌溉三大工程体系;同时兴建了比较完善的内河航运体系,以及水利结合灭螺和城乡安全饮水工程。为区域经济社会发展作出了积极的贡献。

经过60多年的建设,累计完成土方19.88亿立方米、石方392.98万立方米、混凝土151.8万立方米,完成投资57.82亿元。

(1)对流域周边江河堤防637千米进行了加高加固,其中荆江大堤、长江干堤已经达标。

(2)建成了以总干渠、东干渠、西干渠、田关河、排涝河、螺山渠道等六大干渠为骨干和一个大批深沟大渠相配套的排水渠系,建成新滩口排水闸、新堤大闸、田关排水闸、杨林山深水闸等4座沿江河外排涵闸,形成新的排水系统,结束了江湖串通的历史(总干渠185千米,从习家口至新滩口;西干渠90.65千米,从雷家垱至泥井口;东干渠60.25千米,从李市至冉家集;田关河30.46千米,从刘岭闸至田关闸;排涝河64.82千米,从半路堤至高潭口;螺山渠33.25千米,从螺山至宦子口)。

(3)建成以观音寺、颜家台、万城、一弓堤、西门渊、何王庙、兴隆、赵家堤、谢家湾、白庙等沿江河的灌溉引水涵闸,形成新的灌溉系统。引江济汉工程已于2014年建成运用。遇干旱时可引长江水进入长湖、东荆河、四湖总干渠(福田寺以上)地区,有效缓解旱情,改善水生态环境。

(4)建成由新滩口、高潭口、田关、螺山等18座1级电力泵站组成的外排系统,大大地提高了排涝能力,四湖流域已经达到10年一遇的排涝标准。四湖流域沿江一级站基本情况见表9-8。

表9-8 四湖流域沿江一级站基本情况表

序号	站名	所在地区	装机/(台×kW)	总容量/kW	设计流量/(m³/s)	备 注
1	高潭口老站	洪湖市	10×1800	18000	240	
2	高潭口新站	洪湖市	3×2800	8400	90.0	
3	新滩口泵站	洪湖市	10×1800	18000	220	
4	田关泵站	潜江市	6×2800	16800	220	
5	南套沟泵站	洪湖市	4×1800	7200	78	

序号	站名	所在地区	装机/(台×kW)	总容量/kW	设计流量/(m³/s)	备注
6	螺山泵站	洪湖市	6×3900	23400	198	泵站建在洪湖市螺山，由监利县管理
7	新沟泵站	监利县	6×800	4800	52	
8	半路堤泵站	监利县	3×3200	9600	75.0	
9	杨林山泵站	监利县	10×1000	10000	80	
10	老新泵站	潜江市	4×800	3200	35	
11	大沙泵站	洪湖市	4×800	3200	30	
12	石码头泵站	洪湖市	12×155	1860	18	
13	燕窝泵站	洪湖市	10×155	1550	15	
14	汉阳沟泵站	洪湖市	10×155	1550	15	
15	龙口泵站	洪湖市	6×155	2050	15	
16	高桥泵站	洪湖市	6×155	930	9	
17	鸭儿河泵站	洪湖市	6×155	930	9	
18	仰口泵站	洪湖市	6×155	930	10.2	
合计			126 台	132400	1409.2	

石首人民大垸建有冯家潭一站、二站，共有 8 台×800 千瓦，总功率 6400 千瓦。

（5）丘陵岗地修建了一大批大、中、小型水库。从 1958 年开始至 2018 年，共兴建大、中、小型水库 99 座，其中大型水库 1 座（太湖港），中型水库 8 座（荆门市 6 座，荆州区 2 座），小（1）型水库 39 座（荆门市 33 座，荆州区 6 座），小（2）型大库 51 座（荆门市 29 座，荆州区 22 座）。有效库容 2.069 亿立方米（荆门市 1.289 亿立方米，荆州区 0.78 亿立方米）。

（6）对长湖、洪湖进行重点整治，加固湖堤，固定湖面，确定调蓄面积和备蓄区，连同其他湖泊，一次可调蓄水量约 14 亿立方米。长湖库堤按防御 50 年一遇洪水、设计洪水位 33.50 米的标准进行加固培修。洪湖按设计水位 27.00 米进行加固培修。

（7）建成以新滩口、田关排水闸为主，辅以新堤大闸和杨林山深水闸联合运用的自排系统。

（8）利用小港、张大口湖闸、福田寺防洪闸和习家口、刘岭等节制闸，对上、中、下区能够分别进行控制，形成了"统一调度，分层控制，分散调蓄，风险共担"的科学合理的运用机制。

（9）基本控制了血吸虫病的蔓延。

（10）建成了新滩口、小港、福田、习家口、鲁店、西荆河上下游（引江济汉工程）、新城、宦子口、螺山等船闸，同引江济汉进出口船闸联合运用，成为沟通江汉和内河航运的纽带。

（11）四湖的生态环境持续改善。针对四湖地区渠湖水质污染严重，主要湖泊自然资源受到破坏的情况，采取了一系列措施对生态环境进行治理与保护。对环境立法保护和实行严格的环保问责制度。树立"绿色决定生死""绿水青山就是金山银山"的理念；由单纯治水向综合治水转变，从开发利用湖泊向保护湖泊转变，这是四湖地区湖泊变迁的一个重要转折点，即向湖泊索取生活物资为主到开始重视湖泊的生态功能转变。

四湖流域的治理取得了巨大的成就，新的排灌水系已经建成。但是，四湖水系还需要继续治理。四湖的治理从根本上讲，就是治水、治土，因为四湖地区可以永续利用的基本资源是水与土，这个基本格局，即使再过几百年，也是难以改变的。随着国民经济的不断发展，对四湖流域的排涝标准应考虑适当提高，确保现有湖泊面积不再减少。减少湖泊面积就等于降低现有排涝标准，应继续加强管理，汛期仍应坚持"统一调度"的方针。

四湖治理存在三个比较突出的问题。一是上区面积有 3400 平方千米，占内垸总面积的 33%，但外排装机流量只有 220 立方米每秒，只占外排总流量的 16%。虽有长湖调蓄，如遇山洪或水库溢洪，外排能力明显不足，为控制长湖水位上涨，向中区泄洪难以避免。引起上、中、下游排涝紧张。根据"高水高排"的原则，应将准备建设的盐卡泵站纳入上区统排系统，再在田关增容 80～100 立方米每秒流量。二是长湖、洪湖围堤防洪安全的极端重要性。现在围堤建设的标准不高。要对堤身及部分堤基进行锥探灌浆，填筑内外平台（重点堤段内平台宽度不少于 10 米，厚度不少于 1 米），修筑好防浪设施。汛期，围堤战线很长，薄弱堤段多，抢险器材少。防守困难，要特别重视围堤的建设和管理，确保围堤安全。三是要完全按设计标准疏挖下内荆河，使其与新滩口排水闸的过流能力完全相适应。三峡工程建成以后，新滩口闸的自排机会增多。这是提高四湖排涝能力的重要措施。

第九节　荆南水系治理工程

荆南水系是指松滋河、虎渡河、藕池河和调弦河（调弦河已于 1958 年建闸控制），因地处荆江南岸，故称为荆南四河，或称为荆南水系，其河口称为荆南四口，是连接荆江和洞庭湖的纽带，通过四河分泄荆江洪水注入洞庭湖。四河分泄荆江洪水对于荆江的安全至关重要，至今仍是荆江防洪安全四大要素之一（三峡工程、荆江两岸堤防、荆江地区分蓄洪工程、四口分流）。

荆南水系行政区划包括荆州市所辖的松滋市和公安县全境，荆州区的弥市镇，石首市的江南部分。自然面积 5522.91 平方千米，其中平原面积3514.73 平方千米，占 63.6%；山区面积 158.92 平方千米，占 2.9%；丘陵岗地面积1849.26 平方千米，占 33.5%。据 2010 年统计，区内有人口 237 万人，耕地 255 万亩。

荆南四河将荆南地区分割成许多大小民垸，比较大的围垸有 23 处，面积3481.28 平方千米，堤长 1036.81 千米。荆南地区主要围垸情况见表 9-9。

表 9-9　　　　　　荆南地区主要围垸情况表（长江干堤以内）

区划	垸名	面积/km²	人口/万人	耕地/万亩	堤长/km	备　注
松滋市	合众	97.94	5.08	6.25	36.29	含松滋江堤 16.8km
	义兴	2.35	0.12	0.22	5.00	
	德胜	6.00	0.42	0.40	7.17	
	赵家	6.10	0.42	0.46	8.62	
	西大	53.76	2.15	2.74	17.50	
	永合	37.64	2.12	2.60	11.60	
	大湖	60.12	1.50	2.30	11.00	
	八宝	167.00	8.31	12.35	51.00	
	大同	193.00	10.00	13.86	68.20	含松滋江堤 9.8km、长江干堤 24.6km
	三善	32.64	—	—	—	
荆州区	三善	159.00	8.32	13.06	35.56	不含浣里隔堤 17.23km、神保垸堤 3.76km
公安县	三善	159.26	6.25	8.68	56.55	
	曹嘴	40.31	1.50	2.66	45.39	
	东港	156.60	7.90	10.70	73.76	
	金狮	167.70	7.00	8.05	40.01	又称合顺大垸
	永和	177.30	7.30	8.66	33.18	
	南平	78.50	5.00	5.00	60.11	蔡田湖垸合并前堤长 58km
	孟溪	307.31	14.50	18.70	83.79	包括小虎西干堤，不含小虎西山岗 10.61km
	荆江分洪区	921.00	52.50	54.00	208.38	不含安全区围堤 52.78km、北闸拦淤堤 3.43km
	永兴	15.05	0.40	0.20	8.40	

区划	垸名	面积 /km²	人口 /万人	耕地 /万亩	堤长 /km	备　　注
石首市	联合	132.00	8.40	7.50	69.20	
	久合	53.00	3.30	3.90	27.61	
	城关大垸	280.50	31.54	16.66	70.57	含长江干堤 48.5km
	调关大垸	173.40	9.04	7.55	4.27	含长江干堤 38.82km
	连心垸	3.80	—	0.36	3.65	
合计	23 处	3481.28	193.07	206.86	1036.81	

荆南地区河流众多，水系紊乱。四河主要河道全长（流经荆州市境内不含串河长 50.51 千米）391.65 千米，其中松滋河 203.05 千米（主流 24.5 千米，西支 76.0 千米，东支 102.55 千米），虎渡河 96.6 千米，藕池河 79.0 千米〔主河 12 千米，西支（安乡河）19 千米，团山河（中支）20 千米，其中与湖南共界河 5 千米，东支（管家铺）27 千米，与鲇鱼须河共界 1 千米〕，调弦河 13 千米。荆南四河堤防总长 691.62 千米，其中松西河支堤 176.28 千米（左岸 83.24 千米，右岸 93.04 千米），松东河支堤 197.69 千米（左岸 102.94 千米，右岸 94.75 千米），庙河堤 13.46 千米，松滋新河堤 16.51 千米，苏支河堤 11.43 千米，沱水河支堤 47.81 千米，虎渡河支堤 60.02 千米（左岸 5.22 千米，右岸 54.8 千米），藕池河支堤 43.0 千米（左岸 16 千米，右岸 27 千米），安乡河堤 19.03 千米，团山河支堤 32.61 千米，栗林河堤 18.19 千米，调弦河支堤 10.09 千米（左岸 4.02 千米，右岸 6.07 千米）。

荆南沿长江干堤长 220.12 千米，其中松滋市 26.74 千米，荆州区 10.26 千米，公安县 95.8 千米，石首市 87.32 千米。

荆南其他干堤长 268.33 千米，其中南线大堤 22 千米，虎东干堤 90.58 千米，虎西干堤 38.48 千米，虎西山岗堤 43.63 千米，荆江分洪区安全区围堤 52.99 千米，北闸拦淤堤 3.43 千米，浣里隔堤 17.22 千米。松滋江堤全长 51.2 千米，由两部分组成，老城至胡家岗堤长 16.8 千米，新场至灵忠寺堤长 9.8 千米，合计 26.6 千米；长江干堤从灵忠寺至浣里隔堤长 24.6 千米，已分别统计在松西河支堤和长江干堤之中。

荆南其他围垸（包括外滩主要民垸）堤长 279.81 千米，其中荆州区 3.76 千米，松滋市 123.26 千米，公安县 115.49 千米，石首市 37.3 千米。

荆南四河地区堤防总长 1459.86 千米。

河多、垸多、堤多是荆南地区最显著的特点。

荆南地区在治理之前，存在的主要问题是：水系紊乱，没有统一的治理规划；堤防线长，标准不高，抗洪能力低；洪、涝、渍、旱、血吸虫病等灾害频繁。造成灾害的主要原因有三个方面：一是荆南的堤垸分散，战线很长，堤身抗洪能力低，防守困难；二是西洞庭湖泥沙淤积，水位抬高，加重了荆南地区防洪排涝负担；三是荆南三口断流天数增多，春秋时节用水困难。

1954年以后，荆南地区的治理在长江中游防洪总体规划的指导下，采取了统一规划，分片（垸）分期治理的方法，首先是加固四河堤防，保证四河安全分泄荆江洪水入洞庭湖；其次是兴建电力排水泵站，提高排涝能力；最后是丘陵山区修建水库，解决人畜饮水和农业用水。

20世纪50年代，荆州专署确定荆南水系的规划原则是：以蓄洪、防洪、排灌为主，排灌兼顾，内排外引，控制湖面，留湖蓄渍，分片规划，分片治理。1955年，长江委提出《长江中游平原区防洪排渍方案》，首次提出将防洪与排涝进行统一规划。1985年，荆州地区水利局提出《长江流域荆南区除涝规划要点报告》。1993年，湖北省水利水电勘测设计院提出《湖北省荆南地区水利综合治理近期规划》。1994年3月，湖北省政府向国务院报告，要求将湖北省洞庭湖区防洪治涝工程纳入国家洞庭湖治理规划。1997年，荆南地区的治理纳入长江委编制的《洞庭湖区综合治理近期规划报告》。治理目标是以防洪、治涝为主，结合湖区灌溉、供水、航运、水产、水环境保护、血防等内容的综合性规划。

根据荆南地区堤垸封闭，各成水系的特点，分为石首、虎东、虎西、五洲四大片。

石首片，范围包括长江以南石首市的全部地区，总面积1044平方千米，其中低山面积95.4平方千米，丘陵地区面积254.6平方千米，平原湖区面积694平方千米。因调弦河、藕池河穿过境内而又分为藕东、藕西、调东3个排灌区。

虎东片，位于公安县虎渡河东部，即荆江分洪区，包括腊林洲和永兴垸，总面积939.9平方千米。

虎西片，位于虎渡河西部及松西河之间，总面积1190.96平方千米，包括三善垸、八宝垸、大同垸、东港垸、南平垸、孟溪大垸。总面积1246.77平方千米。

五洲片，紧靠荆江分洪区，是长江的一个江心洲，为独立民垸，面积53平方千米，属公安县。

建设成就

1. 设计标准

荆南地区长江干堤以内包括长江干堤、荆江分洪区围堤、松滋江堤及四河支堤共1078千米。经过培修加固，长江干堤、荆江分洪区围堤、松滋江堤等已经达到规划中的设计标准；四河支堤大部分基本达到规划中的设计标准，还有部分支堤尚未按规划进行培修。

2. 排涝方面

荆南地区修建了一大批大、中、小型电力排水泵站。其中800千瓦以上的大型泵站11处，装机46台，功率51000千瓦，设计流量497.8立方米每秒；1级外排泵站（155千瓦以上）96处，装机389台，功率53710千瓦，设计流量525.98立方米每秒。合计设计流量1023.78立方米每秒。根据规划，三善垸和大同垸按10年一遇标准，尚欠外排流量23.5立方米每秒，拟在里甲口增容。其余地均已达到10年一遇的排涝标准。荆南地区大型泵站（800千瓦以上）基本情况见表9-10。

表9-10　　　　荆南地区大型泵站（800千瓦以上）基本情况

县（市）	泵站名称	装机台数	功率/kW	设计流量/（m³/s）
松滋市	小南海	4	3200	32.0
公安县	黄山头	6	4800	51.0
	闸口一站	6	5400	51.0
	闸口二站	4	12000	120.0
	玉湖	4	3600	36.0
	牛浪湖	4	4000	36.0
	法华寺	4	4000	32.0
	淤泥湖二站	4	4000	32.8
	东港	4	3200	30.1
石首市	上津湖	4	3600	36.0
	大港口	2	3200	40.0
合计	11处	46	51000	496.9

3. 水库建设

荆南地区的水库多建于1958年前后，截至2016年，共建大、中、小型水库88座，其中大型1座（洈水水库）、中型4座、小（1）型13座、小（2）型70座。总库容6.6034亿立方米。兴利库容4.1377亿立方米，实际灌田73.6万亩（设计灌田95.7万亩）。从1976年开始，通过对已建水库进行洪水复核，提出除险加固方案，经过分期分批实施，荆南地区的大、中型水库以及部分小（1）型、小（2）型水库列入全国病险水库除险加固规划，除一部分小（2）型水库外，其余水库已全部完成除险加固任务。

4. 灌溉涵闸

荆南地区共建有沿江沿四河引水涵闸33处，设计引水流量452.8立方米每秒（不包括玉湖、闸口泵站），其中：长江干堤 21 处，设计引水流量 287.12 立方米每秒，荆南四河 12 处，设计引水流量（不包括玉湖、闸口泵站）165.7 立方米每秒。

荆南四河存在的主要问题：四河支堤有一部分堤段尚未按规划要求进行加固，已加固堤段一部分内外平台没有达标，距堤脚较近（100 米左右）的坑塘没有全部填平。不能满足堤基防渗要求。荆南地区由于 1860 年和 1870 年两次特大洪水，大部分堤垸被冲毁，经过 50 年左右的时间，堤垸才相继恢复。但堤基以下在高程 28.00～31.00 米，淤积了一层细沙层，这是荆南堤防汛期多管涌险情的主要原因。1954 年以后发生四次堤防溃口，造成重大损失。管涌险情是荆南堤防的"致命伤"，要特别重视这个问题。再就是三峡工程建成后，荆南三口断流时间增多，每年有 150～250 天的时间断流，给荆南地区人民生活生产用水、工业用水造成困难，生态环境受到影响。随着荆江河床不断冲深、同流量下水位下降，三口断流的时间会增多，用水问题越来越困难。这是一个无法回避的问题。否则，就会影响荆南地区经济社会发展。解决的办法：一是疏浚荆南四河引长江水进入四河；二是在四河河口建抽水泵站，取长江水进入四河。

解决荆南地区秋末至来年夏初的灌溉用水问题是今后一个时期荆南地区治水的首要任务。

第十节　引江济汉工程

引江济汉工程是南水北调中线一期汉江中游四项治理工程（兴隆水利枢纽、引江济汉、部分闸站改造、局部航道整治）之一，其作用是通过在长江荆州河段引水，通过开挖大型人工渠道，输送至汉江兴隆河段，补充因南水北调中线调水而减少的水量，同时改善汉江兴隆以下河段的生态、灌溉、供水和航运条件。引江济汉工程具有通水、通航功能，使长江和汉江能直接沟通，是一条大型人工运河。

引江济汉工程地跨荆州市荆州区、荆门市沙洋县、潜江市。引水工程进水口位于荆州区李埠镇龙洲垸，出水口位于潜江市高石碑镇。工程于 2010 年 3 月 26 日开工，2014 年 9 月 26 日通水。引水干渠全长 67.23 千米，进口渠底高程 26.10 米（黄海高程），出口渠底高程 25.00 米，底宽 60 米，设计流量 350 立方米每秒，最大引水流量 500 立方米每秒；年平均补水量 31 亿立方米，其中补充汉江水量 25 亿立方米，补充东荆河水量 6 亿立方米；引水干渠航道为限制性Ⅲ级航道，通行 1000 吨级船舶。

引水干渠全长 67.23 千米，其中荆州市境内长 27.13 千米，荆门市境内长 33.9 千米，潜江市境内长 6.2 千米。

（1）龙洲垸进水闸。闸室总宽 95.6 米，过流总净宽 80 米，8 孔，孔口尺寸（宽×高）10 米×9.3 米，设计进水流量 350 立方米每秒，最大引水流量 500 立方米每秒。闸底高程 26.10 米（黄海高程）。

（2）龙洲垸泵站。泵站主要功能为：当长江水位低，渠道自流引水流量小于需要补水流量时，启动泵站抽水。泵站设计选用 7 台大型机组，单机容量 2800 千瓦，单机设计流量 40 立方米每秒。近期设计流量 200 立方米每秒，远期设计流量 250 立方米每秒，已安装 6 台。设有泵站节制闸，总宽 75.6 米，过流总宽度 50.6 米，5 孔，孔径尺寸为 8.0 米×8.0 米。上游和下游分别配置检查叠梁门 1 扇。

（3）荆江大堤防洪闸。按 1 级建筑物设计，兼作防洪通航，采用开敞式平底闸，共设 2 孔，单孔净宽 32 米，过流总净宽 64 米，底板高程 26.89 米（黄海高程），提升式平面挡水闸门，闸门尺寸为 34.15 米×19.6 米，共计 2 扇，每扇重 715 吨（桩号 770＋400）。龙洲垸船闸。船闸布置在防洪闸上游约 700 米处。船闸主体工程长 210 米。闸室宽 23 米，门槛水深 3.5 米，设计通航为 1000 吨级。

工程出口位于潜江市高石碑镇，渠道穿过汉江干堤与汉江连通。兴隆水利枢纽位于汉江干堤桩号 254＋250，高石碑船闸位于兴隆枢纽下游，汉江干堤桩号 251＋820；高石碑出水闸位于汉江干堤桩号 251＋650（引水干渠桩号 65＋150，设计 8 孔，孔口尺寸为 8 米×7.68 米，设计流量 350 立方米每秒）。

为恢复因引水干渠而被破坏的原有排灌水系，沿干渠建有多处倒虹吸管工程、分水闸以及西荆河上下船闸。

引江汉济工程实施后，将通过拾桥河枢纽工程经长湖、田关河向东荆河输水，流量 110～130 立方米每秒，解决东荆河灌区的水源问题，在洪湖市黄家口、马家口建橡胶坝，设计水位 27.00～28.00 米（黄海高程），解决洪湖、监利、仙桃沿东荆河灌区用水。

引江济汉工程建成后，引长江水源源不断输入汉江，缓解了汉江下游用水困难的局面，生态环境显著改善，同时向长湖、东荆河、四湖总干渠（上段）以及太湖港灌区下游输水，改善了这些地区的生态环境。2016 年汛期，长湖水位超过有记录的最高水位，防洪形势严峻，为降低长湖的水位，7 月 27 日，引江济汉工程决定利用拾桥河闸撇洪，开启高石碑闸分泄长湖洪水入汉江，降低了长湖水位，为保证长湖库堤安全作出了重要贡献，引江济汉工程效益显著。

附录1 荆州市各地历年降水量统计表

年份	年降水量/mm					
	荆州	松滋	公安	石首	监利	洪湖
1951	966.5	976.0		945.5	1086.3	1173.6
1952	1079.4	1359.4	1079.2	1385.5	1193.8	1211.3
1953	1059.7	1055.7	1307.2	1483.1	1481.4	1512.3
1954	1853.5	2197.0	2016.5	2044.4	2301.7	2309.4
1955	1056.9	943.7	1068.5	899.3	954.6	1228.2
1956	1018.9	1117.7	1018.7	1090.2	854.7	1069.2
1957	1095.3	1051.0	1089.5	1328.2	1134.0	1234.0
1958	1327.3	1284.2	1332.1	1622.0	1675.8	1399.4
1959	1273.8	1137.4	1121.9	1321.0	1294.5	1250.3
1960	1122.1	1129.9	929.8	974.6	1147.4	1125.0
1961	901.0	1244.8	1185.8	1019.2	1118.2	1302.4
1962	1005.1	1282.9	1465.6	1295.9	1251.0	1195.3
1963	813.9	1086.8	932.3	847.4	876.2	943.3
1964	1524.3	1555.5	1347.4	1462.1	1470.0	1455.0
1965	1114.8	1438.4	1146.1	1201.4	1343.5	1378.7
1966	699.7	991.9	943.0	986.3	973.1	1086.0
1967	1242.0	1271.5	1350.8	1392.6	1450.7	1512.9
1968	972.5	1212.2	1056.9	889.5	789.4	756.0
1969	1208.9	1251.2	1263.2	1225.9	1392.7	1694.3
1970	1197.0	1388.8	1123.6	1005.4	1357.2	1750.0
1971	816.5	874.0	712.4	731.4	929.1	1049.1
1972	1030.7	1110.1	1138.3	1023.8	1074.6	1225.3
1973	1429.3	1686.6	1417.8	1609.3	1480.0	1627.8
1974	799.1	947.5	972.6	997.4	989.0	1085.3
1975	1223.9	1280.1	1148.5	1280.6	1441.4	1501.5
1976	858.2	921.2	886.0	891.3	876.3	1019.6
1977	1023.0	1182.1	1154.7	1262.6	1418.9	1637.2
1978	771.7	806.7	799.1	884.4	908.5	1089.5
1979	1255.8	1078.0	882.3	1174.2	1223.0	1310.8
1980	1541.3	1522.3	1484.2	1544.9	1646.3	1583.8
1981	932.2	1209.0	1068.0	1172.0	1127.0	1567.0
1982	1326.8	1187.0	1231.0	1283.0	1212.0	1302.0
1983	1479.3	1625.0	1603.0	1171.0	1596.0	1762.0

年份	年降水量/mm					
	荆州	松滋	公安	石首	监利	洪湖
1984	770.7	978.4	987.3	781.2	1130.0	1001.1
1985	901.0	916.0	872.0	878.0	1116.0	1199.0
1986	805.0	927.0	1036.0	1179.0	1175.0	1221.0
1987	1305.0	1297.0	1223.0	1188.0	1516.0	1595.0
1988	1015.0	1035.0	1221.0	1244.0	1199.0	1488.0
1989	1395.0	1842.0	1339.0	1218.0	1507.0	1666.0
1990	1160.0	1217.0	1449.0	1339.0	1417.0	1357.0
1991	1108.0	1103.0	1241.0	1226.0	1431.0	1675.0
1992	901.0	1130.0	1088.0	1010.0	1043.0	964.0
1993	888.0	959.0	1030.0	1027.0	1059.0	1024.0
1994	808.0	1002.0	1000.0	987.0	978.0	1133.0
1995	914.0	928.0	957.0	1166.0	1082.0	1435.0
1996	1382.0	1434.0	1412.0	1618.0	1627.0	1964.0
1997	827.0	1067.0	898.0	1125.0	1127.0	1264.0
1998	1184.8	1478.7	1068.1	1406.0	1628.4	1678.2
1999	1212.3	1166.0	1245.7	1316.9	1555.9	1614.3
2000	1134.8	1085.2	1162.7	1144.8	1207.1	1129.3
2001	893.2	983.1	1035	1242.9	1136.8	1103.1
2002	1500.4	1554.8	1587.8	1920.9	1819.4	1897.3
2003	1077.4	1275.2	1359.4	1405.6	1330.6	1314.9
2004	1048.7	1238.8	1436.3	1279.1	1390.7	1582.8
2005	866.2	906.4	1008.7	1091.9	1080.2	1170.7
2006	1094.2	1155.8	1219.0	1027.5	1140.5	1146.8
2007	958.5	1321.0	1046.2	1242.8	1064.2	1178.0
2008	979.2	1089.7	1262.0	1333.6	1227.0	1306.9
2009	984.8	1105.4	999.1	1226.7	1233.8	1282.2
2010	1129.7	1278.7	1333.8	1389.9	1387.4	1953.9
2011	853.6	954.1	1105.1	937.3	965.1	1038.7
2012	1045.1	1063	1236.6	1339.5	1320.3	1411.2
2013	1074.4	1342.3	1232.9	1256.6	1247.3	1093.3
2014	998.5	1017.4	1065.2	1394.2	1186	1373.2
2015	1278.7	1319.1	1547.2	1431.7	1472.4	1657.5
2016	1089.7	1325.1	1475.6	1302.5	1498.3	1672.1

注　1949—1979 年资料来源于《荆州地区水利水电建设系统资料汇编》，1980—2016 年资料来源于
荆州市气象局。

附录2 长江宜昌至螺山河段主要水文站历年最高水位、最大流量统计表

年份	宜昌 最高水位/m	宜昌 流量最大/(m³/s)	枝城 最高水位/m	枝城 流量最大/(m³/s)	沙市 最高水位/m	沙市 流量最大/(m³/s)	石首 最高水位/m	石首 流量最大/(m³/s)	监利 最高水位/m	监利 流量最大/(m³/s)	城陵矶(七里山) 最高水位/m	城陵矶(七里山) 流量最大/(m³/s)	螺山 最高水位/m	螺山 流量最大/(m³/s)
1153	57.50	92800												
1227	58.47	96300												
1560	58.09	93600												
1613	56.31	81000												
1788	57.50	86000												
1796	56.45	82200												
1860	57.96	92500	51.31	110000										
1870	59.50	105000	51.90	110000									30.80	
1877	49.55	33900												
1878	53.23	57200												
1879	53.10	57200												
1880	52.39	50200												
1881	51.22	41600												
1882	52.31	48100												
1883	53.79	54700												
1884	50.74	41900												
1885	51.22	42100												
1886	52.34	47500												
1887	52.53	48800												
1888	53.39	57400												
1889	53.14	51200												
1890	53.18	52200												
1891	53.56	57700												
1892	54.68	64600												
1893	53.16	56000												
1894	51.93	44800											31.40	

续表

年份	宜昌		枝城		沙市		石首		监利		城陵矶 （七里山）		螺山	
	最高 水位 /m	流量 最大 /(m³/s)	最高 水位 /m	流量 最大 /(m³/s)	最高 水位 /m	流量 最大 /(m³/s)	最高 水位 /m	流量 最大 /(m³/s)	最高 水位 /m	流量 最大 /(m³/s)	最高 水位 /m	流量 最大 /(m³/s)	最高 水位 /m	流量 最大 /(m³/s)
1895	53.30	55800												
1896	55.92	71100												
1897	53.15	52000												
1898	54.29	60600												
1899	52.11	46800												
1900	49.37	33000												
1901	53.46	57900												
1902	51.42	43500												
1903	53.66	56300			41.72									
1904	51.55	42400			40.65						28.94			
1905	55.14	64400			42.30						31.43			
1906	52.16	46300			41.41						31.40			
1907	52.61	48500			41.48						31.55			
1908	53.71	61800			42.48						31.36			
1909	54.20	61100			42.05						31.31			
1910	51.58	44000			41.05						29.58			
1911	52.89	49100			41.90						32.49			
1912	51.70	46100			41.51						31.76			
1913	53.07	53300			42.02						30.11			
1914	51.55	45100			41.05						29.91			
1915	51.00	40200			41.29						30.87			
1916	51.36	42600			41.54						29.24			
1917	54.50	61000			42.60						32.46			
1918	52.98	50200			42.09						32.01			
1919	53.99	61700			42.45						31.23			
1920	54.72	61500			42.63						32.10			
1921	55.33	64800			42.69						31.88			
1922	54.63	63000			42.79						32.58			
1923	53.41	56600			42.42						31.94			

续表

年份	宜昌		枝城		沙市		石首		监利		城陵矶（七里山）		螺山	
	最高水位/m	流量最大/(m³/s)	最高水位/m	流量最大/(m³/s)	最高水位/m	流量最大/(m³/s)	最高水位/m	流量最大/(m³/s)	最高水位/m	流量最大/(m³/s)	最高水位/m	流量最大/(m³/s)	最高水位/m	流量最大/(m³/s)
1924	51.39	42700			41.51						32.65			
1925	51.09	40800		43600	41.05						28.38			
1926	54.47	60800			43.06						32.95		31.40	
1927	51.39	43300			41.51						31.11			
1928	52.34	50700			42.09						29.18			
1929	50.21	36400			40.81						30.06			
1930	51.97	48000			42.05						30.81	34000		
1931	55.02	64600	49.99	65500	43.63						33.30	57900	31.85	
1932	51.36	41900			41.84						31.05			
1933	52.34	49100			42.60						32.74	50700		
1934	52.22	45900			42.42				32.92		30.06	27700		
1935	54.59	56900	50.24	75200	44.05				35.12		33.36	52800	31.90	
1936	53.38	62300	49.06	60300	42.82				33.17		30.47	26900		
1937	54.47	61900	49.62	66700	43.90				35.39		33.17	45100		
1938	54.78	61200	49.95	70700	43.95				34.93		32.31	41000		
1939	52.86	53600			43.13									
1940	51.03	40900												
1941	53.13	57400												
1942	49.30	29800												
1943	52.03	44300												
1944	50.80	37600												
1945	55.71	67500												
1946	54.17	62100		61600					33.78		31.61	15900		
1947	53.04	50500			43.51				34.11		31.73	29400		
1948	54.23	57600			44.27				34.90		33.14	35500		
1949	54.32	58100	46.69		44.49				35.06		33.40		31.95	
1950	54.15	59700	49.98		44.38				34.96	21300	31.97	26100		
1951	52.74	53600	48.80	60800	43.46	36500	38.05		34.14	26000	31.10	25500		
1952	53.74	54900	49.25	53500	43.89	45000	39.39		35.40	27000	32.78	35400		

续表

年份	宜昌		枝城		沙市		石首		监利		城陵矶 （七里山）		螺山	
	最高 水位 /m	流量 最大 /(m³/s)	最高 水位 /m	流量 最大 /(m³/s)	最高 水位 /m	流量 最大 /(m³/s)	最高 水位 /m	流量 最大 /(m³/s)	最高 水位 /m	流量 最大 /(m³/s)	最高 水位 /m	流量 最大 /(m³/s)	最高 水位 /m	流量 最大 /(m³/s)
1953	52.39	49100	48.54	52800	43.15	36000	38.20		33.36	27300	29.85	20600	29.00	42300
1954	55.73	66800	50.61	71900	44.67	50000	39.89		36.57	35600	34.55	43400	33.17	78800
1955	53.37	54400	49.18	55200	43.74	45700	39.09		34.75	27600	32.06	29100	31.17	52200
1956	53.89	57500	49.81	62700	44.19	44900	39.15		34.06	31200	31.15	29800	30.43	44500
1957	52.81	53700	48.83		43.44	42000	38.76		34.14	26800	31.52	28700	30.54	48500
1958	53.32	60200	49.20	61300	43.88	46500	39.26		34.40	29400	31.44	30800	30.51	50000
1959	52.56	54700	48.51	53600	43.19	43000	38.56		33.11	30200	30.23	23800	29.34	42700
1960	52.33	52300	48.17	52600	43.01	37900	38.66		33.58	25700	29.66	22000	28.68	40900
1961	52.73	53800	48.44		43.29	43500	38.74		33.41		29.70	25900	28.76	41000
1962	53.34	56200	49.17	57400	44.35	44400	39.85		35.67		33.18	35100	32.09	55400
1963	51.39	44400	47.60		42.63	38900	37.82		33.27		29.97	23500	28.83	46000
1964	53.37	50200	48.97		43.90	44800	39.39		35.86		33.50	39600	32.36	62300
1965	52.91	49000	48.79	49300	43.51	42300	38.73		34.73		31.12	22000	30.09	45600
1966	53.90	60000	49.53		43.93	47400	38.86		34.50	34600	30.57	29700	29.42	48900
1967	51.49	42600	47.89		42.83	37400	38.00		34.75	27600	31.99	27700	30.91	50900
1968	53.58	57500	49.78		44.13	49500	38.98		36.07	37800	33.79	35500	32.59	58300
1969	51.64	42700	48.36		43.10	41400	37.84		35.68	30100	33.56	38600	32.43	59900
1970	51.94	46100	48.24	46600	42.71	36900	37.72		35.09	28600	32.60	34200	31.46	52400
1971	49.92	34400	46.43		41.02	28800	36.15		32.86	24100	29.89	26400	28.91	39900
1972	49.94	35400	46.51	36900	40.97	30800	35.73		31.41	25900	28.26	17100	27.22	35200
1973	52.43	51900	48.61		43.01	42400	37.77		35.21	31000	33.05	32900	31.91	56800
1974	54.47	61600	49.89	62180	43.84	51100	38.33		35.13	36900	32.51	29800	31.39	53600
1975	51.75	45700	47.75	46400	41.89	38300	36.36		33.24	32500	30.68	28400	29.51	40700
1976	52.41	49600	48.63	51200	43.01	42800	38.05		35.57	33900	32.86	25000	31.66	53600
1977	50.83	40200	47.46	47100	41.90	35700	36.56		34.15	29900	32.14	28900	30.93	49400
1978	51.18	42500	47.51	43100	41.78	36900	36.50		33.47	31200	30.13	18900	29.02	41900
1979	52.74	46100	48.97	54100	42.69	41900	37.88		34.65	35900	31.35	27700	30.26	47300
1980	53.55	54700	49.43	56000	43.65	46600	39.05		36.22	40000	33.71	28100	32.66	54000
1981	55.38	70800	50.74	71600	44.47	54600	39.12		35.80	46200	31.70	22300	30.53	50500

续表

年份	宜昌		枝城		沙市		石首		监利		城陵矶（七里山）		螺山	
	最高水位/m	流量最大/(m³/s)	最高水位/m	流量最大/(m³/s)	最高水位/m	流量最大/(m³/s)	最高水位/m	流量最大/(m³/s)	最高水位/m	流量最大/(m³/s)	最高水位/m	流量最大/(m³/s)	最高水位/m	流量最大/(m³/s)
1982	54.55	59300	50.18	60800	44.13	51900	39.09		35.82	42400	32.37	29200	31.28	53300
1983	53.18	53500	49.40	53800	43.67	45500	39.29		36.75	37300	34.21	34300	33.04	59400
1984	53.40	56400	49.58	57100	43.50	46100	38.51		35.23	39100	31.68	22500	30.60	48500
1985	51.37	45700	47.76	45200	41.84	40600	36.81		33.88	33900	30.49	18500	29.32	45100
1986	51.10	44600	47.56		41.95	36800	36.84		33.94	32100	30.96	23600	29.86	49000
1987	53.88	61700	49.90		43.89	51900	38.94		35.63	42500	32.03	22700	31.08	52000
1988	51.73	48200	48.33		42.65	41400	38.33		36.14	34200	33.80	33500	32.80	61200
1989	54.15	62100	50.17	69600	44.20	53900	39.59		36.38	45500	32.54	24700	31.73	53300
1990	50.87	42400	47.58	43200	42.10	38500	37.63		35.36	32700	32.64	23500	31.67	50800
1991	52.30	50500	48.46	50800	42.85	42000	38.18		35.97	37500	33.52	29600	32.52	57400
1992	51.54	47900	48.02	50400	42.49	41100	37.99		35.28	37600	32.15	28100	31.25	49900
1993	52.57	51800	49.01	56200	43.50	46700	38.97		36.23	37400	33.04	29500	32.10	55600
1994	48.80	32200	45.57	30600	40.33	27600	35.80		33.02	27900	30.24	25900	29.19	38400
1995	50.15	40500	46.82	40800	41.84	34100	38.04		35.76	30700	33.68	37700	32.58	52100
1996	50.96	41700	47.58	48800	42.99	41500	39.38		37.06	37200	35.31	44300	34.18	67500
1997	52.02	49300	48.53	55300	42.99	42900	38.74		35.78	38100	32.56	26400	31.58	51200
1998	54.50	63300	50.62	68800	45.22	53700	40.94		38.31	46300	35.94	35900	34.95	67800
1999	53.68	57600	49.65	60200	44.74	47200	40.78		38.30	41200	35.54	35000	34.60	68500
2000	52.58	54000	48.60	55200	43.13	45200	38.73		35.65	39200	31.84	14500	30.90	47300
2001	50.54	41500	46.49	41600	41.12	35600	36.59		33.50	30000	29.86	18600	28.71	37900
2002	51.70	49200	47.71	50600	42.79	41400	39.28		37.15	37200	34.91	35700	33.83	67400
2003	51.80	47700	47.65	48100	42.69	44600	38.68		36.46	35500	33.61	26600	32.57	59100
2004	53.95	60800	45.71	37300	43.43	45000	38.73		35.40	42700	32.05	29800	30.97	47400
2005	52.10	48900	47.73	45800	42.42	41900	37.81		35.03	36800	31.49	23100	30.60	43500
2006	49.09	31600	45.18	30900	39.72	26500	35.23		32.33	23900	29.57	20500	28.45	34400
2007	52.94	50800	48.33	52100	42.97	41400	38.48		35.79	38800	32.62	15700	31.32	51400
2008	51.05	40100	46.93	40300	41.55	34900	36.90		34.13	31500	31.28	14600	30.13	40800
2009	51.08	40200	46.93	40100	41.84	32900	36.84		34.20	30900	30.93	16400	29.70	42000
2010	51.70	42000	47.65	42600	42.58	35400	38.47		36.13	32100	33.31	28700	32.28	48300

续表

年份	宜昌		枝城		沙市		石首		监利		城陵矶 (七里山)		螺山	
	最高 水位 /m	流量 最大 /(m³/s)	最高 水位 /m	流量 最大 /(m³/s)	最高 水位 /m	流量 最大 /(m³/s)	最高 水位 /m	流量 最大 /(m³/s)	最高 水位 /m	流量 最大 /(m³/s)	最高 水位 /m	流量 最大 /(m³/s)	最高 水位 /m	流量 最大 /(m³/s)
2011	48.14	29000	44.51	29600	39.42	23900	35.20		32.57	22200	29.42	14500	28.35	33100
2012	52.63	46700	48.06	47300	42.93	38100	38.63		36.34	34800	33.43	22270	32.20	53300
2013	49.65	35100	45.60	34400	40.53	28100	35.99		33.38	27100	29.38	12300	28.67	34900
2014	48.23	30300	44.76	28300	40.47	24300	37.02		34.88	23100	32.58	27400	31.28	49000
2015	48.64	32600	44.95	32000	40.16	26200	36.21		33.95	42600	31.21	18900	30.14	39500
2016	48.95	32300	45.59	34100	41.02	26300	37.99		36.15	23200	34.44	29200	33.36	49500

注 1. 宜昌站 1877 年前水位流量为洪水调查数据。

2. 1903—1935 年二郎矶水位系同期海关水位推算值；1940—1943 年二郎矶水位系上下游水位查补值；1947 年以后二郎矶水位为实测值。

参 考 文 献

[1] 荆江市长江河道管理局. 荆江堤防志 [M]. 北京：中国水利水电出版社，2012.

[2] 《洪湖分蓄洪工程志》编纂办公室. 洪湖分蓄洪工程志 [M]. 北京：中国水利水电出版社，2016.

[3] 《荆江分洪工程志》编纂委员会. 荆江分洪工程志 [M]. 北京：中国水利水电出版社，2000.

[4] 《荆江水利志》编纂委员会. 荆州水利志 [M]. 北京：中国水利水电出版社，2016.

[5] 《湖北四湖工程志》编纂委员会. 湖北四湖工程志 [M]. 北京：中国水利水电出版社，2019.

[6] 《沱水水库志》编纂委员会，湖北省荆沙市沱水工程管理局. 沱水水库志 [M]. 北京：中国水利水电出版社，1996.